数控车工编程与加工技术

主　编　杨　乐
副主编　传贤贵　陈　曦
参　编　张雅琪　田世聪
　　　　刘　洪　帅斌焜
主　审　赵　勇

重庆大学出版社

内容简介

本书是中等职业教育机械加工技术专业系列规划教材之一。本书采用项目教学法，通过精选的实例，从数车入门到中级工技能鉴定考试，由浅入深地讲解了数车的编程及操作。全书共分九个项目，其中项目1、2对数控加工技术进行概述并讲解了数控加工编程基础；项目3讲解了数控仿真软件的安装、使用以及练习；项目4至项目7的内容包括了数控车床的操作、数控系统的介绍、零件的编程及加工工艺；项目8、9介绍了目前常用的数控系统和中级技能鉴定考证的理论、仿真、实操试题。本书图文并茂，形象直观，文字简明扼要，通俗易懂，可培养数控专业初学者编程、操作数控车床的实际动手能力。

本书既可以作为中职学校机械加工等专业的理论、实习教学用书，也可作为上述专业的短期培训教材。

图书在版编目(CIP)数据

数控车工编程与加工技术/杨乐主编. —重庆：重庆大学出版社，2014.3
中等职业教育机械加工技术专业系列规划教材
ISBN 978-7-5624-8031-0

Ⅰ.①数… Ⅱ.①杨… Ⅲ.①数控机床—车床—程序设计—中等专业学校—教材②数控机床—车床—生产工艺—中等专业学校—教材 Ⅳ.①TG519.1

中国版本图书馆CIP数据核字(2014)第036135号

数控车工编程与加工技术

主 编 杨 乐
副主编 传贤贵 陈 曦
主 审 赵 勇
策划编辑：彭 宁 何 梅
责任编辑：文 鹏 版式设计：彭 宁 何 梅
责任校对：刘 真 责任印制：赵 晟

*

重庆大学出版社出版发行
出版人：邓晓益
社址：重庆市沙坪坝区大学城西路21号
邮编：401331
电话：(023) 88617190 88617185(中小学)
传真：(023) 88617186 88617166
网址：http://www.cqup.com.cn
邮箱：fxk@cqup.com.cn (营销中心)
全国新华书店经销
万州日报印刷厂印刷

*

开本：787×1092 1/16 印张：14.25 字数：356千
2014年3月第1版 2014年3月第1次印刷
印数：1—3 000
ISBN 978-7-5624-8031-0 定价：28.00元

前言

数控加工技术是先进制造技术的基础与核心。数控加工设备——数控机床是工厂加工制造自动化的基础,它具有广阔的应用前景,在加工企业已越来越普及,已成为机械工业生产的关键设备,企业现在正缺乏大量训练有素的数控机床专业应用型人才。

本书作为数控机床技术应用、模具设计等专业的理论、实操教材,涵盖了数控车的理论知识、程序编制和实际操作,形成了较为完整的数控机床技术知识体系和应用体系。本书详细介绍了广数系统编程与操作,同时也介绍了西门子、华中、发那科等市面上主流的数控系统。

本书具有以下几个特点:

1. 紧紧围绕技能鉴定

本书编写贯穿"以职业标准为依据,以企业需求为导向,以职业能力为核心"的理念,结合职业发展的实际情况和培训需求,内容增加了技能鉴定的理论模拟考试、仿真软件模拟试题和实操试题三个模块,以满足读者对参加数控车技能鉴定考试的需要。

2. 项目教学法的充分应用

全书按照职业教育项目式教学法,将理论讲解融入每一个任务中。在项目实践过程中,使学生理解和把握每个任务要求的知识和技能,体验创新的艰辛与乐趣,培养分析问题和解决问题的思想和方法。通过实际操作,不但可以提高学生的动手能力和理论水平,还可以充分发掘创造潜能,训练其在工作的中协调、合作能力。

3. 加工工艺与质量分析

本书在项目安排上本着由浅入深、难易搭配的原则,每个任务一般有一个单项工作实例,在每个项目后面又有若干拓展实例。每个任务都配有加工工艺卡、加工工艺过程卡、工量刃具准备清单、评分标准和质量分析这几个部分。数控技术不光是能够编制加工程序、操作加工,还应熟练掌握工件加工工艺,确定合理的切削用量,正确地选用刀具和工件装夹方法。因此,本书也着重培养读者进行数控车削加工工艺分析的能力。

本书由赵勇主审，由杨乐担任主编，传贤贵、陈曦担任副主编。项目1、2由张雅琪编写，项目3由陈曦编写，项目4、5由传贤贵编写，项目6、7由田世聪编写，项目8由刘洪编写，项目9由杨乐、帅斌焜编写。在编写过程中，主审赵勇给了本书编者热情的支持与指导，重庆大学出版社给予了大力支持，在此一并表示衷心感谢。

由于编写经验不足，书中不妥之处在所难免，恳请读者提出批评和改进意见，以便修订。

编　者

2013年8月

目录

项目 1 数控加工技术概述

【项目内容】

任务 1.1　数控加工机床的基本知识
任务 1.2　数控车床组成及分类
任务 1.3　数控车床的加工特点及应用范围
任务 1.4　数控技术的发展趋势

【项目目标】

1. 了解数控车床的产生及其性能指标；
2. 掌握数控车床的组成以及分类；
3. 熟悉数控车床的加工范围；
4. 了解数控车床的发展趋势。

任务 1.1　数控加工机床的基本知识

1.1.1　任务描述

通过本次任务的完成，了解数控车床的产生、车床的工作过程以及数控车床的性能指标。

1.1.2　知识目标

①了解数控车床的产生；
②了解数控车床的工作过程；
③了解数控车床的性能指标。

1.1.3　能力目标

了解数控车床的性能指标，能够对机床进行分析。

1.1.4 相关知识学习

1)数控车床的产生

随着科学技术的发展,机械产品结构越来越合理,其性能、精度和效率日趋提高,更新换代频繁,生产类型由大批大量生产向多品种小批量生产转化。因此,对机械产品的加工相应地提出了高精度、高柔性与高度自动化的要求。数字控制机床就是为了解决单件、小批量,特别是复杂型面零件加工的自动化并保证质量要求而产生的。

第一台数控机床是1952年美国PARSONS公司与麻省理工学院(MIT)合作研制的三坐标数控铣床。它综合应用了电子计算机、自动控制、伺服驱动、精密检测与新型机械结构等多方面的技术成果,可用于加工复杂曲面零件。

数控机床的发展先后经历了电子管(1952年)、晶体管(1959年)、小规模集成电路(1965年)、大规模集成电路及小型计算机(1970年)和微处理机或微型机算机(1974年)等五代数控系统。

2)国内外数控技术的发展对比

(1)功能发展方向

①用户界面图形化。用户界面是数控系统与使用者之间的对话接口。由于不同用户对界面的要求不同,开发用户界面的工作量极大,用户界面成为计算机软件研制中最困难的部分之一。

②科学计算可视化。科学计算可视化可用于高效处理数据和解释数据,使信息交流不再局限于用文字和语言表达,而可以直接使用图形、图像、动画等可视信息。

③插补和补偿方式多样化。多种插补方式如直线插补、圆弧插补等,多种补偿功能如间隙补偿、垂直度补偿、象限误差补偿等。

④内装高性能PLC。数控系统内装高性能PLC控制模块,可直接用梯形图或高级语言编程,具有直观的在线调试和在线帮助功能。

⑤多媒体技术。数据系统应用多媒体技术,集计算机、声像和通信技术于一体,使计算机具有综合处理声音、文字、图像和视频信息的能力。

(2)结构体系发展方向

①模块化、专门化与个性化。

②智能化。智能化的内容包括在数控系统中的各个方面。

③网络化和集成化。

(3)发展方向

①高速、高效。

②高精度。

③高可靠性。

3)数控车床工作过程

现代计算机数控机床由控制介质、输入输出设备、计算机数控装置、伺服系统及机床本体组成,工作原理如图1.1.1所示。机床简图如图1.1.2所示。

(1) 控制介质

控制介质又称信息载体,是人与数控机床之间联系的中间媒介物质,反映了数控加工中的

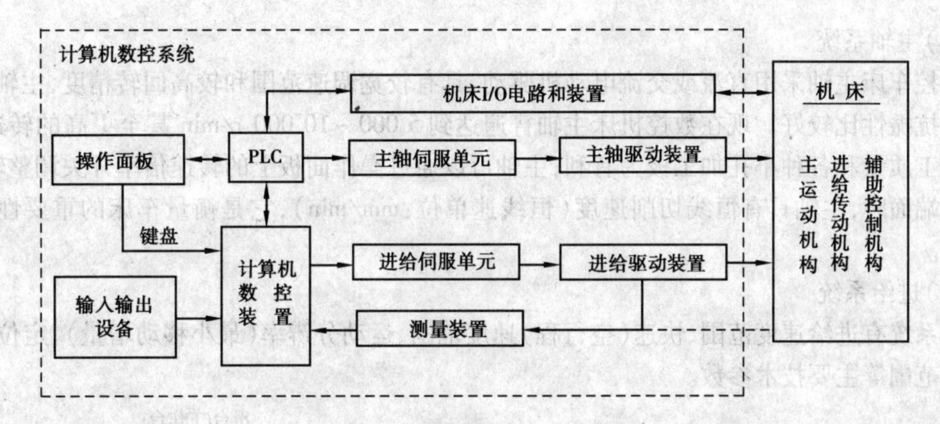

图1.1.1　数控机床工作原理图

全部信息。目前常用的控制介质有穿孔带、磁带或磁盘等。

(2) 输入、输出装置

输入、输出设备是CNC系统与外部设备进行交互的装置。交互的信息通常是零件加工程序。即将编制好的记录在控制介质上的零件加工程序输入CNC系统或将调试好了的零件加工程序通过输出设备存放或记录在相应的控制介质上。

(3) 数控装置

数控装置是数控机床实现自动加工的核心,主要由计算机系统、位置控制板、PLC接口板、通讯接口板、特殊功能模块以及相应的控制软件等组成。

作用:根据输入的零件加工程序进行相应的处理(如运动轨迹处理、机床输入输出处理等),然后输出控制命令到相应的执行部件(伺服单元、驱动装置和PLC等),所有这些工作是由数控装置内硬件和软件协调配合,合理组织,使整个系统有条不紊地进行工作的。

(4) 伺服系统

它是数控系统与机床本体之间的电传动联系环节,主要由伺服电动机、驱动控制系统以及位置检测反馈装置组成。伺服电机是系统的执行元件,驱动控制系统则是伺服电机的动力源。数控系统发出的指令信号与位置反馈信号比较后作为位移指令,再经过驱动系统的功率放大后,带动机床移动部件作精确定位或按照规定的轨迹和进给速度运动,使机床加工出符合图样要求的零件。

(5) 检测反馈系统

测量反馈系统由检测元件和相应的电路组成,其作用是检测机床的实际位置、速度等信息,并将其反馈给数控装置与指令信息进行比较和校正,构成系统的闭环控制。

(6) 机床本体

机床本体指的是数控机床机械机构实体,包括床身、主轴、进给机构等机械部件。由于数控机床是高精度和高生产率的自动化机床,与传统的普通机床相比,具有更好的刚性和抗振性,相对运动摩擦系数要小,传动部件之间的间隙要小,而且传动和变速系统要便于实现自动化控制。

4)数控车床的性能指标

(1)主要规格尺寸

数控车床主要规格尺寸有床身与刀架最大回转直径、最大车削长度、最大车削直径等。

(2)主轴系统

数控车床主轴采用直流或交流电动机驱动,具有较宽调速范围和较高回转精度,主轴本身刚度与抗振性比较好。现在数控机床主轴普遍达到5 000～10 000 r/min甚至更高的转速,对提高加工质量和各种小孔加工极为有利;主轴可以通过操作面板上的转速倍率开关调整转速;在加工端面时,主轴具有恒线切削速度(恒线速单位:mm/min),它是衡量车床的重要性能指标之一。

(3)进给系统

该系统有进给速度范围、快速(空行程)速度范围、运动分辨率(最小移动增量)、定位精度和螺距范围等主要技术参数。

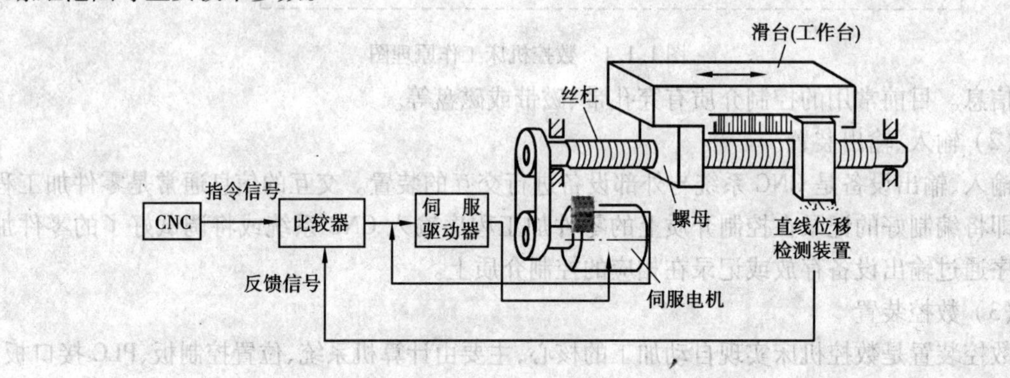

图1.1.2 机床简图

(4)刀具系统

数控车床包括刀架工位数、工具孔直径、刀杆尺寸、换刀时间、重复定位精度各项内容。加工中心刀库容量与换刀时间直接影响其生产率。换刀时间是指自动换刀系统,将主轴上的刀具与刀库刀具进行交换所需要的时间。换刀一般可在5～20 s的时间内完成。

1.1.5 课外作业

①简述数控车床的工作原理。

②数控车床的性能包括哪几个方面?

任务1.2 数控车床组成及分类

1.2.1 任务描述

通过本次任务的完成,了解车床的组成、车床的分类。

1.2.2 知识目标

①了解数控车床的组成;

②了解数控车床的分类。

1.2.3　能力目标

①熟悉数控车床的组成，认识每个组成部分；

②认识数控车床的类别；

③对数控车床系统的介绍有一定的了解。

1.2.4　相关知识学习

1）数控车床的组成

数控机床一般由输入输出设备、CNC装置（或称CNC单元）、伺服单元、驱动装置（或称执行机构）、可编程控制器PLC及电气控制装置、辅助装置、机床本体及测量反馈装置组成。图1.2.1是数控机床的组成框图。

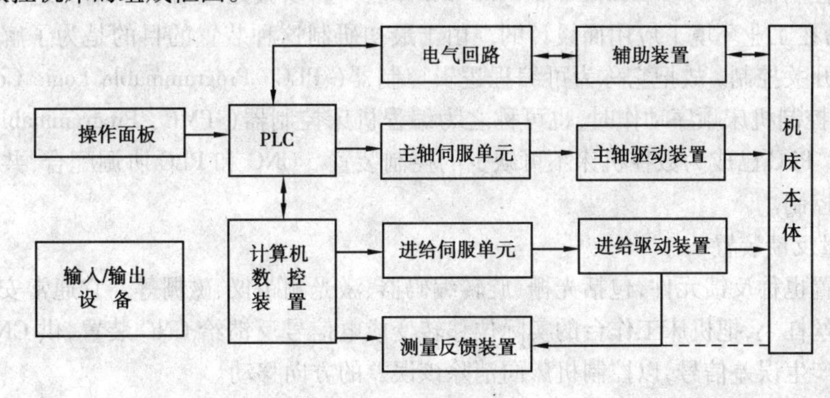

图1.2.1

（1）机床本体

数控机床的机床本体与传统机床相似，由主轴传动装置、进给传动装置、床身、工作台以及辅助运动装置、液压气动系统、润滑系统、冷却装置等组成。但数控机床在整体布局、外观造型、传动系统、刀具系统的结构以及操作机构等方面都已发生了很大的变化，这样变化的目的是为了满足数控机床的要求和充分发挥数控机床的特点。

（2）CNC单元

CNC单元是数控机床的核心。CNC单元由信息的输入、处理和输出三个部分组成。CNC单元接受数字化信息，经过数控装置的控制软件和逻辑电路进行译码、插补、逻辑处理后，将各种指令信息输出给伺服系统，伺服系统驱动执行部件作进给运动。

（3）输入/输出设备

输入装置将各种加工信息传递于计算机的外部设备。在数控机床产生初期，输入装置为穿孔纸带，现已淘汰，后发展成盒式磁带，再发展成键盘、磁盘等便携式硬件，极大地方便了信息输入工作，现通用DNC网络通讯串行通信的方式输入。

输出指输出内部工作参数（含机床正常、理想工作状态下的原始参数、故障诊断参数等），一般在机床刚工作状态需输出这些参数作记录保存，待工作一段时间后，再将输出与原始资料作比较、对照，可帮助判断机床工作是否维持正常。

（4）伺服单元

伺服单元由驱动器、驱动电机组成，并与机床上的执行部件和机械传动部件组成数控机床的进给系统。它的作用是把来自数控装置的脉冲信号转换成机床移动部件的运动。对于步进电机来说,每一个脉冲信号使电机转过一个角度,进而带动机床移动部件移动一个微小距离。每个进给运动的执行部件都有相应的伺服驱动系统,整个机床的性能主要取决于伺服系统。

(5)驱动装置

驱动装置把经过放大的指令信号变为机械运动,通过简单的机械连接部件驱动机床,使工作台精确定位或按规定的轨迹作严格的相对运动,最后加工出图纸所要求的零件。和伺服单元相对应,驱动装置有步进电机、直流伺服电机和交流伺服电机等。

伺服单元和驱动装置可合称为伺服驱动系统,它是机床工作的动力装置。CNC 装置的指令要靠伺服驱动系统付诸实施,所以,伺服驱动系统是数控机床的重要组成部分。

(6)可编程控制器

可编程控制器(PC,Programmable Controller)是一种以微处理器为基础的通用型自动控制装置,专为在工业环境下应用而设计的。由于最初研制这种装置的目的是为了解决生产设备的逻辑及开关控制,故把它称为可编程逻辑控制器(PLC,Programmable Logic Controller)。当 PLC 用于控制机床顺序动作时,也可称之为编程机床控制器(PMC,Programmable Machine Controller)。PLC 已成为数控机床不可缺少的控制装置。CNC 和 PLC 协调配合,共同完成对数控机床的控制。

(7)测量反馈装置

测量装置也称反馈元件,包括光栅、旋转编码器、激光测距仪、磁栅等。它通常安装在机床的工作台或丝杠上,把机床工作台的实际位移转变成电信号反馈给 CNC 装置,供 CNC 装置与指令值比较产生误差信号,以控制机床向消除该误差的方向移动。

2)数控车床的分类

数控车床分为立式数控车床和卧式数控车床两种类型。立式数控车床(图 1.2.2)用于回转直径较大的盘类零件的车削加工。卧式数控车床(图 1.2.3)用于轴向尺寸较长或小型盘类

图 1.2.2 立式数控车床

图 1.2.3 卧式数控车床

零件的车削加工。卧式数控车床按功能可进一步分为经济型数控车床、普通数控车床和车削加工中心。

(1)经济型数控车床

它是采用步进电动机和单片机对普通车床的车削进给系统进行改造后形成的简易型数控

车床，如图1.2.4所示。其成本较低，自动化程度和功能都比较差，车削加工精度也不高，适用于要求不高的回转类零件的车削加工。

图1.2.4 经济型数控车床

(2)普通数控车床

它是根据车削加工要求在结构上进行专门设计，配备通用数控系统而形成的数控车床，如图1.2.5所示。其数控系统功能强，自动化程度和加工精度也比较高，适用于一般回转类零件的车削加工。这种数控车床可同时控制两个坐标轴，即 X 轴和 Y 轴。

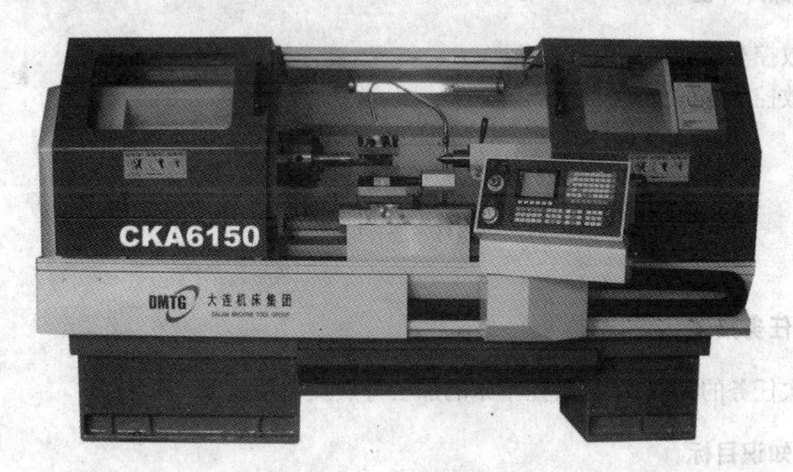

图1.2.5 普通数控车床

(3)车削加工中心

它是在普通数控车床的基础上，增加了 C 轴和动力头，更高级的机床还带有刀库，可控制 X、Z 和 C 三个坐标轴，联动控制轴可以是(X、Z)、(X、C)或(Z、C)。由于增加了 C 轴和铣削动力头，这种数控车床的加工功能大大增强，除可以进行一般车削外，还可以进行径向和轴向铣削、曲面铣削、中心线不在零件回转中心的孔和径向孔的钻削等加工，如图1.2.6所示。

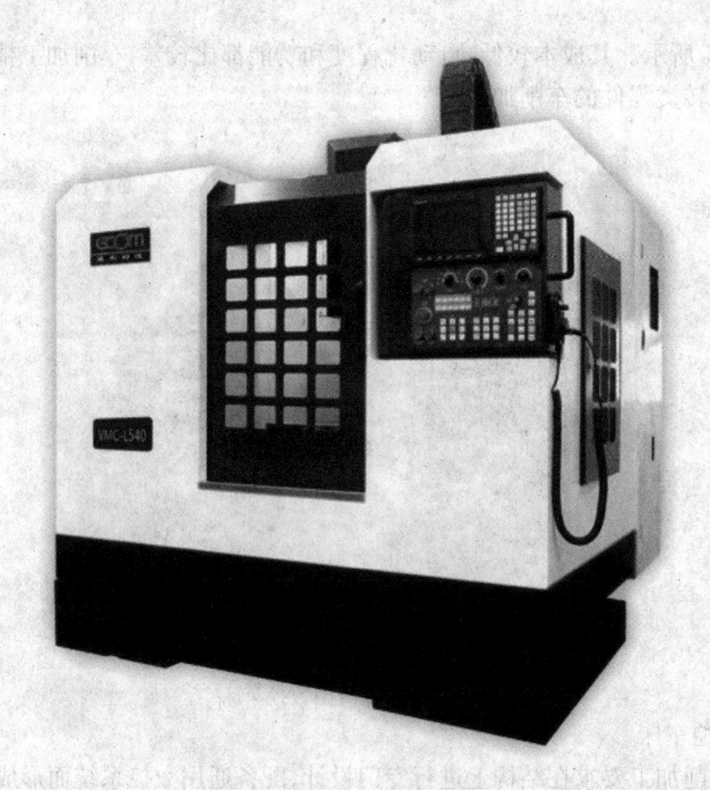

图 1.2.6　车削加工中心

1.2.5　课外作业

①简述数控车床的组成部分；
②简述数控车床的分类。

任务 1.3　数控车床的加工特点及应用范围

1.3.1　任务描述

通过本次任务的完成，了解数控车床的加工特点及应用范围。

1.3.2　知识目标

①了解数控车床的加工特点；
②了解数控车床的应用范围。

1.3.3　能力目标

①对普通车床和数控车床的区别有一定的认识；
②熟悉数控车床的应用范围，加工时合理选择车床。

1.3.4　相关知识学习

1)数控机床加工特点

(1)适应性强

数控机床上加工新工件时,只需重新编制新工件的加工程序就能实现新工件的加工。数控机床加工工件时,只需要简单的夹具,不需要制作成批的工装夹具,更不需要反复调整机床,因此特别适合单件、小批量及试制新产品的工件加工。对于普通机床很难加工的精密复杂零件,数控机床也能实现自动化加工。

(2)加工精度高

数控机床是按数字指令进行加工的。目前,数控机床的脉冲当量普遍达到了0.001 mm,而且进给传动链的反向间隙与丝杠螺距误差等均可由数控装置进行补偿,因此,数控机床能达到很高的加工精度。对于中、小型数控机床,定位精度普遍可达0.03 mm,重复定位精度为0.01 mm。此外,数控机床的传动系统与机床结构都具有很高的刚度和热稳定性,制造精度高。数控机床的自动加工方式避免了人为的干扰因素,同一批零件的尺寸一致性好,产品合格率高,加工质量十分稳定。

(3)生产效率高

工件加工所需时间包括机动时间和辅助时间。数控机床能有效地减少这两部分时间。数控机床的主轴转速和进给量的调整范围都比普通机床设备的范围大,因此数控机床每一道工序都可选用最有利的切削用量,从快速移动到停止采用了加速、减速措施,既提高运动速度,又保证定位精度,有效地降低机动时间。数控设备更换工件时,不需要调整机床,同一批工件加工质量稳定,无须停机检验,辅助时间大大缩短。特别是使用自动换刀装置的数控加工中心,可以在同一台机床上实现多道工序连续加工,生产效率的提高更加明显。

(4)劳动强度低

数控设备的工作是按照预先编制好的加工程序自动连续完成的。操作者除输入加工程序或操作键盘、装卸工件、关键工序的中间测量及观看设备的运行之外,不需要进行烦琐、重复手工的操作,这使操作者的劳动条件大为改善。

(5)良好的经济效益

虽然数控设备的价格昂贵,分摊到每个工件上的设备费用较大,但是使用数控设备会节省许多其他费用,特别是不需要设计制造专用工装夹具,加工精度稳定,废品率低,减少调度环节等,所以整体成本下降,可获得良好的经济效益。

(6)有利于生产管理的现代化

采用数控机床能准确地计算产品单个工时,合理安排生产。数控机床使用数字信息与标准代码处理、控制加工,为实现生产过程自动化创造了条件,并有效地简化了检验、工夹具和半成品之间的信息传递。

2)数控机床的应用范围

数控机床与普通机床相比,具有许多的优点,应用范围不断扩大。但是,数控机床初期投资费用较高,技术复杂,对操作维修人员和管理人员的素质要求也较高。实际选用时,一定要充分考虑其技术经济效益。根据国内外数控机床应用实践,数控加工的适用范围可用图1.3.1和图1.3.2进行定性分析。

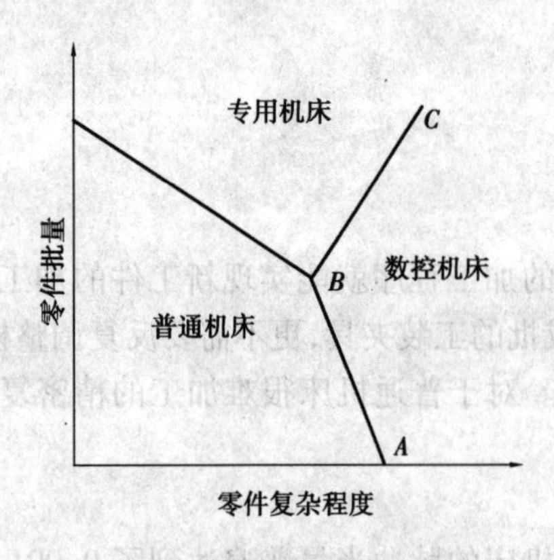

图 1.3.1　各种机床的使用范围

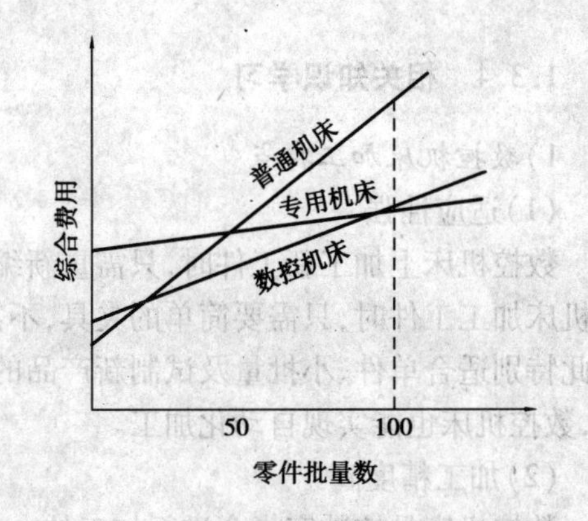

图 1.3.2　各种机床的加工批量与成本的关系

图 1.3.1 所示为随零件复杂程度和生产批量的不同,三种机床的应用范围的变化。图 1.3.2表明了随生产批量的不同,采用三种机床加工时其总加工费用的比较。由两图可知,在多品种、中小批量生产情况下,使用数控机床可获得较好的经济效益。零件批量的增大,对选用数控机床是有利的。

1.3.5　课外作业

简述数控机床的加工特点。

任务 1.4　数控技术的发展趋势

1.4.1　任务描述

通过本次任务,了解数控技术的发展趋势。

1.4.2　知识目标

了解数控技术的发展趋势。

1.4.3　能力目标

培养分析问题的能力。

1.4.4　相关知识学习

1)功能发展方向

(1)用户界面图形化

用户界面是数控系统与使用者之间的对话接口。由于不同用户对界面的要求不同,因而开发用户界面的工作量极大,用户界面成为计算机软件研制中最困难的部分之一。

(2)科学计算可视化

科学计算可视化可用于高效处理数据和解释数据,使信息交流不再局限于用文字和语言表达，而可以直接使用图形、图像、动画等可视信息。可视化技术与虚拟环境技术相结合，进一步拓宽了应用领域，如无图纸设计、虚拟样机技术等，这对缩短产品设计周期、提高产品质量、降低产品成本具有重要意义。

(3)插补和补偿方式多样化

多种插补方式如直线插补、圆弧插补、圆柱插补等。多种补偿功能如间隙补偿、垂直度补偿、象限误差补偿等。

(4)内装高性能 PLC

数控系统内装高性能 PLC 控制模块，可直接用梯形图或高级语言编程，具有直观的在线调试和在线帮助功能。

(5)多媒体技术

数控系统应用多媒体技术集计算机、声像和通信技术于一体，使计算机具有综合处理声音、文字、图像和视频信息的能力。

2)结构体系发展方向

(1)模块化、专门化与个性化

为了适应数控机床多品种、小批量的特点，机床结构模块化，数控功能专门化，机床性能价格比显著提高并加快优化。硬件模块化易于实现数控系统的集成化和标准化。即根据不同的功能需求，将基本模块，如 CPU 、存储器、位置伺服、PLC、输入输出接口、通信等模块做成标准化系列化产品，通过积木方式进行功能裁剪和模块数量的增减，构成不同档次的数控系统。个性化是近几年来特别明显的发展趋势。

(2)智能化

智能化的内容包括在数控系统中的各个方面：

①自适应控制技术。数控系统能检测过程中一些重要信息，并自动调整系统的有关参数，达到改进系统运行状态的目的。

②专家系统。即将熟练工人和专家的经验，加工的一般规律与特殊规律存入系统中，以工艺参数数据库为支撑，建立具有人工智能的专家系统。当前已开发出模糊逻辑控制和带自学习功能的人工神经网络电火花加工数控系统。

③故障诊断系统。如智能诊断、智能监控，方便系统的诊断及维修等。

④智能化数字伺服驱动装置。可以通过自动识别负载而自动调整参数，使驱动系统获得最佳的运行，如前馈控制、电机参数的自适应运算、自动识别负载自动选定模型、自整定等；

(3)网络化、集成化、开放化

采用通用计算机组成总线式、模块化、开放式、嵌入式体系结构，便于裁剪、扩展和升级，可组成不同档次、不同类型、不同集成程度的数控系统。

3)高速、高效、高精度、高可靠性发展方向

(1)高速、高效

机床向高速化方向发展，不但可提高加工效率、降低成本，而且还可提高零件的表面加工质量和精度。新一代数控机床(含加工中心)通过高速化、大幅度缩短切削工时，进一步提高其生产率。

(2)高精度

从精密加工发展到超精密加工(特高精度加工)，是世界各工业强国致力发展的方向。其

精度从微米级到亚微米级,乃至纳米级(<10 nm),其应用范围日趋广泛。超精密加工主要包括超精密切削(车、铣)、超精密磨削、超精密研磨抛光以及超精密特种加工(三束加工及微细电火花加工、微细电解加工和各种复合加工等)。

(3)高可靠性

数控机床的工作环境比较恶劣,工业电网电压的波动和干扰对数控机床的可靠性极为不利,因而对 CNC 的可靠性要求要优于一般的计算机。

1.4.5 课外作业

概述数控技术的发展趋势。

项目 2
数控车床编程基础

【项目内容】

任务 2.1　广数系统程序编制的基本概念
任务 2.2　数控车床的坐标系
任务 2.3　程序编制中的基本指令

【项目目标】

1. 掌握程序编制的内容和步骤；
2. 熟悉机床坐标系和工件坐标系；
3. 掌握 G、M 指令的编程。

任务 2.1　广数系统程序编制的基本概念

2.1.1　任务描述

通过本次任务的学习，掌握广数系统程序编制的内容及步骤。

2.1.2　知识目标

理解广数系统程序编制的内容及步骤。

2.1.3　能力目标

①掌握广数系统程序编制的内容及步骤；
②能运用数学知识处理编程中的一些数学问题。

2.1.4　相关知识学习

广州数控（GSK）是中国南方数控产业基地，广东省 20 家重点装备制造企业之一，中国国家863重点项目《中档数控系统产业化支撑技术》承担企业，拥有中国最大的数控机床连锁超市。公司秉承科技创新、追求卓越品质，以提高用户生产力为先导，以创新技术为动力，为用户提供GSK全系列机床控制系统、进给伺服驱动装置和伺服电机、大功率主轴伺服驱动装置和主轴伺服电机等数控系统的集成解决方案，积极推广机床数控化改造服务，开展数控机床贸易。GSK拥有国内最大的数控系统研发生产基地，中国一流的生产设备和工艺流程，科学规范的质量控制体系保证每套产品合格出厂。GSK产品批量配套全国五十多家知名机床生产企业，是中国主要机床厂家数控系统首选供应商。

1）编程的基本概念

一个完整的车床加工程序一般用于在一次装夹中按工艺要求完成对工件的加工，数控程序包括程序号、程序段。

(1)程序号

程序号相当于程序名称。系统通过程序号可从存储器中多个程序中识别所要处理的程序。GSK928TC程序号由%及2位数字组成。

(2)程序段

程序段相当于一句程序语句，由若干个字段组成，最后以回车结尾。整个程序由若干个程序段构成，一个程序段用来完成刀具的一个或一组动作，或实现机床的一些功能。

(3)字段(或称为字)

字段由称为“地址”的单个英语字母加若干位数字组成。根据其功能可分成以下几种类型的字段：

①程序段号：由字母N及4位整数组成，位于程序段最前面，主要作用是使程序便于阅读，并为某些跳转指令指示目标(编辑时系统自动添加程序段号，可修改)。为了便于修改程序时插入新程序段，各句程序段号一般可间隔一些数字(如N0010、N0020、N0030)。

②准备功能：即G代码，由字母G及二位数字组成，大多数G代码用以指示刀具的运动(如G00、G01、G02)。

③表示尺寸(坐标值)的字段：一般用在G代码字段的后面，为表示运动的G代码提供坐标数据，由一个字母与坐标值(整数或小数)组成。字母包括：

a. 表示绝对坐标：X、Y、Z；

b. 表示相对坐标：U、V、W；

c. 表示圆心坐标或刀补：I、J、K。

车床实际使用的坐标只有X、Z，一般情况下Y、V、J都用不着。

④表示进给量的字段：用字母F加进给量值组成，一般用在插补指令的程序段中，规定了插补运动的速度。

⑤S代码：表示主轴速度的字段，用字母S加主轴每分钟转速(或主轴线速度：m/min)组成。

⑥T代码：表示换刀及刀补，用T及二位数字表示。

⑦M代码：辅助功能，用字母M及二位数字组成，表示机床的开、停等。

⑧其他特殊用途的字段，主要用在一些循环车削、螺纹车削的G代码后面。

⑨插补：数控机床上刀具根据指令，沿*X*轴及*Z*轴的进给运动。运动轨迹有：

a. *Z*方向的直线(用于车圆柱面)；

b. X 方向的直线(用于车端面);

c. 斜直线(用于车圆锥面);

d. 圆弧(用于车球面)。

插补运动的实质,即数控车床加工的基本原理是:刀具根据数控系统的指令,沿 X 轴及 Z 轴方向分别移动微小的一段距离,刀具的实际移动方向为 X、Z 两个方向的合成,一连串的这种移动组成了刀具的运动轨迹。

最基本的插补指令:G01、G02、G03。

⑩模态代码与非模态代码。

a. 模态代码:程序中的有关字段一经设置后,在以后的程序段中一直有效,如继续保持该状态,则不必重新设置。

b. 非模态代码:即一次性代码,只在本程序段有效。

所有的 G 代码可分为模态与非模态,常用的 G00、G01、G02、G33 及单一型固定循环(G90、G92、G94)均为模态指令。

2)编程的步骤

编程的具体步骤说明如下:

(1)分析图样、确定工艺过程

在数控机床上加工零件,工艺人员拿到的原始资料是零件图。根据零件图,可以对零件的形状、尺寸精度、表面粗糙度、工件材料、毛坯种类和热处理状况等进行分析,然后选择机床、刀具,确定定位夹紧装置、加工方法、加工顺序及切削用量。在确定工艺过程中,应充分考虑所用数控机床的指令功能,充分发挥机床的效能,做到加工路线合理、走刀次数少和加工工时短等。此外,还应填写有关的工艺技术文件,如数控加工工序卡片、数控刀具卡片、走刀路线图等。

(2)计算刀具轨迹的坐标值

根据零件图的几何尺寸及设定的编程坐标系,计算出刀具中心的运动轨迹,得到全部刀位数据。一般数控系统具有直线插补和圆弧插补的功能,对于形状比较简单的平面形零件(如直线和圆弧组成的零件)的轮廓加工,只需要计算出几何元素的起点、终点、圆弧的圆心(或圆弧的半径)、两几何元素的交点或切点的坐标值。如果数控系统无刀具补偿功能,则要计算刀具中心的运动轨迹坐标值。对于形状复杂的零件(如由非圆曲线、曲面组成的零件),需要用直线段(或圆弧段)逼近实际的曲线或曲面,根据所要求的加工精度计算出其节点的坐标值。

(3)编写零件加工程序

根据加工路线计算出刀具运动轨迹数据和已确定的工艺参数及辅助动作,编程人员可以按照所用数控系统规定的功能指令及程序段格式,逐段编写出零件的加工程序。编写时应注意程序书写的规范性(应便于表达和交流),以及在对所用数控机床的性能与指令充分熟悉的基础上,各指令使用的技巧、程序段编写的技巧。

(4)将程序输入数控机床

将加工程序输入数控机床的途径有:光电阅读机、键盘、磁盘、磁带、存储卡、连接上级计算机的 DNC 接口及网络等。目前常用的方法是通过键盘直接将加工程序输入(MDI 方式)到数控机床程序存储器中,或通过计算机与数控系统的通讯接口将加工程序传送到数控机床的程序存储器中,由机床操作者根据零件加工需要进行调用。现在一些新型数控机床已经配置大容量存储卡存储加工程序,当作数控机床程序存储器使用,因此数控程序可以事先存入存储卡中。

(5)程序校验与首件试切

数控程序必须经过校验和试切才能正式加工。在有图形模拟功能的数控机床上,可以进行图形模拟加工,检查刀具轨迹的正确性,对无此功能的数控机床可进行空运行检验。但这些方法只能检验出刀具运动轨迹是否正确,不能查出对刀误差、由于刀具调整不当或因某些计算误差引起的加工误差及零件的加工精度,所以有必要经过零件加工首件试切这一重要步骤。当发现有加工误差或不符合图纸要求时,应分析误差产生的原因,以便修改加工程序或采取刀具尺寸补偿等措施,直到加工出合乎图样要求的零件为止。随着数控加工技术的发展,可采用先进的数控加工仿真方法对数控加工程序进行校核。

2.1.5 课外作业

概述数控编程的步骤。

任务2.2 数控车床的坐标系

2.2.1 任务描述

通过本次任务的学习,掌握机床坐标系以及工件坐标系的建立。

2.2.2 知识目标

①掌握机床坐标系的建立;
②掌握工件坐标系的建立;
③了解数控程序的结构。

2.2.3 能力目标

①能找出机床坐标系和工件坐标系;
②掌握数控程序的结构。

2.2.4 相关知识学习

1)坐标轴的命名

为了简化编程和保证程序的通用性,对数控机床的坐标轴和方向命名制定了统一的标准,规定直线进给坐标轴用 X、Y、Z 表示,常称基本坐标轴。X、Y、Z 坐标轴的相互关系用右手定则决定,称为笛卡儿坐标系。如图 2.2.1 所示,图中大拇指指向 X 轴的正方向,食指指向 Y 轴的正方向,中指指向为 Z 轴的正方向。

围绕 X、Y、Z 轴旋转的圆周进给坐标轴用 A、B、C 表示,根据右手螺旋定则,以大拇指指向 $+X$, $+Y$, $+Z$ 方向,则食指、中指等的指向是圆周进给运动 $+A$, $+B$, $+C$ 方向。

2)机床原点与机床坐标系

如图 2.2.2 所示,机床原点(M)又称机床零点,是机床上的一个固定点,由机床生产厂在设计机床时确定,原则上是不可改变的。以机床原点为坐标原点的坐标系称为机床坐标系。

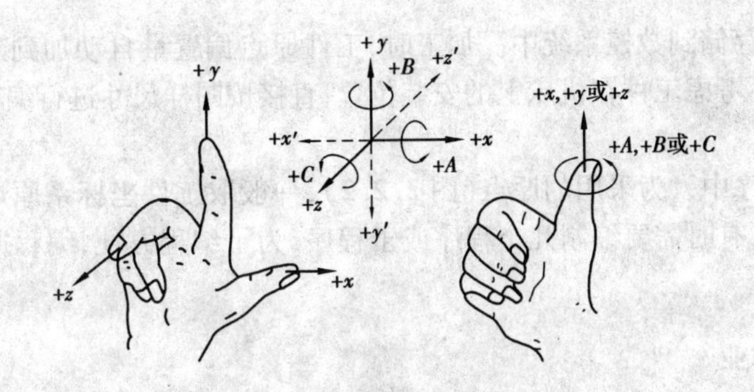

图2.2.1　右手直角笛卡儿坐标系

机床原点是工件坐标系、编程坐标系、机床参考点的基准点。也就是说,只有确定了机床坐标系,才能建立工件坐标系,才能进行其他操作。

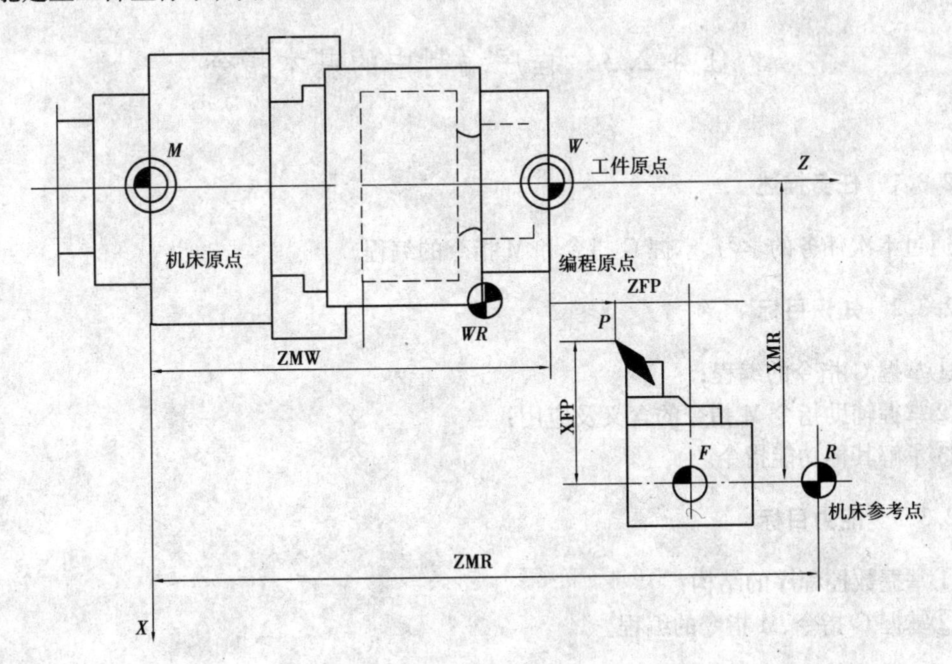

图2.2.2

3)机床参考点

机床参考点(R)是机床坐标系中一个固定不变的位置点,是由机床制造厂人为定义的点,是用于对机床工作台、滑板与刀具之间相对运动的测量系统进行标定和控制的点(图2.2.2)。机床参考点相对于机床原点的坐标是一个已知定值。数控机床通电后,在准备进行加工之前,要进行返回参考点的操作,使刀具或工作台退回到机床参考点。此时,机床显示器上将显示出机床参考点在机床坐标系中的坐标值,就相当于在数控系统内部建立了一个以机床原点为坐标原点的机床坐标系。

4)工件原点与工件坐标系

数控编程时,首先应该确定工件坐标系和工件原点(图2.2.2)。编程人员以工件图样上的某一点为原点建立工件坐标系,编程尺寸就按工件坐标系中的尺寸来确定。工件随夹具安装在机床上后,这时测得的工件原点与机床原点间的距离称为工件原点偏置,操作者要把测得的工件原点偏置量存储到数控系统中。加工时,工件原点偏置量自动加到工件坐标系上。因此,编程人员可以不考虑工件在机床上的安装位置,直接按图样尺寸进行编程。

5)编程原点

编程原点是程序中人为采用的原点(图2.2.2),一般取工件坐标系原点为编程原点。对于形状复杂的零件,有时需要编制几个程序或子程序,为了编程方便,编程原点就不一定设在工件原点上了。

2.2.5 课外作业

①概述数控系统中机床坐标系和工件坐标系的含义;
②概述机床原点及机床参考点的含义。

任务2.3 程序编制中的基本指令

2.3.1 任务描述

通过本次任务的学习,掌握G指令和M指令的编程。

2.3.2 知识目标

①掌握G指令的编程;
②掌握辅助指令M指令的含义及应用;
③了解其他功能指令。

2.3.3 能力目标

①掌握数控程序的结构;
②掌握G指令、M指令的编程。

2.3.4 相关知识学习

1)G功能——准备功能

G功能定义为机床的运动方式,由字符G及后面两位数字构成,GSK980T数控系统所用G功能代码如表2.3.1所示。

2)M功能——辅助功能

M功能主要用来控制机床的某些动作的开和关以及加工程序的运行顺序。M功能由地址符M后跟两位整数构成。GSK928TC数控系统所使用M功能如表2.3.2所示。

3) S功能——主轴功能

通过地址符S和其后的数据把代码信号送给机床,用于控制机床的主轴转速。根据具体的机床配置,通过参数P12的MODS位来选择主轴功能是用于控制多速电机还是变频电机。

4)T功能——刀具功能

T功能也称为刀具功能,用来进行刀具及刀补设定,表示方式是:T××××。其中,T后

表 2.3.1

指令	功　能	模态	指令	功　能	模态
G00	快速定位	初态	G73	封闭切削循环	
G01	直线插补	*	G74	端面深孔加工循环	
G02	顺圆弧插补	*	G75	切槽循环	
G03	逆圆弧插补	*	G76	螺纹复合切削循环	
G04	暂停、准停		G90	内外圆车削循环	*
G28	返回参考点		G92	螺纹切削循环	*
G32	螺纹切削	*	G94	端面切削循环	*
G50	坐标系设定		G96	恒线速控制	
G65	宏程序命令		G97	取消恒线速	
G70	精加工循环		G98	每分进给	
G71	外圆粗车循环		G99	每转进给	
G72	端面粗车循环				

注:①表中带 * 指令为模态指令,即在没有指定其他 G 指令的情况下一直有效。

②表中指令在每个程序段只能有一个 G04 之外的 G 代码,仅 G04 指令可和其他 G 代码在同一程序段中出现。

③通电及复位时系统处于 G00 状态。

表 2.3.2

指　令	功　能	编程格式	说　明
M00	程序暂停	M00	
M02	程序结束	M02	
M30	程序结束回参考点 关主轴、关冷却液	M30	
M03	主轴正转	M03	
M04	主轴反转	M04	
M05	主轴停转	M05	
M08	开冷却液	M08	
M09	关冷却液	M09	
M32	开润滑	M32	
M33	关润滑	M33	
M98	子程序调用	M98　P　L	由 P 指定转移入口程序段号 由 L 指定调用次数
M99	子程序返回		

注:①每个程序段只能有一个 M 代码,前导 0 可省略。

②在 M 指令与 G 指令同在一个程序段中时按以下顺序执行:

- M03、M04、M08 优先于 G 指令执行;
- M00、M02、M05、M09、M30 后于 G 指令执行;
- M98、M99 只能单独在一个程序段内不能与其他 G 指令或 M 指令共一段。

面的前两位表示刀具号,后两位表示刀补号。如 T0202,表示第 2 号刀和对应的第 2 号刀补;T0200 表示第 2 号刀不带刀补。

5)F 功能——进给速度功能

指令格式:F××××;

F 功能决定刀具切削进给速度的功能。即进给速度功能进给速度功能用地址符 F 后跟 4 位整数来表示。范围为 0 ~ 9999,单位:mm/min。

2.3.5 课外作业

①准备功能 G 代码中模态代码和非模态代码有什么区别?

②熟悉 GSK980T 数控系统的准备功能 G 代码、辅助功能 M 代码、刀具功能 T 代码、进给功能 F 代码和主轴功能 S 代码。

项目 3
数控车床仿真软件

【项目概述】

上海宇龙数控加工仿真系统是一个应用虚拟现实技术于数控加工操作技能培训和考核的仿真软件。它采用数据库统一管理刀具材料和性能参数库，提供车床、立式铣床、卧式加工中心和立式加工中心，以及机床厂家的多种常用面板，具备对数控机床操作全过程和加工运行全环境仿真的功能。在操作过程中，具有完全自动、智能化的高精度测量功能和全面的碰撞检测功能，还可以对数控程序进行处理。为了便于教学和鉴定工作的进行，该系统还具有考试、互动教学、自动评分和记录回放功能。

【项目内容】

任务 3.1　仿真软件的使用
任务 3.2　仿真软件对刀操作
任务 3.3　仿真加工实例

【项目目标】

1. 了解仿真软件的安装使用方法；
2. 掌握仿真软件的教学使用方法；
3. 掌握如何使用仿真软件进行对刀的方法；
4. 熟练掌握仿真软件的加工操作流程；
5. 独立运用仿真软件进行工件仿真加工。

任务 3.1　仿真软件的使用

3.1.1　任务描述

通过本任务的学习，掌握仿真软件的使用。

1)硬件配置

CPU:PⅡ400 以上;

内存:64 MB 以上;

显示器:1 024×768,支持 16 位以上的颜色;

显卡:AGP2X 8 MB 以上,推荐 AGP4X,16 MB。

2)操作系统

中文 Windows98,Windows ME,Windows 2000 或 Windows XP;必须安装有 TCP/IP 网络协议。

3)网络要求

局域网内部必须畅通,即机器之间可以互相访问。

3.1.2 知识目标

①掌握软件安装的过程及其路径设置;

②掌握软件加密锁的使用方法;

③掌握考试程序用户管理的方法。

3.1.3 能力目标

①掌握系统刀具库的选择和设置;

②掌握数控机床的轨迹仿真和自动运行方法;

③掌握评分标准的设置。

3.1.4 相关知识学习

1)数控仿真软件的安装

在局域网中选择一台机器作为教师机。教师机是由授课教师使用的数控加工仿真系统。一个局域网内只能有一台教师机;其他机器作为学生机,学生机通常由学生使用。

安装步骤如下:

①将加密锁安装在教师机相应接口。

②将"数控加工仿真系统"的安装光盘放入光驱。

③在"资源管理器"中点单击"光盘",在显示的文件夹目录中选择"数控加工仿真系统 4.0"的文件夹。

④选择了适当的文件夹后,点击打开。在显示的文件名目录中双击图标,系统弹出如图 3.1.1 所示的安装向导界面。

⑤在系统接着弹出的"欢迎"界面中单击"下一个"按钮,如图 3.1.2 所示。

⑥进入"选择安装类型"界面,选择"教师机"或"学生机",如图 3.1.3 所示。

⑦在系统接着弹出的"软件许可证协议"界面中单击"是"按钮,如图 3.1.4 所示。

⑧系统弹出"选择目标位置"界面,在"目标文件夹"中单击"浏览"按钮,选择所需的目标文件夹,默认的路径是"C:\Programme files\数控加工仿真系统"。目标文件夹选择完成后,单击"下一步"按钮,如图 3.1.5 所示。

⑨系统进入"可以安装程序"界面,单击"安装"按钮,如图 3.1.6 所示。

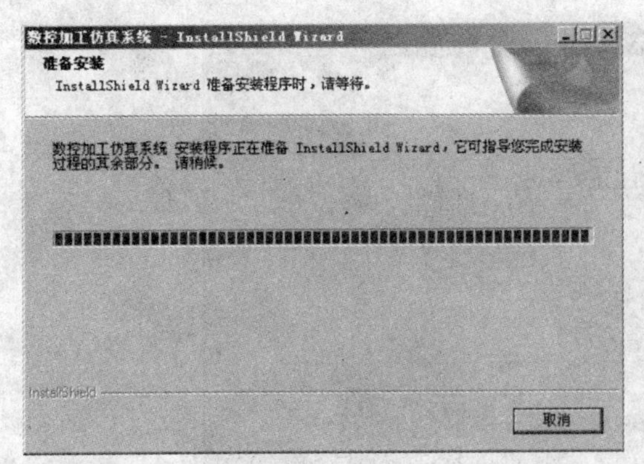

图3.1.1

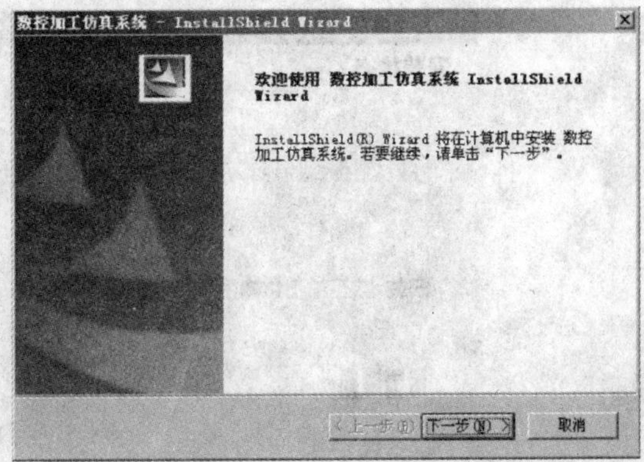

图3.1.2

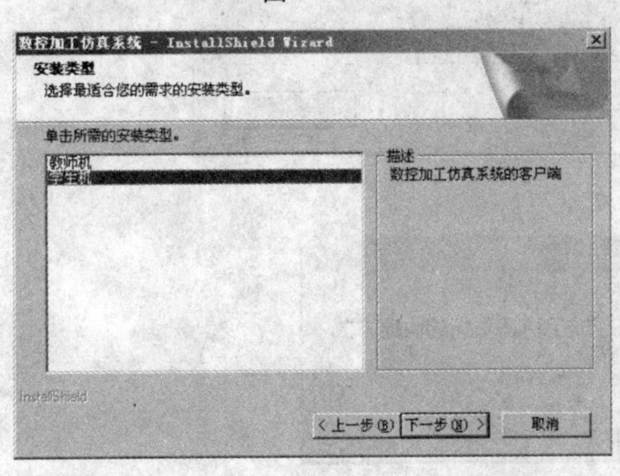

图3.1.3

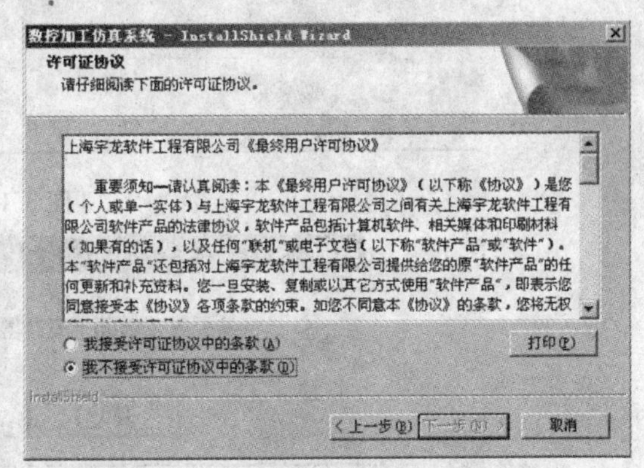

图3.1.4

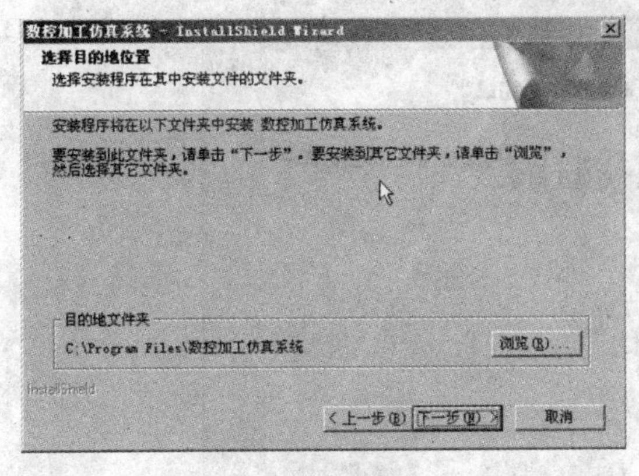

图3.1.5

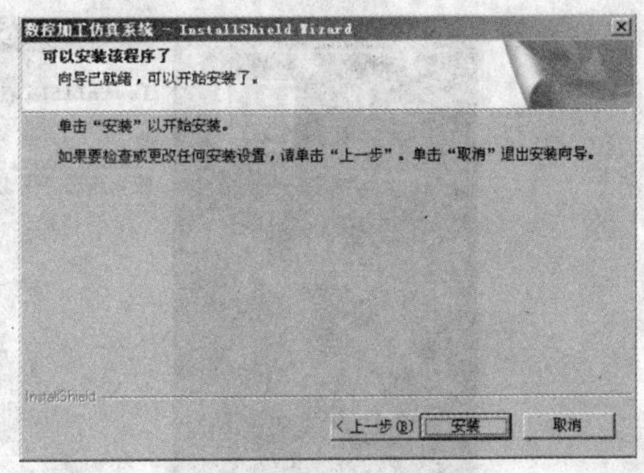

图3.1.6

⑩此时弹出数控加工仿真系统的安装界面，如图3.1.7所示。

⑪安装完成后，系统弹出"问题"对话框，询问"是否在桌面上创建快捷方式"，如图3.1.8所示。

⑫创建完快捷方式后，完成仿真软件的安装，如图3.1.9所示。

2）掌握软件加密锁的使用方法

教师机的数控加工仿真系统上装有加密锁管理程序，用来管理加密锁、控制仿真系统运行状态。只有加密锁管理程序运行后，教师机和学生机的数控加工仿真系统才能运行。

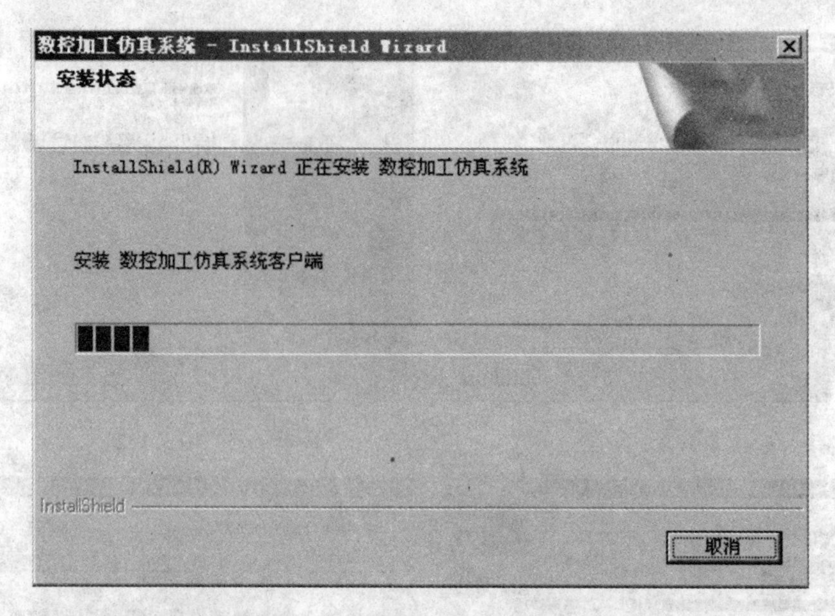

图 3.1.7

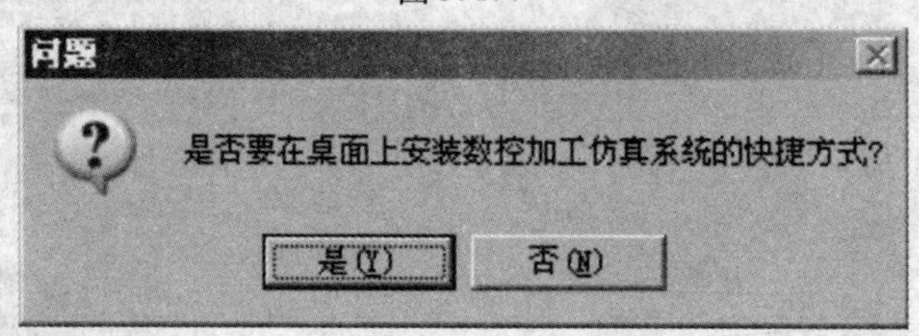

图 3.1.8

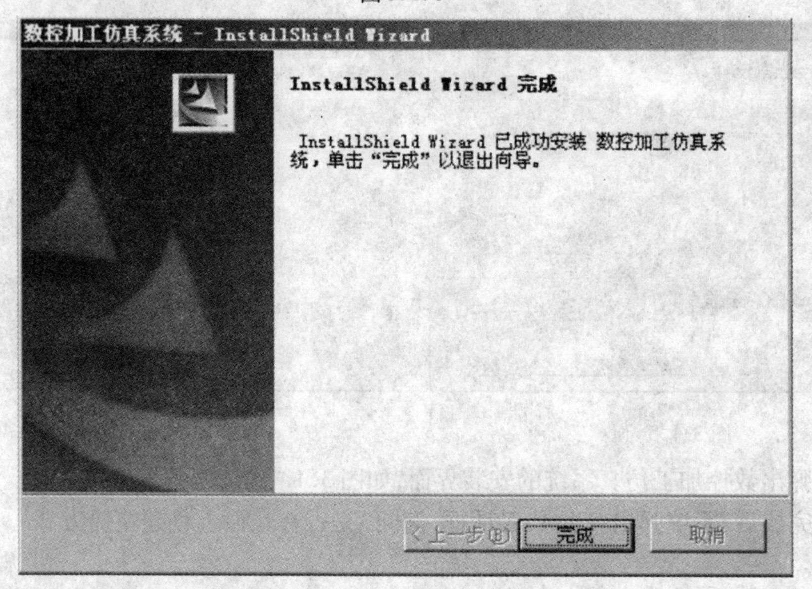

图 3.1.9

(1)启动加密锁管理程序

用鼠标左键依次单击“开始”→“程序”→“数控加工仿真系统”→“加密锁管理程序”，如

图3.1.10所示。

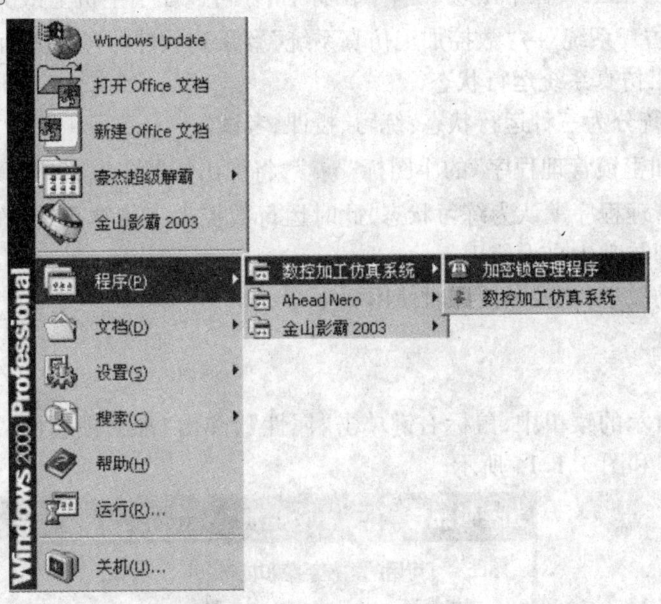

图3.1.10

加密锁程序启动后,屏幕右下方的工具栏中将出现"☎"图标。

(2)运行数控加工仿真系统

依次单击"开始"→"程序"→"数控加工仿真系统"→"数控加工仿真系统",系统将弹出如图3.1.11所示的"用户登录"界面。

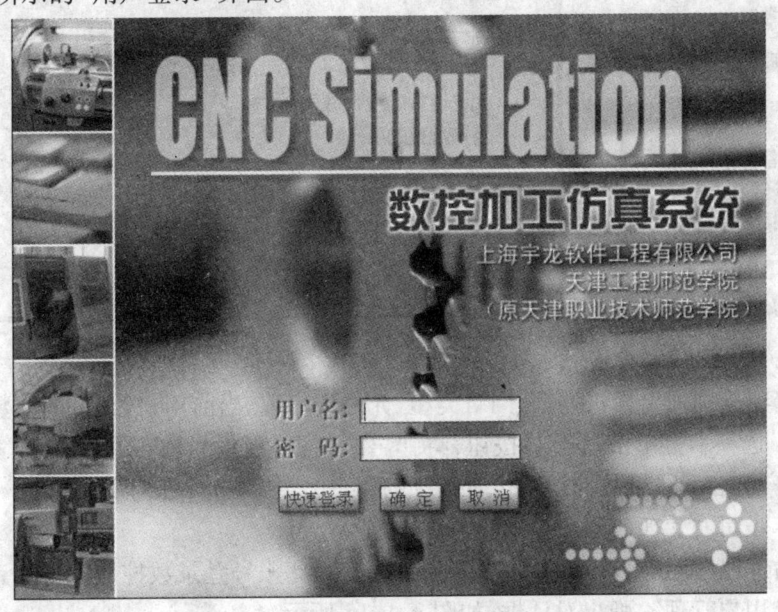

图3.1.11

此时,可以通过单击"快速登录"按钮进入数控加工仿真系统的操作界面,通过输入用户名和密码再单击"登录"按钮,进入数控加工仿真系统。

注:在局域网内使用本软件时,必须按上述方法先在教师机上启动"加密锁管理程序"。

等到教师机屏幕右下方的工具栏中出现“☎”图标后,才可以在学生机上依次单击“开始”→“程序”→“数控加工仿真系统”→“数控加工仿真系统”登录到软件的操作界面。

(3)设置数控加工仿真系统运行状态

数控加工仿真系统分为三种运行状态:练习、授课、考试。

鼠标右键点击“加密锁管理程序”的小图标“☎”,将弹出如图 3.1.12 所示的菜单。

①练习:加密锁管理程序默认为练习状态,此时运行数控加工仿真系统,教师机与学生机间没有交互,可供教师与学生自由使用。

②授课:用于互动教学,在教师授课时使用。

③考试:用于考试。

(4)加密锁属性

在如图 3.1.12 所示的菜单中,鼠标右键单击“属性”,弹出“加密锁属性”对话框,两张选项卡分别如图 3.1.13 和图 3.1.14 所示。

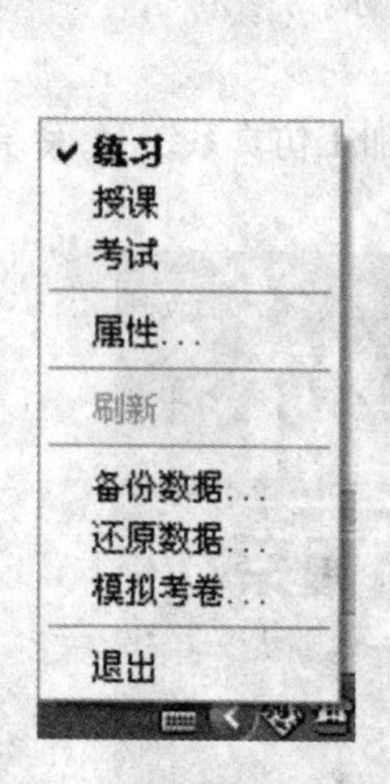

图 3.1.12

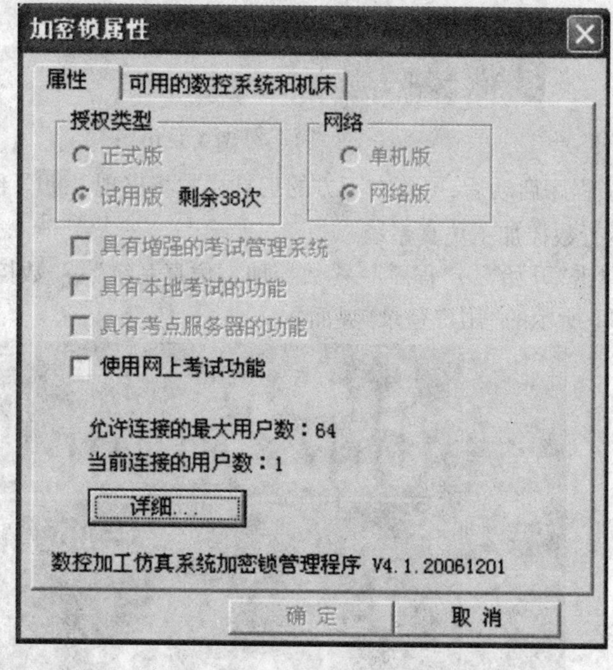

图 3.1.13

其中的选项分别列出授权类型、网络类型、允许用户数、当前用户数、可用的数控系统和机床。在“属性”选项卡上单击“详细”按钮,将弹出对话框,列出当前正在运行的学生机的列表信息,包括客户机名和登录数控加工仿真系统的用户名,如图 3.1.15 所示。

3)*考试程序用户管理的方法*

系统初始管理员用户名:manage,密码:system。以此账号登录数控加工仿真系统,菜单选择“系统管理\用户管理”,弹出对话框,如图 3.1.16 所示。

每名用户必须有用户名、密码、姓名、单位。

涉及的用户权限包括:用户管理、修改评分标准、成绩查询、修改系统参数。

①用户管理:有此权限的用户才能进入用户管理对话框,添加、修改用户或批量添加用户。

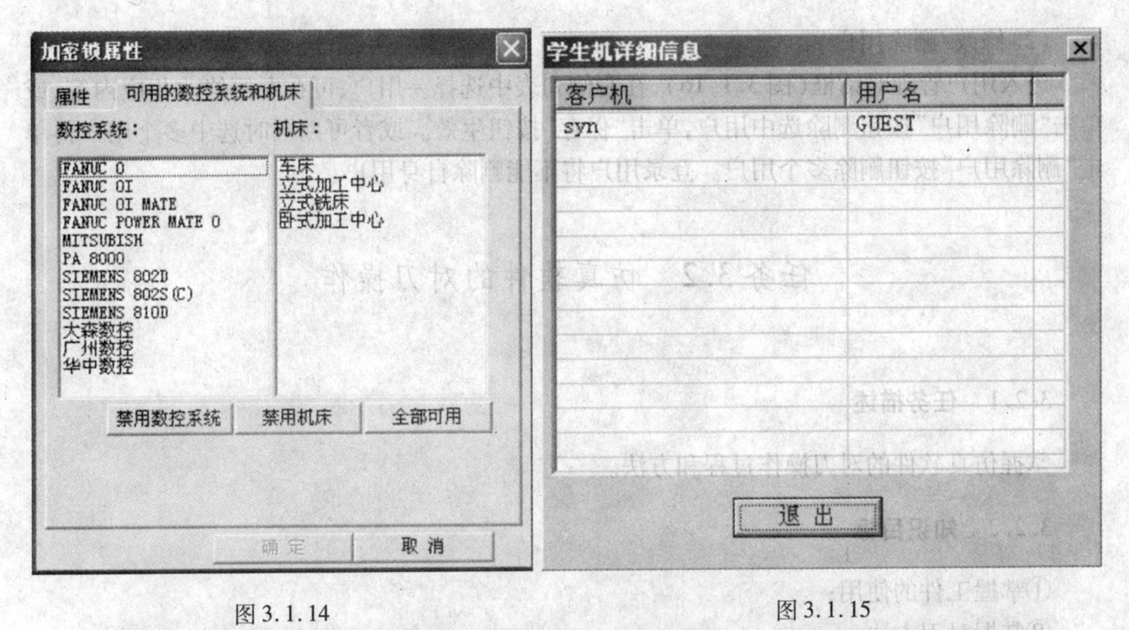

图 3.1.14　　　　图 3.1.15

图 3.1.16

②修改评分标准:修改考试用评分标准。

③成绩查询:察看考试成绩。

④修改系统参数:修改系统设置。

管理员特指有以上四个权限的用户。

(1)添加一个用户

进入用户管理对话框(图 3.1.16),单击“添加用户”按钮,用户信息将清空等待输入。输入用户基本信息,如用户名、密码、姓名、单位,对话框右侧用户列表中将新增输入的用户。

添加权限:单击“≪－添加”按钮添加一项权限,使其在用户权限的左侧列表;单击“删除－≫”按钮删除一项权限,使其在用户权限的右侧列表。单击“保存”按钮保存输入。

(2)修改/删除用户

进入用户管理对话框(图 3.1.16),在右侧列表中选择一用户,可在左侧修改相应内容,或单击"删除用户"按钮删除选中用户,单击"保存"按钮生效。或者可以同时选中多个用户再单击"删除用户"按钮删除多个用户。登录用户将不能删除自身用户。

任务3.2　仿真软件的对刀操作

3.2.1　任务描述

掌握仿真软件的对刀操作过程和方法。

3.2.2　知识目标

①掌握工件的使用;
②掌握对刀方法。

3.2.3　能力目标

①会进行工件毛坯的选择和设置;
②掌握对刀的过程和原理。

3.2.4　相关知识学习

1)工件的使用

(1)定义毛坯

打开菜单"零件"→"定义毛坯"或在工具条上选择"▱",如图 3.2.1(a)所示,系统弹出定义毛坯的对话框,有长方形和圆形两种毛坯可供选择,如图 3.2.1(b)、(c)所示。

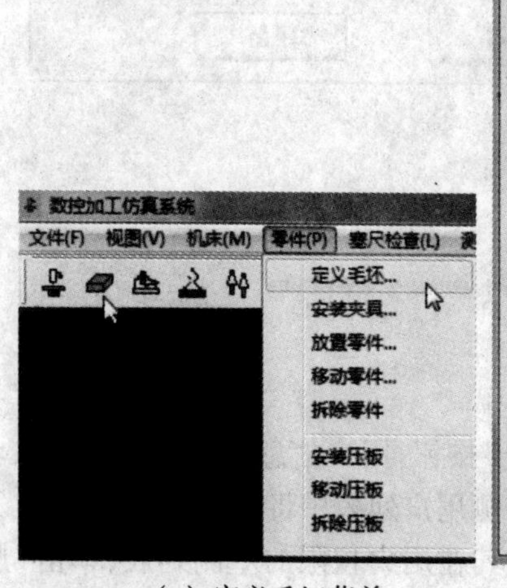

(a) 定义毛坯菜单

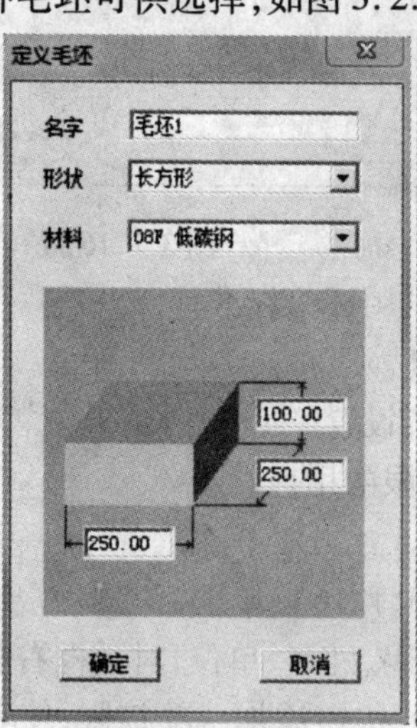

(b) 长方形毛坯定义

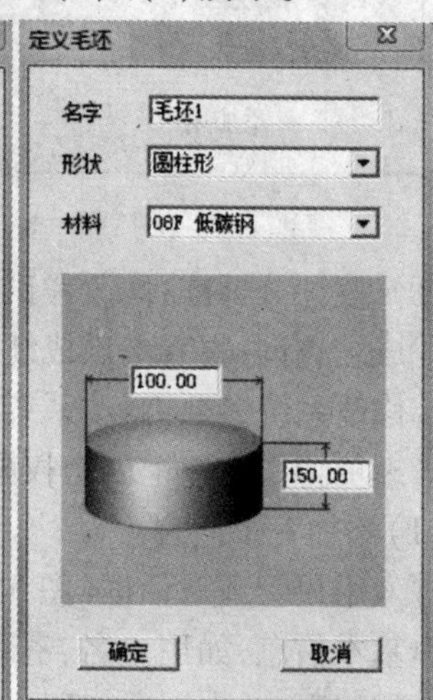

(c) 圆形毛坯定义

图 3.2.1　毛坯定义操作

在定义毛坯对话框中,各字段的含义如下:

①名字:在毛坯名字输入框内输入毛坯名,也可使用缺省值。

②形状:在毛坯形状框内点击下拉列表,选择毛坯形状。铣床、加工中心有两种形状的毛坯供选择,即长方形毛坯和圆柱形毛坯,车床仅提供圆柱形毛坯。

③材料:在毛坯材料框内点击下拉列表,选择毛坯材料。毛坯材料列表框中提供了多种供加工的毛坯材料,可根据需要在“材料”下拉列表中选择毛坯材料。

④毛坯尺寸:单击尺寸输入框,即可改变毛坯尺寸,单位:mm。

完成以上操作后,单击“确定”按钮,保存定义的毛坯并且退出本操作,也可单击“取消”按钮,退出本操作。

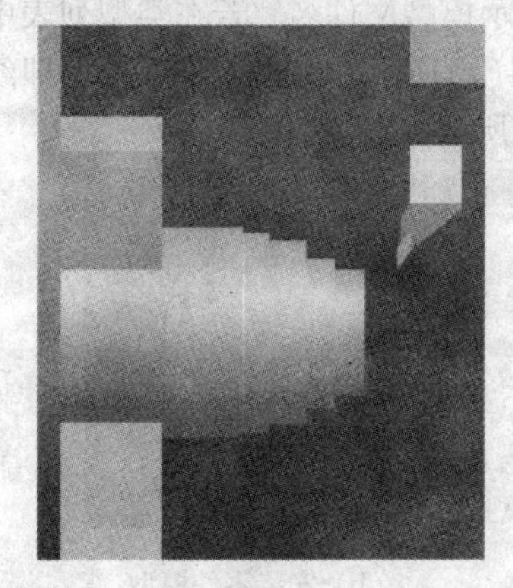

(a)零件模型

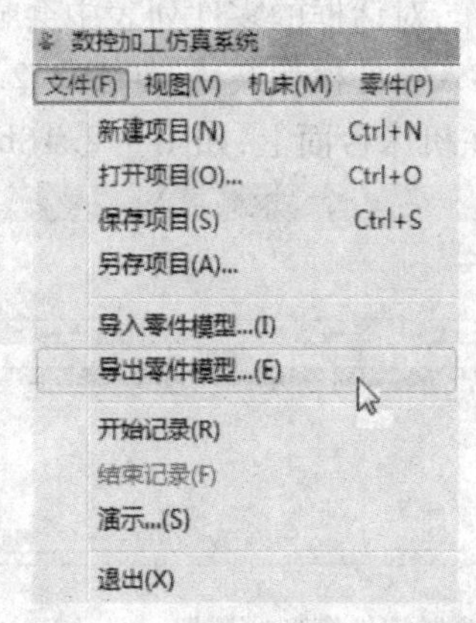

(b)导出零件模型菜单

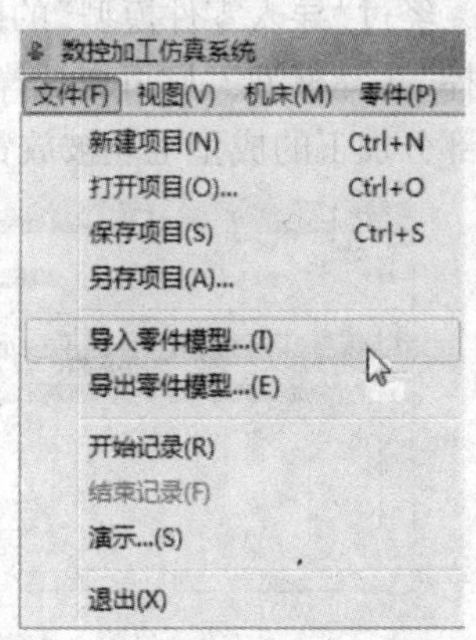

(c)导入零件模型菜单

图3.2.2　零件模型导出导入

(2)导出零件模型

对于经过部分加工的工件,打开菜单“文件”→“导出零件模型”,系统弹出“另存为”对话框。在对话框中输入文件名,单击“保存”按钮,就可将这个未完成加工的零件保存为零件模型,可在以后放置零件时通过导入零件模型而调用,如图3.2.2(a)、(b)所示。

(3)导入零件模型

机床在加工零件时,除了可以使用原始的毛坯,还可以对经过部分加工的毛坯进行再加工。经过部分加工的毛坯称为零件模型,可以通过导入零件模型的功能调用零件模型。

打开菜单“文件”→“导入零件模型”,若已通过导出零件模型功能保存过成型毛坯,则系统将弹出“打开”对话框,在此对话框中选择并且打开所需的后缀名为“PRT”的零件文件,则选中的零件模型被放置在工作台面上,如图3.2.2(c)所示。此类文件为已通过“文件”→“导出零件模型”所保存的成型毛坯。

(4)放置零件

打开菜单“零件”→“放置零件”命令或者在工具条上选择图标,系统弹出选择零件、安装零件对话框。如图3.2.3所示。

在列表中选择所需的零件,选中的零件信息加亮显示,再单击“安装零件”按钮,系统自动关闭对话框,零件和夹具(如果已经选择了夹具)将被放到机床上。

对于卧式加工中心,还可以在上述对话框中选择是否使用角尺板。如果选择了使用角尺板,那么在放置零件时,角尺板同时出现在机床台面上。

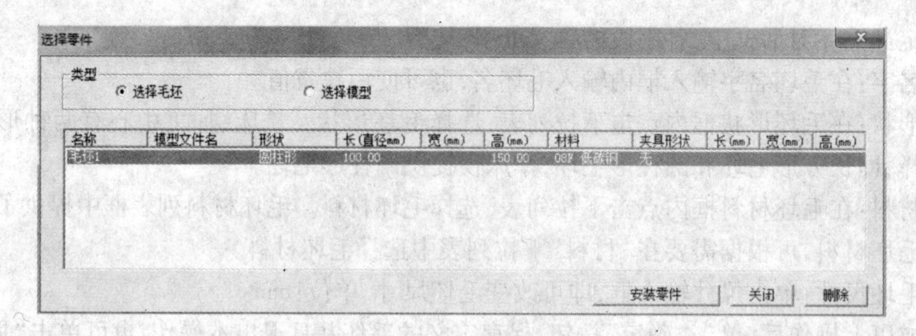

图 3.2.3 “选择零件”对话框

经过“导入零件模型”的操作,对话框的零件列表中会显示模型文件名。若在类型列表中选择“选择模型”,则可以选择导入零件模型文件,如图 3.2.4(a)所示。选择后零件模型即经过部分加工的成型毛坯被放置在机床台面上,如图 3.2.4(b)所示。

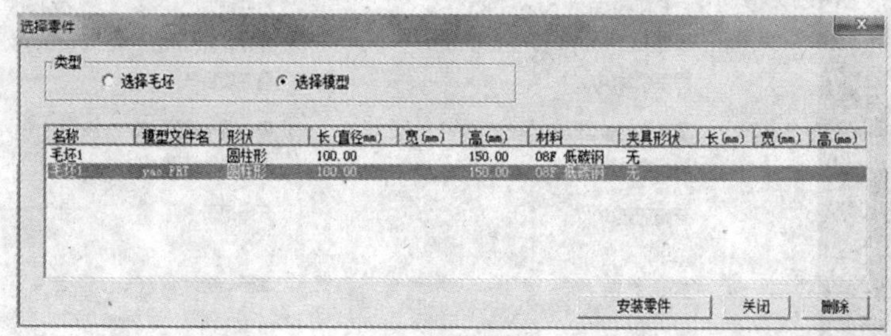

(a) 选择零件模型对话框　　(b) 安装零件模型

图 3.2.4 选择零件模型

(5)调整零件位置

零件放置安装后,可以在工作台面上移动。毛坯放置到工作台(三爪卡盘)后,系统将自动弹出一个小键盘(铣床、加工中心如图 3.2.5(a)所示,车床如图 3.2.5(b)所示),通过按动小键盘上的方向按钮,实现零件的平移和旋转或车床零件调头。小键盘上的“退出”按钮用于关闭小键盘。选择菜单“零件”→“移动零件”也可以打开小键盘,如图 3.2.5(c)所示。

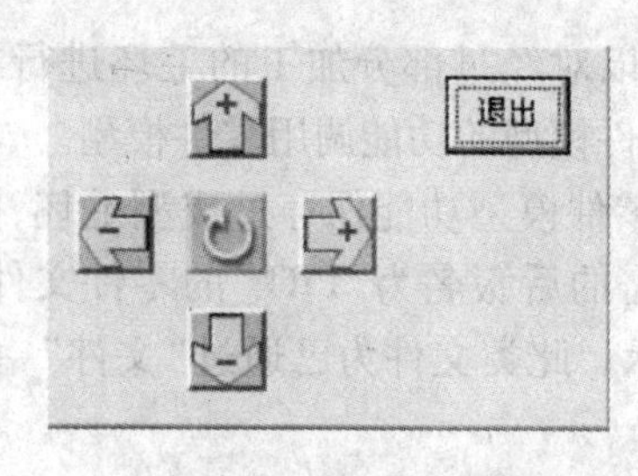

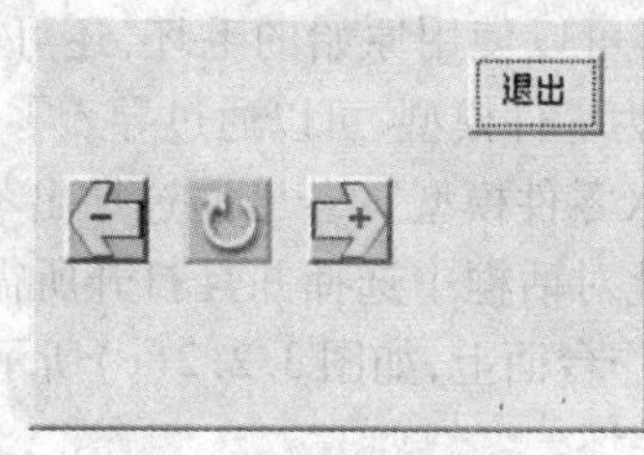

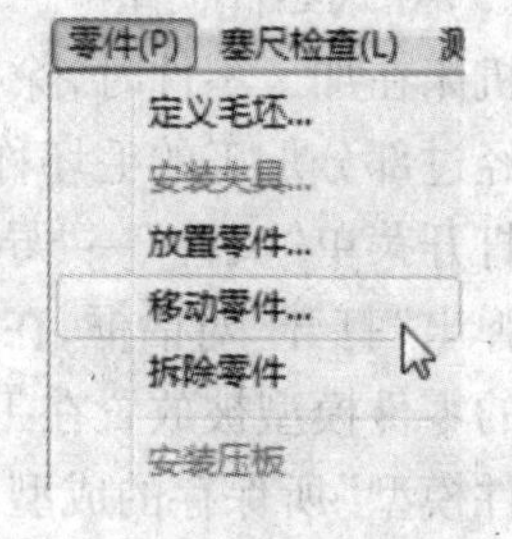

(a) 铣床零件移动对话框　　(b) 车床移动零件对话框　　(c) 移动零件菜单

图 3.2.5 移动零件

(6)车床选刀

系统中,数控车床允许同时安装 8 把刀具,如图 3.2.6 所示。

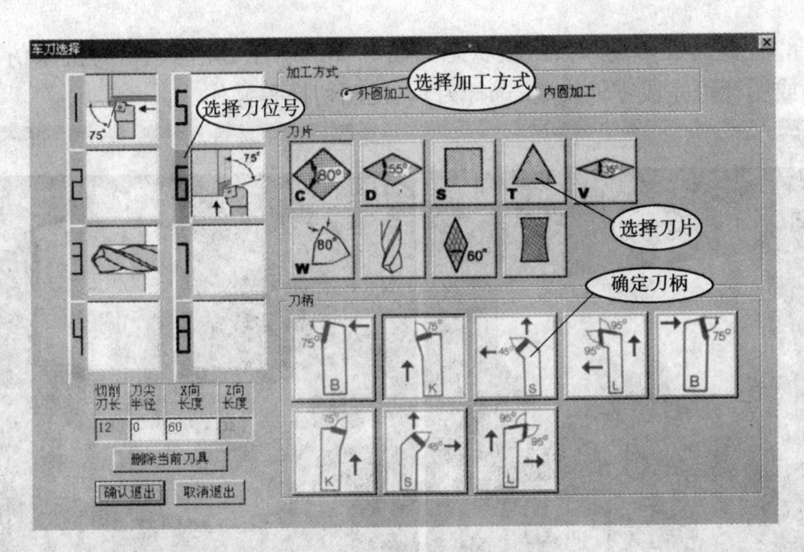

图3.2.6　车刀选择对话框

①选择车刀：

a. 在对话框左侧排列的编号1~8中，选择所需的刀位号。刀位号即车床刀架上的位置编号。被选中的刀位编号的背景颜色变为蓝色。

b. 指定加工方式，可选择外圆加工或内圆加工。

c. 在刀片列表框中选择了所需的刀片后，系统自动给出相匹配的刀柄供选择。

d. 选择刀柄。当刀片和刀柄都选择完毕，刀具被确定，并且输入到所选的刀位中。旁边的图片显示其适用的方式。

②刀尖半径：显示刀尖半径，允许操作者修改刀尖半径，刀尖半径可以是0，单位为mm。

③刀具长度：显示刀具长度，允许修改刀具长度。刀具长度是指从刀尖开始到刀架的距离。

④输入钻头直径：当在刀片中选择钻头时，"钻头直径"一栏变亮，允许输入直径。

⑤删除当前刀具：在当前选中的刀位号中的刀具可通过"删除当前刀具"键删除。

⑥确认选刀：选择完刀具，完成刀尖半径（钻头直径）、刀具长度修改后，按"确认退出"键完成选刀，或者按"取消退出"键退出选刀操作。

(7)视图变换的选择

在工具栏中，图标的含义是视图变换操作，它们分别对应着主菜单"视图"下拉菜单的"复位""局部放大""动态缩放""动态平移""动态旋转""左侧视图""右侧视图""俯视图""前视图"等命令，可对机床工作区进行视图变化操作。

视图命令也可通过将鼠标置于机床显示工作区域内，单击鼠标右键，在弹出的浮动菜单里进行相应的选择。操作时将鼠标移至机床显示区，拖动鼠标即可进行相应操作。

(8)控制面板切换

在"视图"菜单或浮动菜单中选择"控制面板切换"，或在工具条中单击""图标，即完成控制面板切换。

选择"控制面板切换"时，系统根据机床选择，显示了FANUC0I完整数控加工仿真界面，可完成机床回零、JOG手动控制、MDI操作、编程操作、参数输入和仿真加工等各种基本操作。

在未选择“控制面板切换”时，面板状态如图 3.2.7 所示，屏幕显示为机床仿真加工工作区，通过菜单或图标可完成零件安装、选择刀具、视图切换等操作。

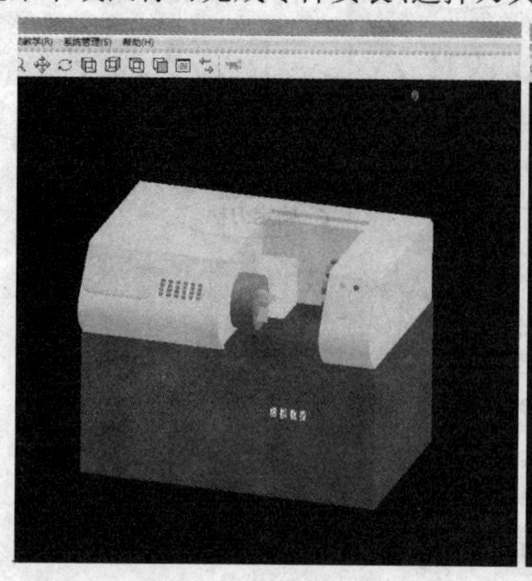

(a)车床

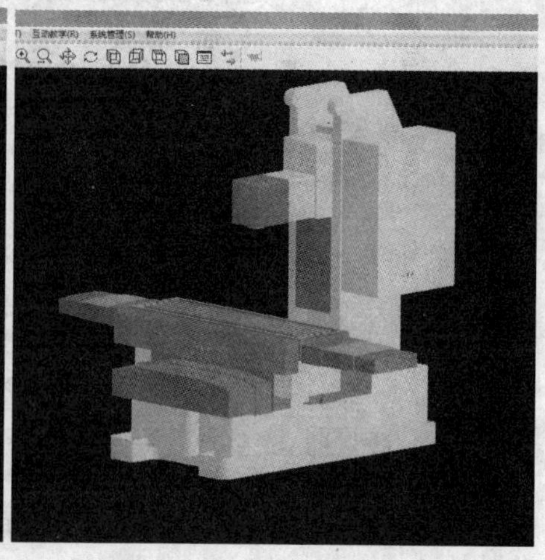

(b)铣床

图 3.2.7　控制面板切换

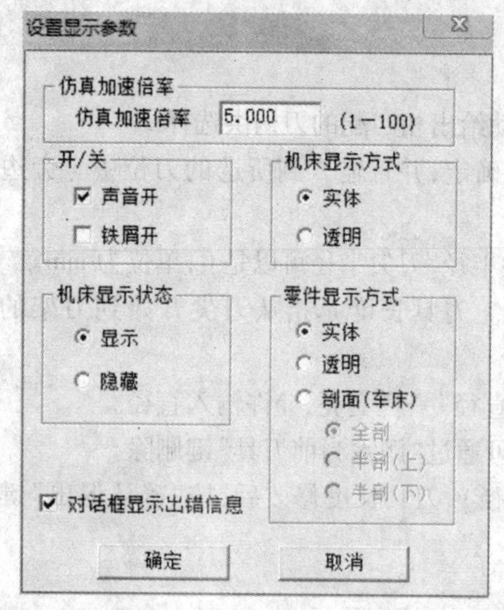

图 3.2.8　“选项”对话框

(9)“选项”对话框

在“视图”菜单或浮动菜单中选择“选项”或在工具条中选择“▣”，在对话框中进行设置。如图 3.2.8所示，它包括 6 个选项。

①仿真加速倍率：设置的速度值用以调节仿真速度，有效数值范围为 1～100；

②开/关：设置仿真加工时的视听效果；

③机床显示方式：用于设置机床的显示，其中透明显示方式可方便观察内部加工状态；

④机床显示状态：用于仅显示加工零件或显示机床全部的设置；

⑤零件显示方式：用于对零件显示方式的设置，有 3 种方式；

⑥如果选中“对话框显示出错信息”，出错信息提示将出现在对话框中；否则，出错信息将出现在屏幕的右下角。

2)对刀

数控程序一般按工件坐标系编程，对刀的过程就是建立工件加工坐标系与机床坐标系之间关系的过程。下面具体说明铣床(立式加工中心)对刀和车床对刀的基本方法。

需要指出，以下对刀过程说明时，对于铣床及加工中心，将工件上表面左下角(或工件上表面中心)设为工件坐标系原点；对于车床，工件坐标系设在工件右端面中心。

(1)车床对刀

在本数控加工仿真系统中，车床的机床坐标系原点可设置在卡盘底面中心，也可和铣床一样与机床回零参考点重合，通常设置在卡盘底面中心，如图3.2.9(a)所示。

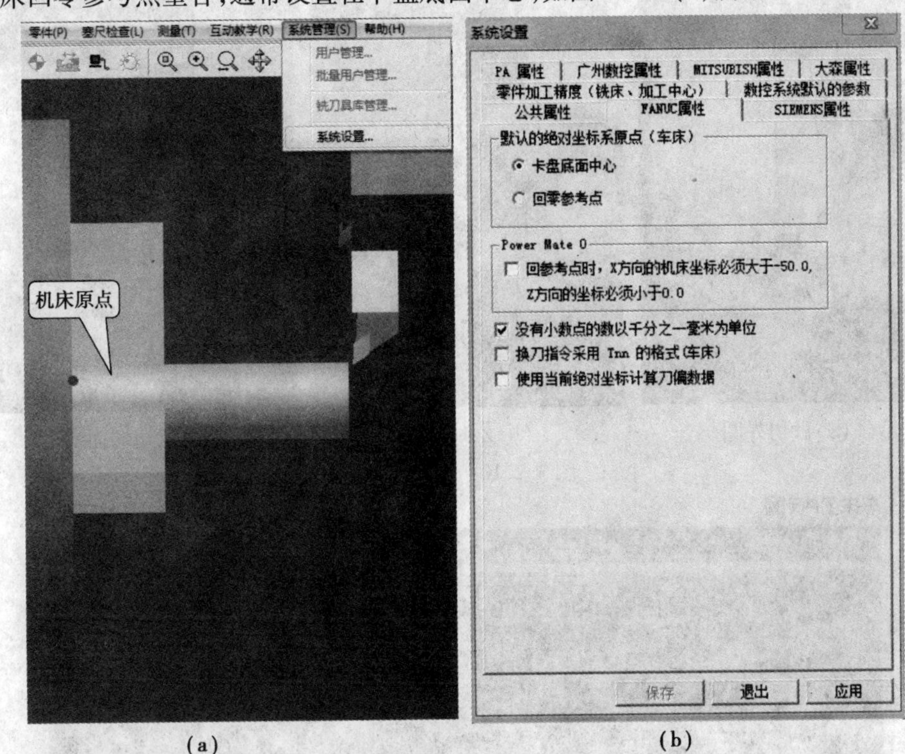

(a)　　　　　　　　　　(b)

图3.2.9　机床坐标系原点设置

打开菜单“系统管理”→“系统设置”打开系统设置画面，如图3.2.9(b)所示，选择“FANUC属性”选项，即可进行机床坐标系原点设置，并选择卡盘底面中心为机床坐标系原点。

(2)试切法对刀

试切法对刀是用所选的刀具试切零件的外圆和端面，经过测量和计算得到零件端面(通常是右端面)中心点坐标值的过程。它是车床建立加工坐标系常用方法。进入数控车床加工仿真系统后，首先激活系统，然后进行回零操作，完了以后就可进行对刀。

点击机床操作面板中手动操作按钮，将机床切换到JOG状态，进入“手动”方式，点击MDI键盘的按钮，LCD显示刀架在机床坐标系中的坐标值，利用操作面板上的和按钮，将机床移动到如图3.2.9(a)所示大致位置，准备对刀。

①试切工件外圆。

首先，点击中的翻转按钮，使主轴转动，点击键，选中Z轴，点击的负向移动按钮，用所选刀具试切工件外圆，如图3.2.10(a)所示。

然后，点击的正向移动按钮，Z向退刀，将刀具退至如图3.2.10(b)所示位置。记下LCD界面上显示的X轴绝对坐标，记为X1。

点击中主轴停按钮，使主轴停止转动，点击菜单“测量”→“坐标测量”如图3.2.11所示，点击试切外圆时所切线段，选中的线段由红色变为橙色，相应线段尺寸以蓝色亮起，记下测量对话框中对应线段的X值(试切外圆的直径)，记为X2。

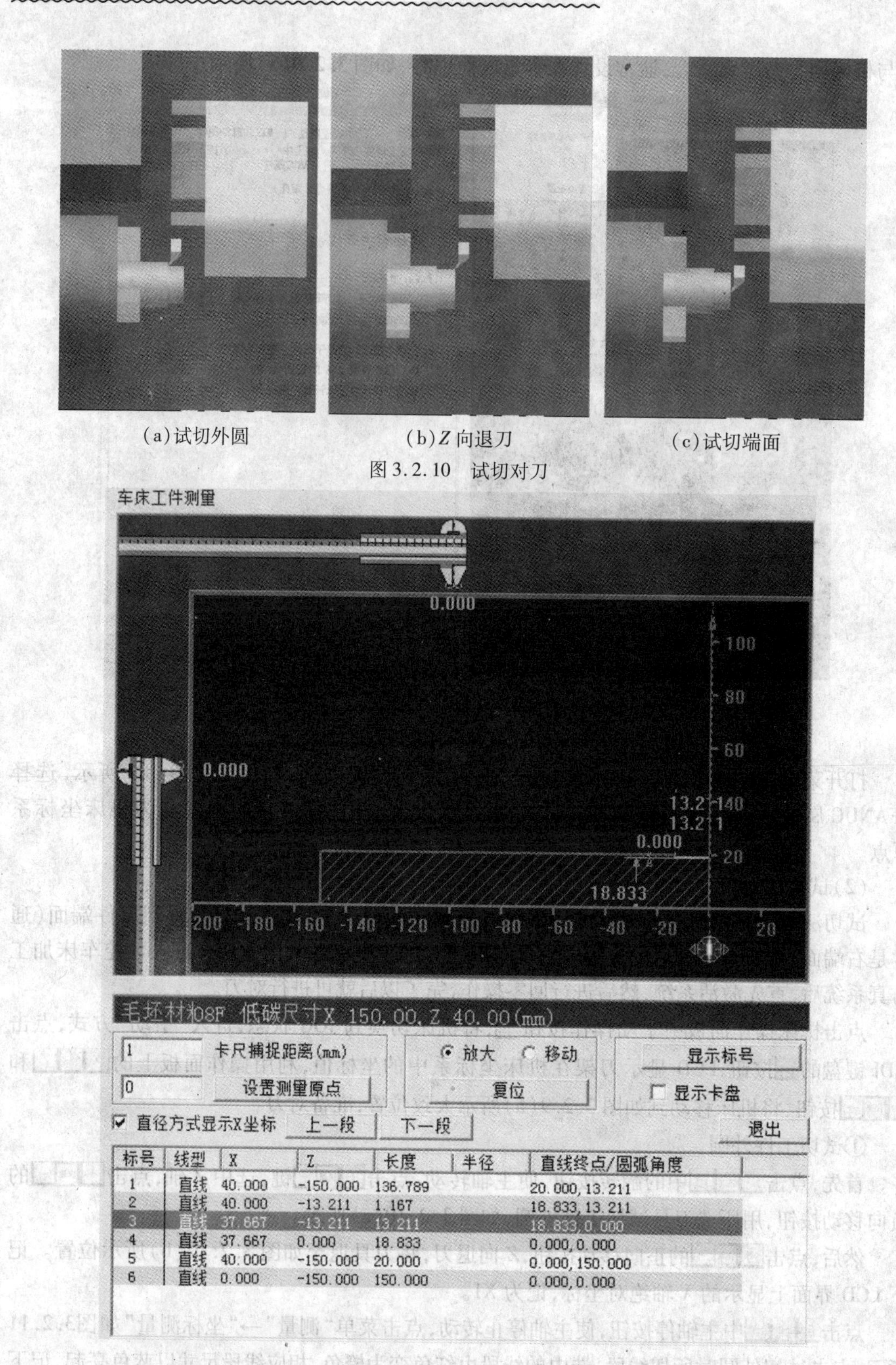

(a)试切外圆　　(b)Z 向退刀　　(c)试切端面

图 3.2.10　试切对刀

图 3.2.11　车床工件测量

此时，工件中心轴线 X 的坐标值即为 X1 ~ X2，记为 X；这个过程也可通过系统的"测量"功能获得，然后直接生成为刀具偏移值或 G54 的工件坐标系原点 X 坐标值。

②试切工件右端面。

同理，刀具移动在切右端面的位置，试切端面，如图 3.2.10(c)所示。切完后，Z 向不动，沿 X 退刀，同时记下此时的 Z 坐标值，记为 Z。那么，这个(X，Z)即为工件坐标系原点在机床坐标系中的坐标值。

任务 3.3　仿真加工实例

3.3.1　任务描述

如图 3.3.1 所示，毛坯直径为 ϕ45 mm，起刀点在图示编程坐标系的 P 点，试运用 G71/G73，G70 指令编制图示轴类零件车削加工程序。

给定切削条件是：粗车时切深为 2 mm，退刀量为 1 mm，精车余量 X 方向为 0.6 mm(直径值)，Z 方向为 0.3 mm，主轴转速为 600 r/min，进给速度为 0.15 mm/ r；

精车时主轴转速为 800 r /min，进给速度为 0.1 mm / r。[注：ϕ45 外圆不加工]

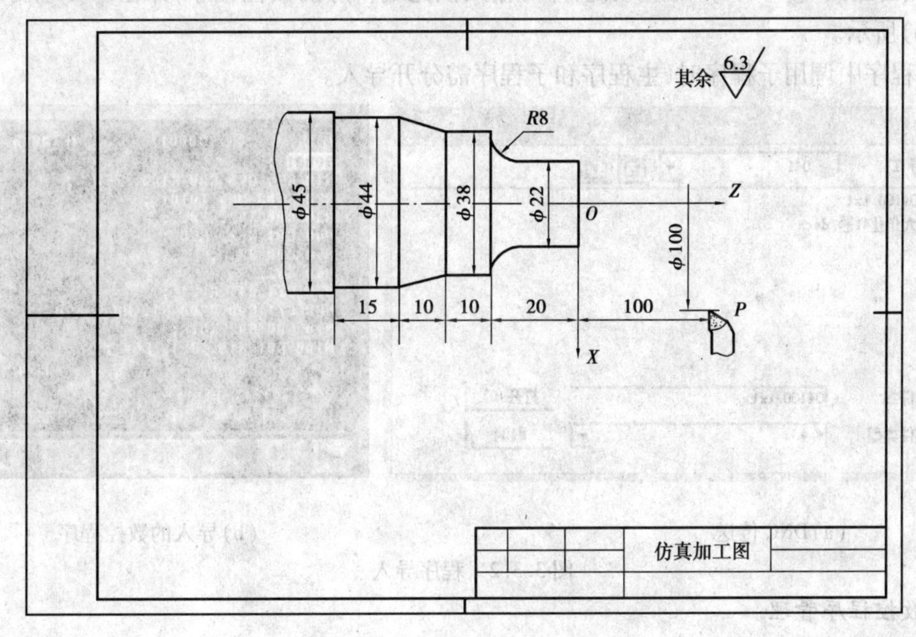

图 3.3.1

3.3.2　知识目标

①仿真软件的使用；

②对刀操作；

③程序的编写及自动加工。

3.3.3　能力目标

①仿真软件的操作能力；

②数控手动编程能力。

3.3.4　相关知识学习

1)导入数控程序

数控程序可以通过记事本或写字板等编辑软件输入并保存为文本格式文件,也可直接用 FANUC0i 系统的 MDI 键盘输入。

①打开机床面板,点击键,进入编辑状态。

②点击 MDI 键盘上键,进入程序编辑状态。

③打开菜单“机床/DNC 传送…”,在打开文件对话框中选取文件。如图 3.3.2(a)所示,在文件名列表框中选中所需的文件,按“打开”按钮确认。

④按 LCD 画面软键“[(操作)]”,再点击画面软键▶,再按画面“[READ]”对应软键。

⑤在 MDI 键盘在输入域键入文件名:Oxx(O 后面是不超过 9999 的任意正整数),如“O0001”。

⑥点击画面“[EXEC]”对应软键,即可输入预先编辑好的数控程序,并在 LCD 显示,如图 3.3.2(b)所示。

注:程序中调用子程序时,主程序和子程序需分开导入。

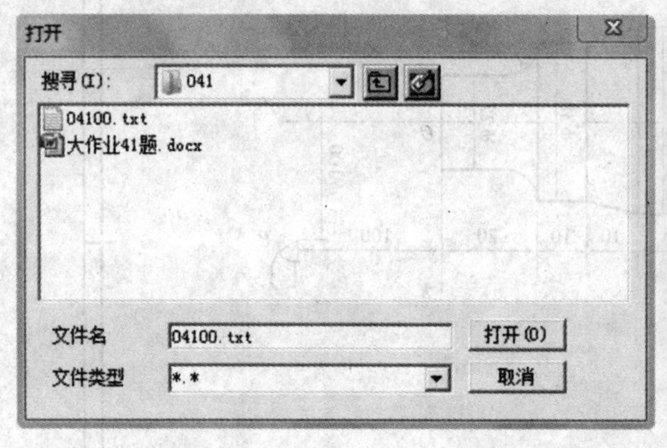

(a)DNC 传送

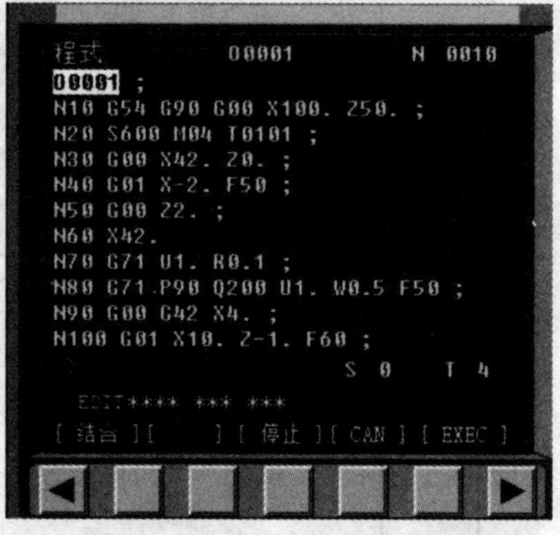

(b)导入的数控程序

图 3.3.2　程序导入

2)数控程序管理

①显示和数控程序目录:

a. 打开机床面板,点击键,进入编辑状态。

b. 点击 MDI 键盘上键,进入程序编辑状态。

c. 再按软键[LIB],经过 DNC 传送的全部数控程序名显示在 LCD 界面上。

②选择一个数控程序:

a. 点击机床面板 EDIT 挡或 MEM 挡。

b. 在 MDI 面板输入域键入文件名 Oxx。

c. 点击 MDI 键盘光标→键,即可从程序[LIB]中打开一个新的数控程序。

d. 打开后,“Oxxxx”将显示在屏幕中央上方,右上角显示第 1 程序号位置。如果是PROG状态,NC 程序将显示在屏幕上。

③删除一个数控程序:

a. 打开机床面板,点击编辑键,进入编辑状态。

b. 在 MDI 键盘上按PROG键,进入程序编辑画面。

c. 将显示光标停在当前文件名上,按DELETE,该程序即被删除。或者在 MDI 键盘上按O键,键入字母“O”,再按数字键,键入要删除的程序号码:xxxx。按DELETE键,选中程序即被删除。

④新建一个 NC 程序:

a. 打开机床面板,点击编辑键,进入编辑状态。

b. 点击 MDI 键盘上PROG键,进入程序编辑状态。

c. 在 MDI 键盘上按O键,键入字母“O”,再输入创建的程序名,但不可以与已有程序号的重复。

d. 按INSERT键,新的程序文件名被创建,此时在输入域中可开始程序输入。

e. 在 FANUC0i 系统中,每输入一个程序段(包括结束符EOB)按一次INSERT键,输入域中的内容将显示在 LCD 界面上,也可一个代码一个代码输入。

注:MDI 键盘上的字母、数字键配合“Shift”键,可输入右下角第二功能字符。另外,MDI 键盘的INSERT插入键,被插入字符将输入在光标字符后。

⑤删除全部数控程序:

a. 打开机床面板,点击编辑键,进入编辑状态。

b. 在 MDI 键盘上按INSERT键,进入程序编辑画面。

c. 按O键,键入字母“O”;按-键,键入“—”;按9键,键入“9999”;按DELETE键即可删除。

3)数控程序编辑

①程序修改:

a. 选择一个程序打开,点击编辑、PROG键,进入程序编辑状态,如图 3.3.3 所示。

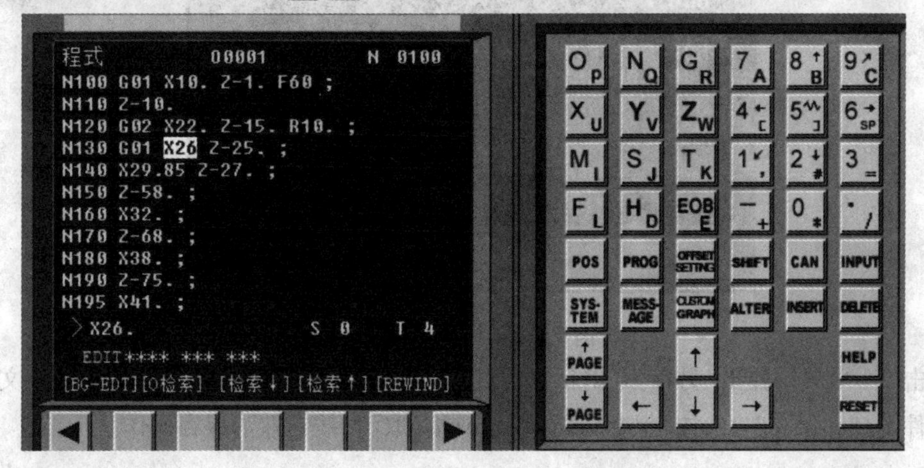

图 3.3.3　程序编辑

b. 移动光标：按 MDI 面板的PAGE键或键PAGE翻页，按←↓→↑键移动光标，如图 3.3.3 所示。

c. 插入字符：先将光标移到所需位置，点击 MDI 键盘上的数字/字母键，将代码输入到输入域中，按INSERT插入键，把输入域的内容插入到光标所在代码后面。

d. 删除输入域中的数据：按CAN键用于删除输入域中的数据，如图 3.3.3 所示输入域中，若按CAN键，则变为“X26”。

e. 删除字符：先将光标移到所需删除字符的位置，按DELETE键，删除光标所在的代码。

f. 查找：输入需要搜索的字母或代码；按光标↓ →键，开始在当前数控程序中光标所在位置后搜索（代码可以是一个字母或一个完整的代码，例如“N0010”“M”等）。如果此数控程序中有所搜索的代码，则光标停留在找到的代码处；如果此数控程序中光标所在位置后没有所搜索的代码，则光标停留在原处。

g. 替换：先将光标移到所需替换字符的位置，将替换成的字符通过 MDI 键盘输入到输入域中，按ALTER键，把输入域的内容替代光标所在的代码，如图 3.3.3 所示，按一下ALTER键，则将 N130 中的 X26 替换为 X26。

②保存程序：

编辑修改好的程序需要进行保存操作。在程序编辑状态下，点击［（操作）］软键，切换到图 3.3.3 所示状态，点击软键▶，进入打开、保存画面，如图 3.3.4 所示。

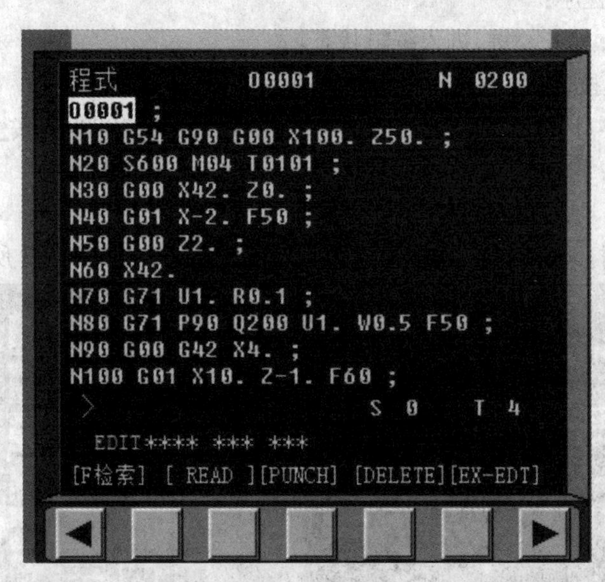

图 3.3.4　程序保存画面

点击［PUNCH］，弹出“另存为”对话框，如图 3.3.5 所示。在弹出的对话框中输入文件名，选择文件类型和保存路径，按“保存”按钮执行或按“取消”按钮取消保存操作。

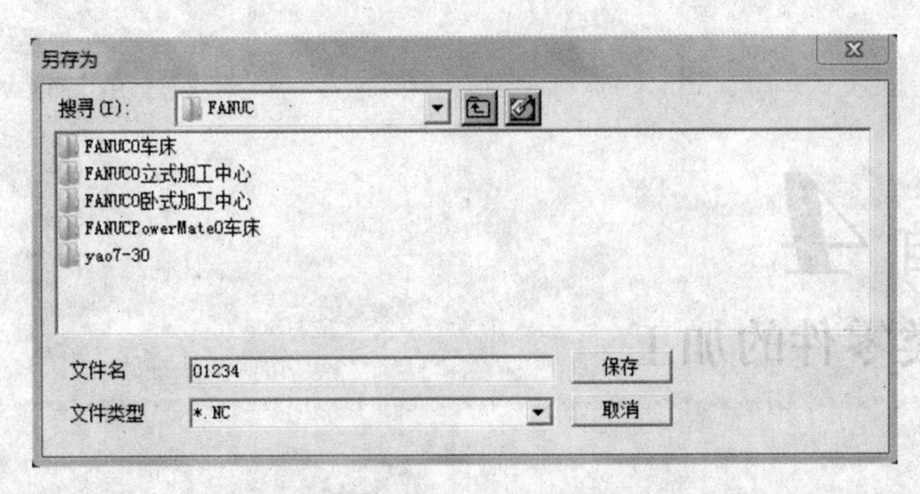

图3.3.5　程序保存对话框

项目 4

轴类零件的加工

【项目概述】

轴是组成机械的重要零件,也是机械加工中常见的典型零件之一。它支撑着其他转动件回转并传递扭矩,同时又通过轴承与机器的机架连接。本项目主要介绍轴的分类与作用,以及轴的加工方法。本项目包含"阶梯轴零件的加工"等 3 个任务,通过学习轴类零件的加工,掌握阶梯轴、锥度轴、成形面轴加工的编程方法。

【项目内容】

任务 4.1　阶梯轴零件的加工
任务 4.2　圆弧零件的加工
任务 4.2　成形面的加工
任务 4.4　槽类零件的加工

【项目目标】

1. 掌握轴类零件的分类及作用;
2. 能够刃磨外圆车刀;
3. 学会使用 G00、G01、G02、G03 等命令编制加工程序;
4. 熟练进行对刀、校验操作;
5. 能按照"现场 5S"要求进行生产实习;
6. 以积极端正的工作态度来完成工作任务;能有良好的团队协作精神和较强的集体荣誉感;能养成吃苦耐劳的良好品质和较强的安全责任意识。

任务4.1　阶梯轴零件的加工

4.1.1　任务描述

①分析零件图4.1.1，已知材料为45钢，毛坯尺寸为$\phi30\times100$ mm，确定加工工序，编制加工程序并操作数控车床完成加工。

②明确该零件的关键技术要求及测量方法。

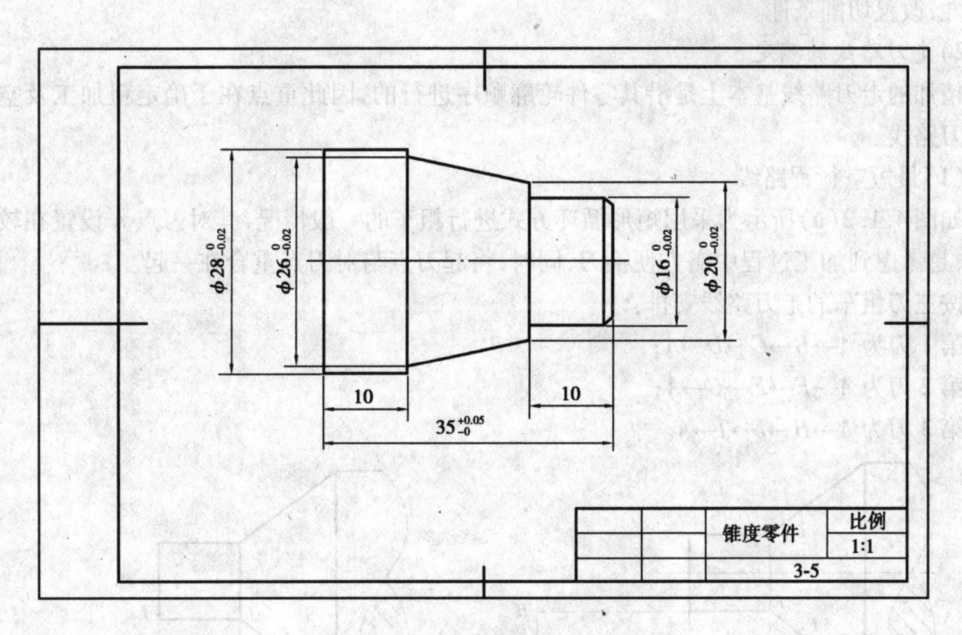

图4.1.1　台阶轴加工图

4.1.2　知识目标

①掌握数控车床的加工顺序和走刀路径；

②掌握数控加工程序开始与结束指令；

③掌握用G00和G01指令加工阶梯轴的编程方法。

4.1.3 能力目标

①掌握外圆车刀的选用、安装、对刀方法；
②数控机床的轨迹仿真和自动运行方法；
③掌握阶梯轴的加工方法。

4.1.4 相关知识学习

1)加工顺序的确定

数控车削加工顺序一般按照下列两个原则来确定：

(1)先粗后精原则

所谓先粗后精，就是按照“粗车—半精车—精车”的顺序，逐步提高加工精度。粗车可在较短时间内将工件表面上的大部分加工余量切掉。一方面可提高加工效率，另一方面使精车的加工余量均匀。如粗车后所留余量的均匀性满足不了精车加工的要求，则应安排半精车。为保证加工精度，精车时，要按照图样尺寸一刀加工出零件轮廓。

(2)先近后远原则

这里所指的远与近，是按加工部位相对于对刀点的距离而言的。离对刀点远的部位后加工，可以缩短刀具的移动距离，减少空行程时间。对于车削而言，先近后远还有利于保持零件的刚性，改善切削条件。

2)走刀路线的确定

精加的走刀路线基本上是沿其零件轮廓顺序进行的，因此重点在于确定粗加工及空行程的走刀路线。

(1)最短空行程路线

如图4.1.2(a)所示为采用矩形循环方式进行粗车的一般情况，其对刀点 A 设置在较远的位置，是考虑到加工过程中需方便换刀，同时，将起刀点与对刀点重合在一起。

按三刀粗车的走刀路线安排：

第1刀为 $A\to B\to C\to D\to A$；

第2刀为 $A\to E\to F\to G\to A$；

第3刀为 $A\to H\to I\to J\to A$。

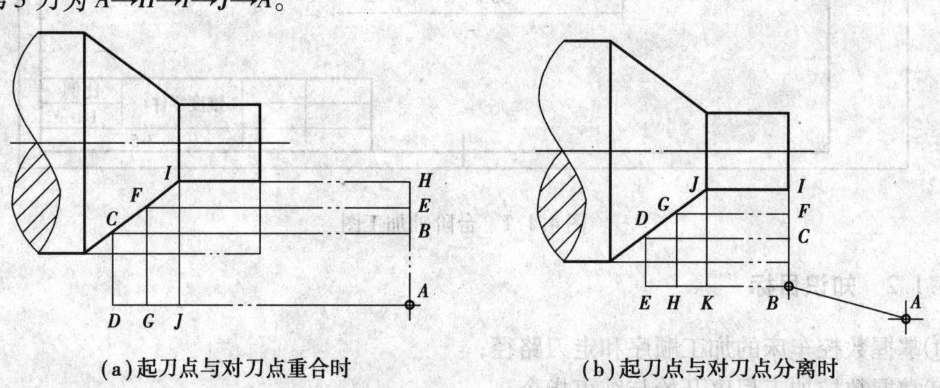

(a)起刀点与对刀点重合时　　(b)起刀点与对刀点分离时

图4.1.2　最短行程路线示意图

图4.1.2(b)所示则是将起刀点与对刀点分离,并设于 B 点位置,仍按相同的切削有量进行三刀粗车,其走刀路线安排:

对刀点 A 到起刀点 B 的空行程为 $A\to B$;

第1刀为 $B\to C\to D\to E\to B$;

第2刀为 $B\to F\to G\to H\to B$;

第3刀为 $B\to I\to J\to K\to B$;

起刀点 B 到对刀点 A 的空行程 $B\to A$。

显然,图4.1.2(b)所示的走刀路线短。

(2)大余量毛坯的切削路线

图4.1.3(a)所示为车削大余量工件走刀路线。在同样的背吃刀量情况下,按图4.1.3(a)所示的1—5顺序切削,使每次所留余量相等。

按照数控车床加工的特点,还可以放弃常用的阶梯车削法,改用顺毛坯轮廓进给的走刀路线,如图4.1.3(b)所示。

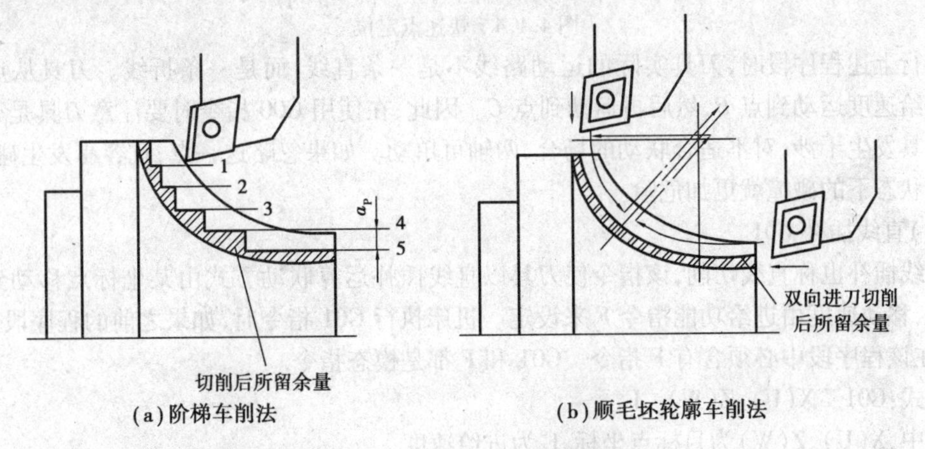

(a)阶梯车削法　　(b)顺毛坯轮廓车削法

图4.1.3　大余量毛坯的切削路线

3)基本指令G00、G01

在数控车床的程序中,X、Z后面跟的是绝对尺寸,U、W后面跟的是增量尺寸。X、Z后所有编入的坐标值全部以编程原点为基准,U、W后所有编入的坐标值全部以刀具前一个坐标位置作为起始点来计算。

(1)快速点位移动G00

格式:G00 X(U)_Z(W)_;

其中,X(U)_、Z(W)_为目标点坐标值。

说明:

①执行该指令时,刀具以机床规定的进给速度从所在点以点位控制方式移动到目标点。移动速度不能由程序指令设定,它的速度已由生产厂家预先调定。若编程时设定了进给速度F,则对G00程序段无效。

②G00为模态指令,只有遇到同组指令时才会被取替。

③X、Z后面跟的是绝对坐标值,U、W后面跟的是增量坐标值。

④X、U后面的数值应乘以2,即以直径方式输入,且有正负号之分。

如图 4.1.4 所示,要实现从起点 *A* 快速移动到目标点 *C*。其绝对值编程方式为:G00 X141.2 Z98.1;其增量值编程方式为:G00 U91.8 W73.4。

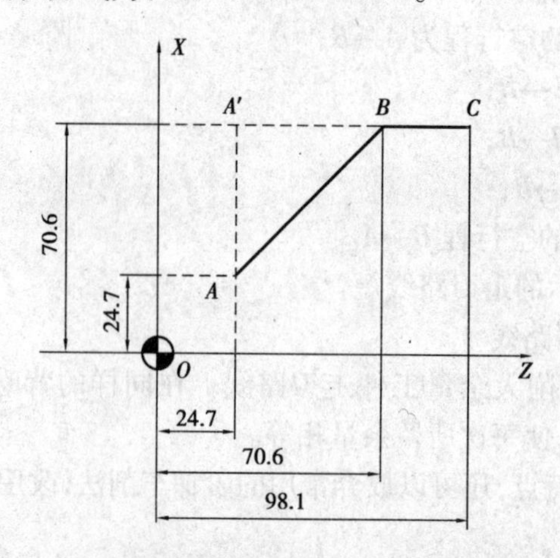

图 4.1.4 快速点定位

执行上述程序段时,刀具实际的运动路线不是一条直线,而是一条折线。刀具从点 *A* 以快速进给速度运动到点 *B*,然后再运动到点 *C*。因此,在使用 G00 指令时要注意刀具是否和工件及夹具发生干涉,对不适合联动的场合,两轴可单动。如果忽略这一点,就容易发生碰撞,而在快速状态下的碰撞就更加危险。

(2)直线插补 G01

直线插补也称直线切削,该指令使刀具以直线插补运算联动方式由某坐标点移动到另一坐标点,移动速度由进给功能指令 F 来设定。机床执行 G01 指令时,如果之前的程序段中无 F 指令,在该程序段中必须含有 F 指令。G01 和 F 都是模态指令。

格式:G01　X(U)_Z(W)_ F_;

其中,X(U)、Z(W)为目标点坐标,F 为进给速度。

说明:

①G01 指令是模态指令,可加工任意斜率的直线。

②G01 指令后面的坐标值取绝对尺寸还是取增量尺寸,由尺寸地址决定。

③G01 指令进给速度由模态指令 F 决定。如果在 G01 程序段之前的程序段中没有 F 指令,而当前的 G01 程序段中也没有 F 指令,则机床不运动,机床倍率开关在 0% 位置时机床也不运动。因此,为保险期间 G01 程序段中必须含有 F 指令

④G01 指令前若出现 G00 指令,而该句程序段中未出现 F 指令,则 G01 指令的移动速度按照 G00 指令的速度执行。

4)外圆机架车刀的选用和刀片的选用

(1)常规外圆车刀杆的结构

常规外圆车刀杆的结构如图 4.1.5 所示。

(2)常规外圆车刀片的形状

常规外圆车刀片的形状如图 4.1.6 所示。

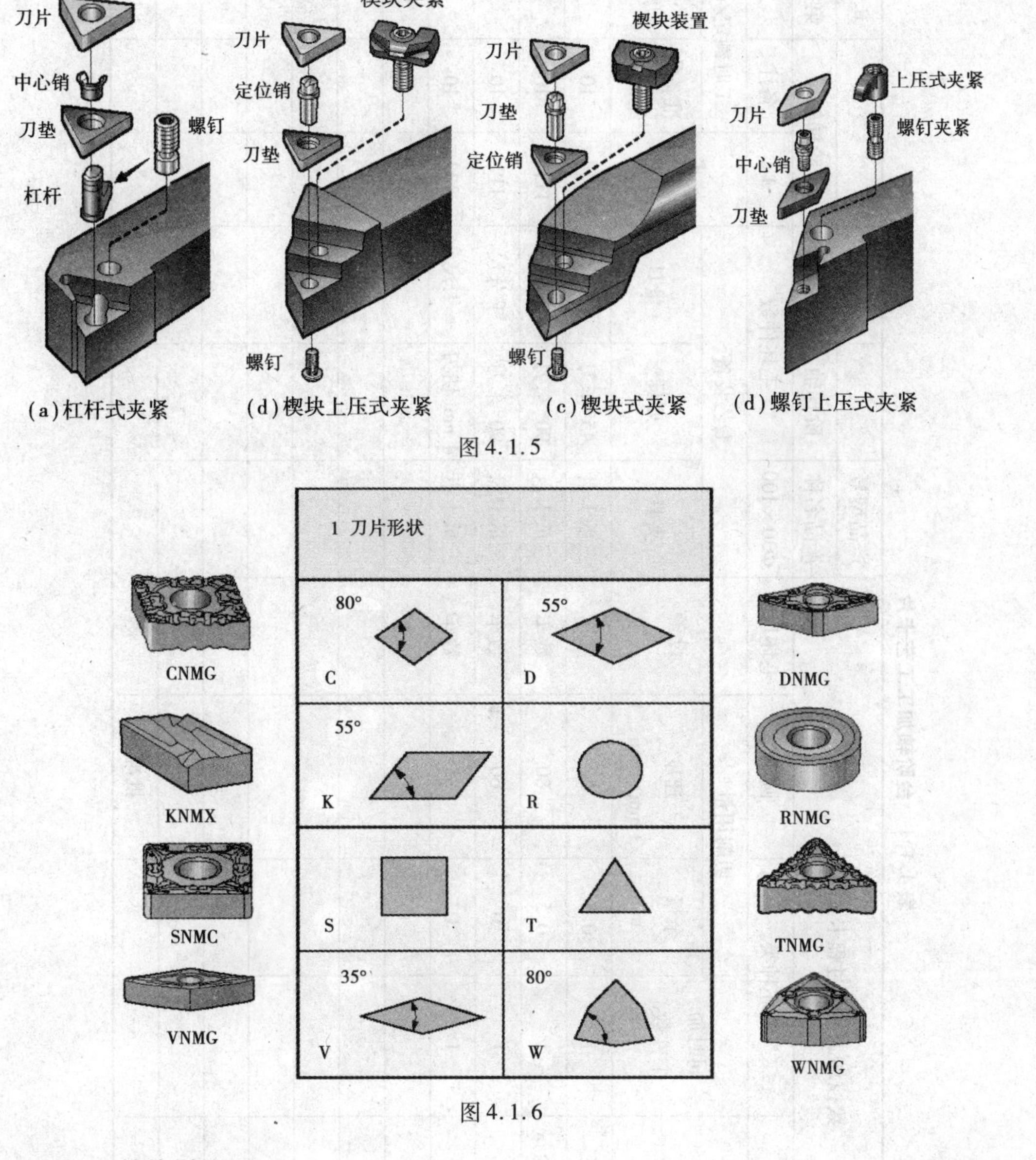

(a)杠杆式夹紧　(d)楔块上压式夹紧　(c)楔块式夹紧　(d)螺钉上压式夹紧

图4.1.5

图4.1.6

4.1.5　技能训练

(1)零件图分析

如图4.1.1所示零件由阶梯状的圆柱面组成,零件的尺寸精度要求一般。零件的外径尺寸从右至左依次增大。

(2)确定装夹方案

该零件为轴类零件,轴心线为工艺基准,加工外表面用三爪自定心卡盘夹持 $\phi30$ mm 外圆一次装夹完成加工。

(3)加工工艺路线设计

根据评分标准制定出加工工艺,填写加工工艺表格,如表4.1.1所示。

表 4.1.1　台阶轴加工工艺卡片

数控加工工艺过程卡片								产品型号		零件图号			共 1 页
								产品名称	阶梯轴	零件名称	阶梯轴		第 1 页
材料牌号		45 钢		毛坯种类		圆钢	毛坯尺寸	$\Phi30\times100$	毛坯件数		1	备注	
工序	装夹	工步	工序内容	同时加工件数	切削用量		设备	工艺装备			技术等级	工时额定/min	
					余量/mm	速度/(mm · min^{-1})		夹具	刃具	量具		准备终结时间	单件
1	三爪卡盘	1	车工件端面	1	0.5	50	数车	三爪卡盘	45°车刀	卡尺	IT14	10	5
		2	粗车外形留精加工余量	1	0.5	80	数车	三爪卡盘	90°车刀	千分尺	IT14	10	10
		3	精车外形至尺寸	1	0	60	数车	三爪卡盘	90°车刀	千分尺	IT7	10	5
		4	切断保证总长	1	0	35	数车	三爪卡盘	4 mm 切刀	卡尺	IT11	10	5
编制			审核			批准							

表4.1.2　阶台轴车削工艺过程

工序	工步	加工内容	加工图形效果	车　刀
车	1	车端面		45°车刀
	2	粗车外形留精加工余量	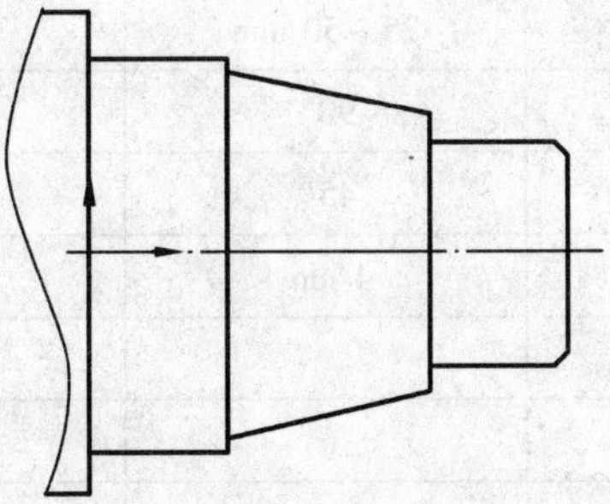	90°车刀
	3	精车外形至尺寸	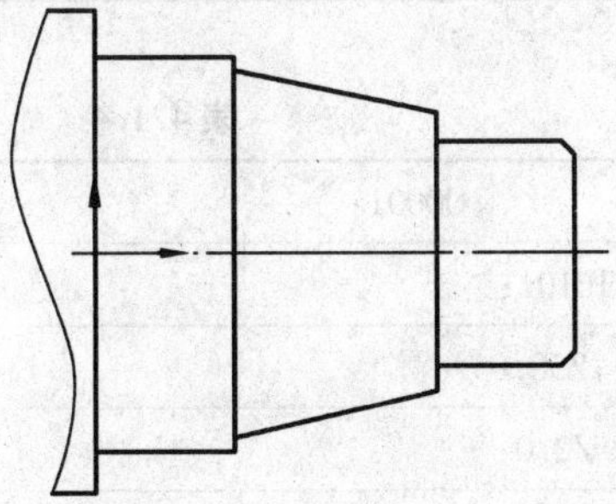	90°车刀
	4	切断	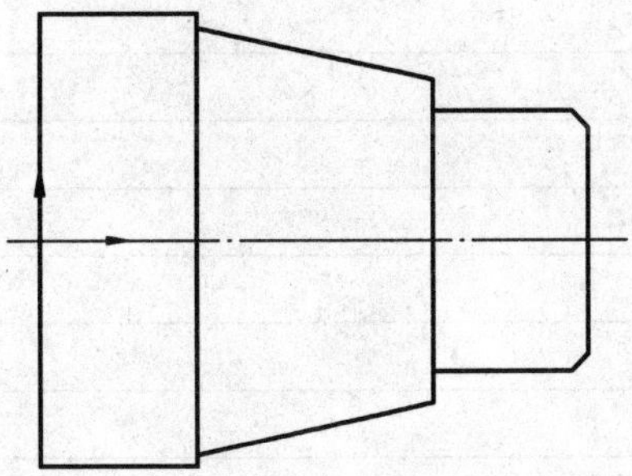	4 mm 切断刀

(4)工量刃具选择

工量刃具准备清单见表4.1.3。

(5)程序编制

工件原点设在零件的右端面,程序见表4.1.4。

表 4.1.3　工量刃具准备清单

序　号	名　称	规　格	数　量	功　能
1	游标卡尺	0 ~ 150 mm	1 把/组	测量长度
2	外径千分尺	0 ~ 25 mm	1 把/组	测量直径
3	外径千分尺	25 ~ 50 mm	1 把/组	对刀，测量直径
4	外圆车刀	90°	2 把/组	粗精车外圆
5	外圆车刀	45°	1 把/组	粗精车端面
6	切断刀	4 mm	1 把/组	切断
7	卡盘扳手		1 把/组	
8	夹头扳手		1 把/组	
9	垫刀块		若干	
10	毛坯	Φ30 × 100 mm	1 根/人	

表 4.1.4

程序号	程　序　O0001；	程序说明
N10	M03　S600　T0101；	换 1 号刀
N20	G00　X100.0　Z50.0	到达安全位置
N30	G00　X31.0　Z2.0	到起刀点
N40	G00　X29.0	粗车外形，每刀吃刀量 3 mm，并通过 CAD 画出刀具加工轨迹图，找出相应坐标点
N50	G01　Z-40.0　F80	
N60	G00　X31.0	
N70	G00　Z2.0	
N80	G00　X26.0	
N90	G01　Z-25.0	
N100	G00　X31.0	
N110	G00　Z2.0	
N120	G00　X23.0	
N130	G01　Z-19.5	
N140	G00　X31.0	
N150	G00　Z2.0	
N160	G00　X20.0	
N170	G01　Z-10.0	
N180	G00　X31.0	
N190	G00　Z2.0	
N200	G00　X17.0	
N210	G01　Z-10.0	

续表

程序号	程　序	O0001；	程序说明
N220	G00　X31.0		
N230	G00　Z2.0		精车外形
N240	G00　X0		
N250	G01　Z0　F60		
N260	G01　X16.0		
N270	G01　Z－10.0		
N280	G01　X20.0		
N290	G01　X26.0　Z－25.0		
N300	G01　X28.0		
N310	G01　Z－40.0		
N320	G00　X100.0；　Z50.0		
N330	T0202　S300		换2号切断刀，切断
N340	G00　Z－39.0		
N350	G00　X32.0		
N360	G0 1　X1.0　F30；		
N370	G00　X100.0		
N380	G00　Z50.0		
N390	M30		程序结束

(6)仿真加工

①进入仿真系统，选取相应的机床和系统，然后进行开机、回零等操作。

②选择工件毛坯尺寸为 $\Phi32\times100$ mm，然后装夹在三爪卡盘上。

③选择外圆车刀、切刀，分别安装至规定位置。

④输入程序，然后进行程序效验。

⑤对刀。

⑥自动运行，加工零件。

⑦检查零件，总结。

(7)车间实际加工

通过仿真加工及确定零件程序的正确性后，在实训车间对该零件进行实际操作加工。加工顺序如下：

①零件的夹紧。

零件的夹紧操作要注意夹紧力与装夹部位，对毛坯的夹紧力可大些；对已加工表面，夹紧力就不可过大，以防止夹伤零件表面，还可用铜皮包住表面进行装夹；对有台阶的零件，尽量让台阶靠着卡爪端面装夹；对带孔的薄壁件，需用专用夹具装夹，以防止变形。

②刀具的装夹：

a. 根据加工工艺路线分析，选定被加工零件所用的刀具号，按加工工艺的顺序安装；

b. 选定 1 号刀位装上第一把刀，注意刀尖的高度要与对刀点重合；

c. 手动操作控制面板的“刀架旋转”按钮，然后依次将加工零件的刀具装夹到相应的刀位上。

③程序录入。

④程序校验：使用数控机床轨迹仿真功能对加工程序进行检验，正确进行数控加工仿真的操作，完成零件的仿真加工。

⑤对刀：用试切法对刀步骤逐一操作。

⑥自动加工：按自动键，同时按下单段键，调整好快速进给倍率和切削倍率，按循环启动键进行自动加工，直至零件加工完成。若加工过程中出现异常，可按复位键，严重的须及时按下急停键或直接切断电源。

⑦零件检测：利用游标卡尺、外径千分尺、内径千分尺、表面粗糙度工艺样板等量具测量工件，学生对自己加工的零件进行检测，按照评分标准逐项检测并做好记录。

表 4.1.5 台阶轴评分标准

姓名		工件号		总成绩	
序号	考核要求	配分	评分标准	实测结果	得分
1	$\phi 28_{-0.02}^{0}$	10	超差 0.01 mm，扣 2 分		
2	$\phi 26$	10	不合格，不得分		
3	$\phi 20$	10	不合格，不得分		
4	$\phi 16_{-0.02}^{0}$	10	超差 0.01 mm，扣 2 分		
5	$35_{-0.05}^{0.05}$	10	超差 0.01 mm，扣 2 分		
6	10	10	不合格，不得分		
7	10	10	不合格，不得分		
8	文明操作	30	酌情扣分		
9	工时额定	扣分	90 分钟内完成，超过 10 分钟内扣 5 分		

4.1.6 知识链接：轴向切削循环 G90

指令格式：G90 X (U)_Z (W)_F_(圆柱切削)

指令功能：从切削点开始，进行径向（X 轴）进刀、轴向（Z 轴或 X, Z 轴同时）切削，实现柱面或锥面切削循环。

指令说明：G90 为模态指令；

切削起点：直线插补（切削进给）的起始位置；

切削终点：直线插补（切削进给）的结束位置；

X：切削终点 X 轴绝对坐标，单位：mm；

U：切削终点与起点 X 轴绝对坐标的差值，单位：mm；

Z:切削终点 Z 轴绝对坐标,单位:mm;

W:切削终点与起点 Z 轴绝对坐标的差值,单位:mm。

循环过程:①X 轴从起点快速移动到切削起点;

②从切削起点直线插补(切削进给)到切削终点;

③X 轴以切削进给速度退刀,返回到 X 轴绝对坐标与起点相同处;

④Z 轴快速移动返回到起点,循环结束。

4.1.7　质量分析

1)台阶轴车削过程中容易产生的问题、原因及解决方法(表4.1.6)

表4.1.6

问题形式	原因分析	解决方法
尺寸精度达不到要求	量具有误差或测量不正确	校验量具,多次新测量
	由于切削热影响,使工件尺寸发生变化	不能在工件温度高时测量,如测量应掌握工件的收缩情况,或浇注切削液以降低工件温度

2)数控车床安全文明操作规程

①数控系统的编程、操作和维修人员必须经过专门的技术培训,熟悉所用数控车床的使用环境、条件和工作参数,严格按机床和系统的使用说明书要求正确、合理地操作机床。

②数控车床的开机、关机顺序一定要按照机床说明书的规定操作。

③主轴启动开始切削之前一定关好防护罩门,程序正常运行中严禁开启防护罩门。

④机床在正常运行时不允许打开电气柜的门。

⑤加工程序必须经过严格检验后方可进行操作运行。

⑥手动对刀时,应注意选择合适的进给速度:手动换刀时,主轴距工件要有足够的换刀距离不至于发生碰撞。

⑦加工过程中,如出现异常现象,可按下"急停"按钮,以确保人身和设备的安全

⑧机床发生事故,操作者注意保留现场,并向指导老师如实说明情况。

⑨经常润滑机床导轨,做好机床的清洁和保养工作。

4.1.8　成绩鉴定和信息反馈

1)本任务学习成绩鉴定办法(表4.1.7)

表4.1.7

序号	项目内容	分　值	评分标准	得　分
1	课题课堂练习表现、劳动态度和安全文明生产	15	按数控车工操作要求评定为:ABCD和不及格五个等级。其中A:优秀,B:良好,C:中;D:及格	
2	操作技能动作规范	25		
3	项目任务制作成绩	60	按项目练习课题评分标准评定	

2)本任务学习信息反馈表(表4.1.8)

表4.1.8

序　号	项目内容	评价结果
1	任务内容	偏多　合适　不够
2	时间分布	讲课时间
3		
4		
5		
6		

4.1.9　课外作业

一、判断题

1. G00 指令和 G01 指令一样,也可以进行工件切削。(　　)

2. 数控加工的编程方法主要分为手动编程和自动编程两大类。(　　)

3. 模态指令的内容在下一程序段不会变,自动接收该内容,因此称为自动保持功能。(　)

4. F 每转进给速度(mm/r)与每分钟进给速度(mm/min)可以相互进行换算,其换算式为:mm/r = (mm/min) · n(　　)

5. 数控机床的参考点是机床上的一个固定位置点。(　)

6. T0101 中的前两位表示刀具号,后两位表示刀具偏置号。(　　)

7. 数控机床是在普通机床的基础上将普通电气装置更换成 CNC 控制装置。(　　)

8. G00 和 G01 指令都能使机床坐标轴准确到位,因此它们都是插补指令。(　　)

9. 数控机床上工件坐标系的零点可以随意设定。(　　)

10. 切断、车削深孔或用高速钢刀具车削时,宜选择较高的进给速度。(　　)

二、选择题

1. 车床数控系统中,用(　　)指令进行恒线速控制。

A. G0 S　　B. G96 S　　C. G98 S

2. 下面指令中不属于模态指令的是(　　)。

A. G00　　B. G01　　C. MOO

3. 在广数 980TD 系统辅助功能中,MOO 表示(　　)。

A. 主轴停止　　B. 程序结束　　C. 程序暂停

4. 下面的点是在编程时所设定的点的是(　　)。

A. 机械原点　　B. 车床原点　　C. 工件原点

5. 数控系统中,(　　)指令在加工过程中是模态的。

A. G01　　B. G27　　C. G04

6. 数控机床程序中,F100 表示(　　)。

A. 切削速度　　B. 进给速度　　C. 主轴转速

7. 数控车床控制系统中,可以联动的两个轴是(　　)。

A. YZ　　B. XZ　　C. XY

8. G00 的指令移动速度值是由(　　)。

A. 机床参数指定　　B. 数控程序指定　　C. 操作面板指定

9. 数控机床在确定坐标系时,考虑刀具与工件之间的运动关系,采用(　　)原则。

A. 假设刀具运动,工件静止　　B. 假设工件运动,刀具静止　　C. 假设刀具、工件都不动

10. (　　)不是切削三要素。

A. 主轴转速　　B. 切削力　　C. 背吃刀量

三、简答题

1. 简述什么是绝对坐标、相对坐标。

2. 简述 G00 和 G01 的区别。

3. 手工编程一般分为哪几步?

四、编程题与拓展练习

毛坯为 $\phi30$ mm 的棒料,材料为 45 钢,要求完成零件的数控加工,车削尺寸如图 4.1.7 所示。

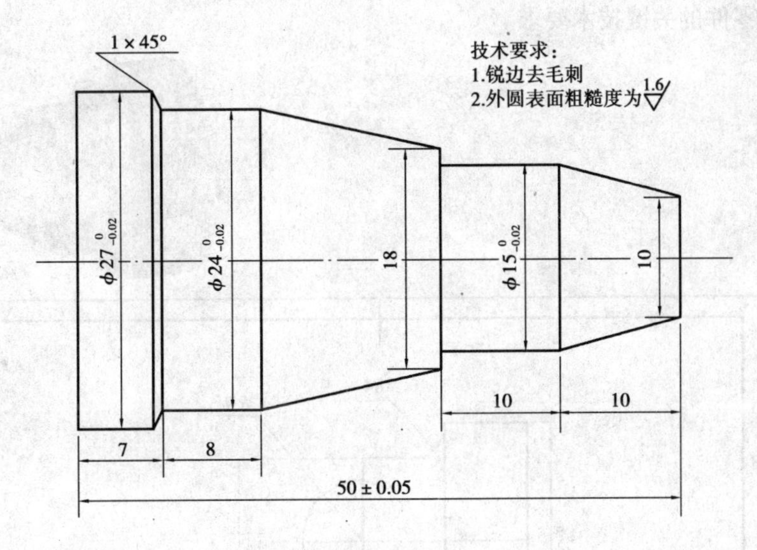

图 4.1.7

表 4.1.9

姓名		工件号		总成绩	
序号	考核要求	配分	评分标准	实测结果	得分
1	$\phi27^{0}_{-0.02}$	10	超差 0.01 mm,扣 2 分		
2	$\phi24^{0}_{-0.02}$	10	超差 0.01 mm,扣 2 分		
3	$\phi15^{0}_{-0.02}$	10	超差 0.01 mm,扣 2 分		
4	7	5	超差 0.01 mm,扣 2 分		
5	锥度	10	不合格,不得分		

续表

序号	考核要求	配分	评分标准	实测结果	得分
6	50 ± 0.05	5	超差 0.01 mm,扣 2 分		
7	表面 R_a1.6,5 处	25	不合格,不得分		
8	其他尺寸	15	不合格,不得分		
9	文明操作	10	酌情扣分		
10	工时额定	扣分	90 分钟内完成,超过 10 分钟内扣 5 分		

任务 4.2　圆弧零件的加工

4.2.1　任务描述

①分析零件图 4.2.1,已知材料为 45 钢,毛坯尺寸为 $\phi30 \times 100$ mm,确定加工工序,编制加工程序并操作数控车床完成加工。

②明确该零件的关键技术要求。

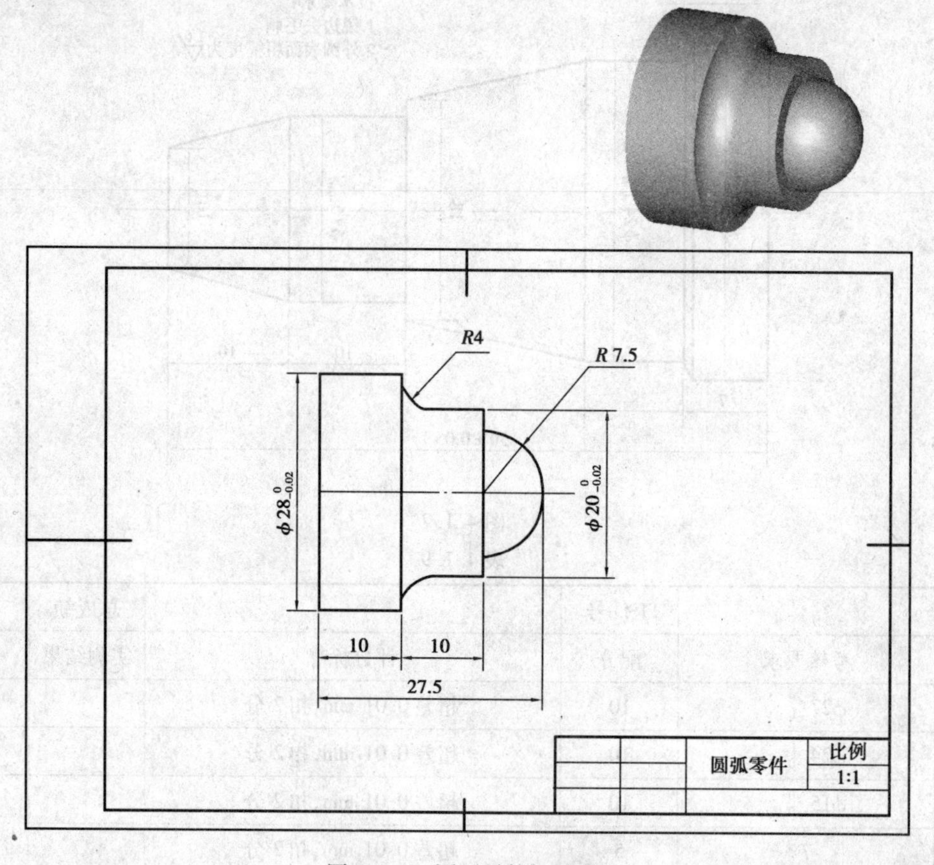

图 4.2.1　圆弧零件加工图

4.2.2 知识目标

①掌握圆弧指令的格式；
②掌握圆弧指令的加工轨迹。

4.2.3 能力目标

①掌握计算圆弧起点、终点坐标值；
②能熟练运用圆弧指令编写程序。

4.2.4 相关知识学习

1)圆弧指令

(1)指令格式

$$\left\{\begin{matrix}G02\\G03\end{matrix}\right\}X(U)\_\_\quad Z(W)\_\_\left\{\begin{matrix}R\_\_\\I\_\_\ K\_\_\end{matrix}\right\}F\_\_\ ;$$

(2)指令意义

刀具沿 X、Z 两轴同时从起点位置(当前程序段运行前的位置)以 R 指定的值为半径或以 I、K 值确定的圆心顺时针(G02)/逆时针(G03)圆弧插补至 X(U)、Z(W)指定的终点位置。

(3)指令地址

G02:顺时针圆弧插补；
G03:逆时针圆弧插补；
X:终点位置在 X 轴方向的绝对坐标值；
Z: 终点位置在 Z 轴方向的绝对坐标值；
U:终点位置相对起点位置在 X 轴方向的坐标值；
W:终点位置相对起点位置在 Z 轴方向的坐标值；
I:圆心相对圆弧起点在 X 轴上的坐标值；
K:圆心相对圆弧起点在 Z 轴上的坐标值；
R:圆弧半径；
F:沿圆周运动的切削速度。

(4)注意事项

①指令格式中地址 I、K 或 R 至少必须指定一个,否则系统报警。

②地址 X(U)、Z(W)可省略一个或全部。当省略一个时,表示省略的该轴的起点和终点一致;同时省略表示终点和始点是同一位置。

③当 X(U)、Z(W)同时省略时,若用 I、K 指令圆心时,表示全圆;用 R 指定时,表示 0 度的圆。

④整圆编程时不可以使用 R,只能用 I、K。

⑤I、K 和 R 同时指令时,R 有效,I、K 无效。

⑥当 I = 0、K = 0 时,可以省略。

2) 指令轨迹

指令轨迹如图 4.2.2 和图 4.2.3 所示。

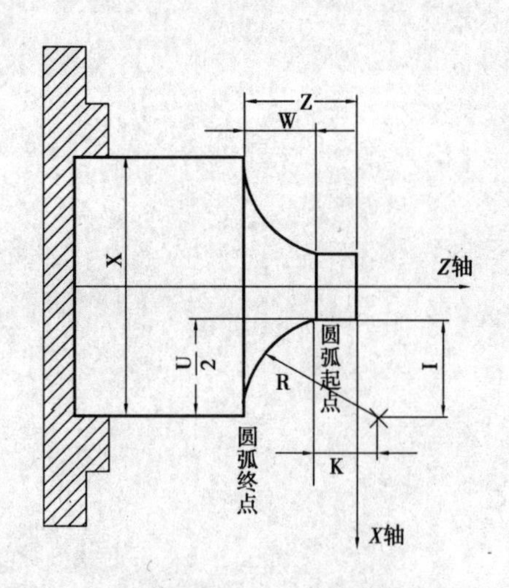

图 4.2.2　G02 轨迹图

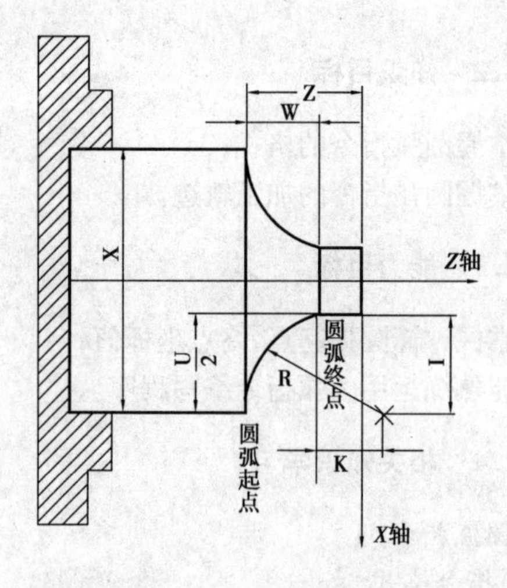

图 4.2.3　G03 轨迹图

指令说明：

①顺时针或逆时针是指从垂直于圆弧所在平面的坐标轴的正方向看到的回转方向，它是与采用前刀座坐标系还是后刀座坐标系有关的，如图 4.2.4 所示。

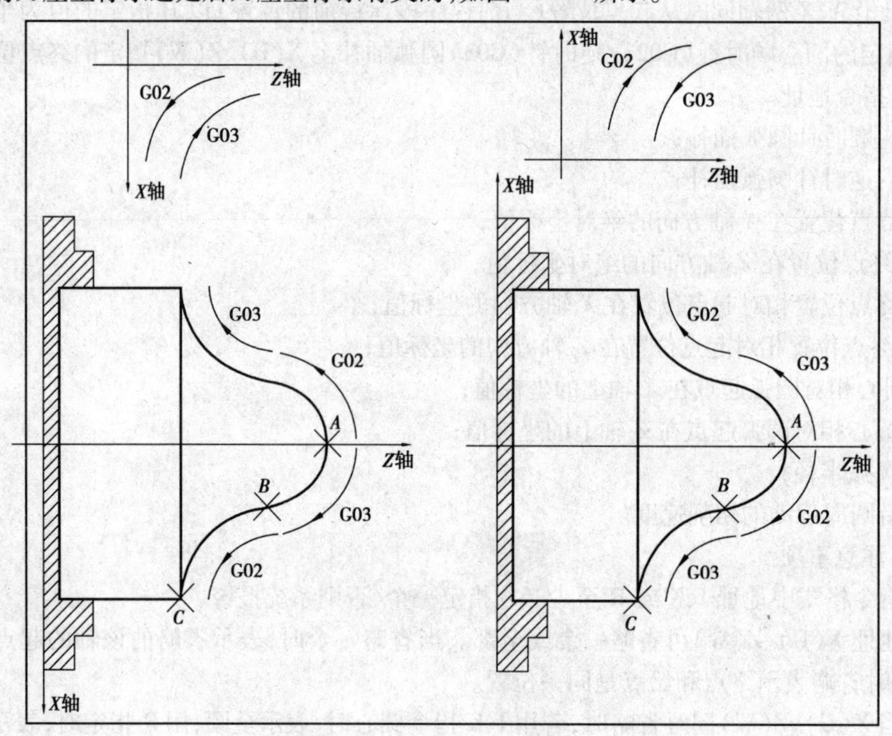

图 4.2.4　圆弧方向的确定

②圆弧中心用地址 I、K 指定时，其分别对应于 X、Z 轴。I、K 表示从圆弧起点到圆心的矢量分量，是增量值：

I = 圆心坐标 X - 圆弧起始点的 X 坐标

K = 圆心坐标 Z - 圆弧起始点的 Z 坐标

I、K 根据方向带有符号。I、K 方向与 X、Z 轴方向相同时，取正值；否则，取负值。

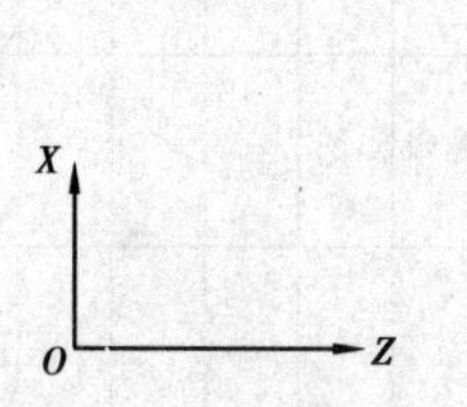

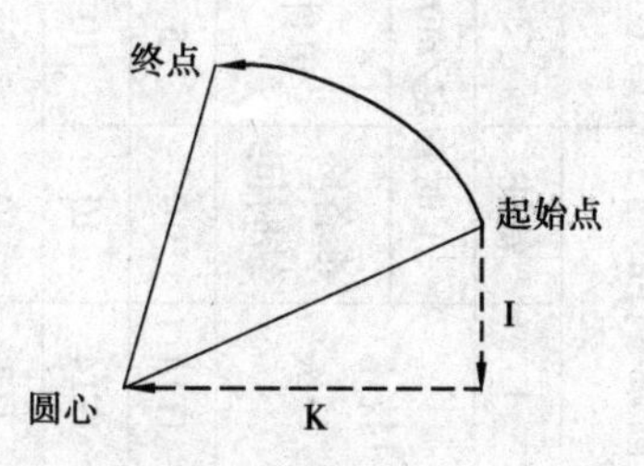

图4.2.5　圆弧I、K值

3)圆弧指令起点和终点计算

在数控加工中往往只告诉数控圆弧一部分已知条件,需要编程者通过CAD作图或运用三角函数知识作出辅助线,计算出未知点坐标。故需要掌握简单的三角函数知识。

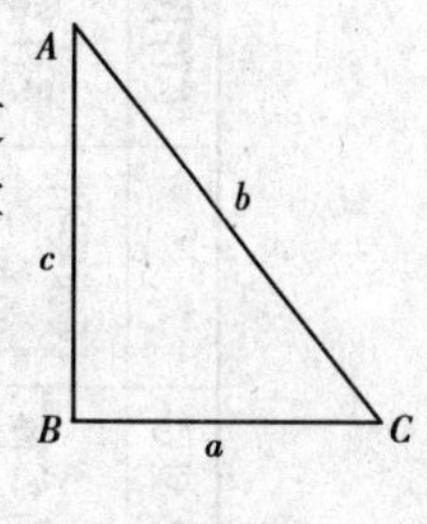

图4.2.6

例在如图4.2.6所示的直角三角形ABC中,有下列运算关系:

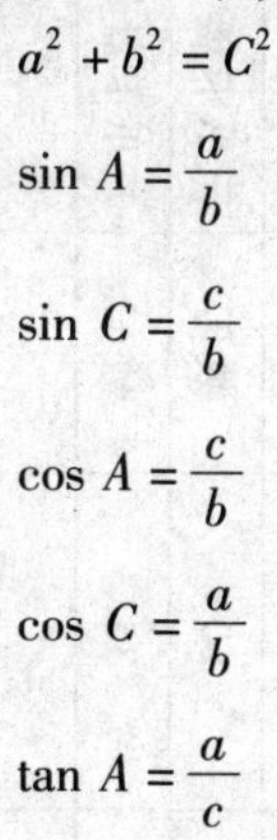

$$a^2 + b^2 = C^2$$

$$\sin A = \frac{a}{b}$$

$$\sin C = \frac{c}{b}$$

$$\cos A = \frac{c}{b}$$

$$\cos C = \frac{a}{b}$$

$$\tan A = \frac{a}{c}$$

$$\tan C = \frac{c}{a}$$

4.2.5　技能训练

1)任务工艺分析

(1)零件图分析

图4.2.1所示零件由圆弧状的圆柱面组成,零件的尺寸精度要求高。零件的外径尺寸从右至左依次增大。

(2)确定装夹方案

该零件为轴类零件,轴心线为工艺基准,加工外表面用三爪自定心卡盘夹持ϕ30 mm外圆一次装夹完成加工。

(3)加工工艺路线设计

根据评分标准制定出加工工艺,填写加工工艺表格(表4.2.1)。

表 4.2.1　圆弧零件加工工艺卡片

	数控加工工艺过程卡片							产品型号		零件图号			共 1 页
								产品名称	圆弧零件的加工	零件名称	圆弧零件的加工		第 1 页
材料牌号	45 钢			毛坯种类		圆钢	毛坯尺寸	$\Phi30\times100$	毛坯件数		1	备注	
工序	装夹	工步	工序内容	同时加工件数	切削用量		设备	工艺装备			技术等级	工时额定/min	
					余量/mm	速度/(mm·min^{-1})		夹具	刃具	量具		准备终结时间	单件
1	三爪卡盘	1	车工件端面	1	0.5	50	数车	三爪卡盘	45°车刀	卡尺	IT14	10	5
		2	粗车外形留精加工余量	1	0.5	80	数车	三爪卡盘	90°车刀	千分尺	IT14	10	10
		3	精车外形至尺寸	1	0	60	数车	三爪卡盘	90°车刀	千分尺	IT7	10	5
		4	切断保证总长	1	0	35	数车	三爪卡盘	4 mm 切刀	卡尺	IT11	10	5
编制				审核		批准							

表4.2.2　圆弧零件车削工艺过程

工序	工步	加工内容	加工图形效果	车　刀
车	1	车端面		45°车刀
	2	粗车外形留精加工余量		90°车刀
	3	精车外形0至尺寸		90°车刀
	4	切断		4 mm 切断刀

(4)工量刃具选择

工量刃具清单见表4.2.3。

表 4.2.3　工量刃具准备清单

序号	名　称	规　格	数　量	功　能
1	游标卡尺	0～150 mm	1 把/组	测量长度
2	外径千分尺	0～25 mm	1 把/组	测量直径
3	外径千分尺	25～50 mm	1 把/组	对刀,测量直径
4	外圆车刀	90°	2 把/组	粗精车外圆
5	外圆车刀	45°	1 把/组	粗精车端面
6	切断刀	4 mm	1 把/组	切断
7	卡盘扳手		1 把/组	
8	夹头扳手		1 把/组	
9	垫刀块		若干	
10	毛坯	Φ30×100 mm	1 根/人	

(5)程序编制

工件原点设在零件的右端面,程序见表 4.2.4。

表 4.2.4

程序号	程　序　O0001;	程序说明:加工外形
N400	M03　S600　T0101;	换 1 号刀
N410	G00　X100.0　Z50.0;	到达安全位置
N420	G00　X32.0　Z2.0	到达粗车外形循环起点
N430	G00　X29.0	每次吃刀量为直径 3 mm,用 CAD 画每刀分布图,计算出坐标
N440	G01　Z－32.0　F80	
N450	G00　X32.0	
N460	G00　Z2.0	
N470	G00　X26.0	
N480	G01　Z－17.38.0　F80	
N490	G00　X32.0	
N500	G00　Z2.0	
N510	G00　X23.0	
N520	G01　Z－16.64　F80	
N530	G00　X32.0	
N540	G00　Z2.0	
N550	G00　X20.0	
N560	G01　Z－13.5　F80	

续表

程序号	程序	O0001;	程序说明
N570	G00　X32.0		每次吃刀量为直径 3 mm,用 CAD 画每刀分布图,计算出坐标
N580	G00　Z2.0		
N590	G00　X17.0		
N600	G01　Z-7.5　F80		
N610	G00　X32.0		
N620	G00　Z2.0		
N630	G00　X14.0		
N640	G01　Z-4.81　F80		
N650	G00　X32.0		
N660	G00　Z2.0		
N670	G00　X11.0		
N680	G01　Z-2.4　F80		
N690	G00　X32.0		
N700	G00　Z2.0		
N710	G00　X8.0		
N720	G01　Z-1.16　F80		
N730	G00　X32.0		
N740	G00　Z2.0		
N750	G00　X0		精加工轨迹
N760	G01　Z0　F60		
N770	G03　X15.0　Z-7.5　R7.5		
N780	G01　X20.0		
N790	G01　Z-13.5.0		
N800	G02　X28.0　Z-17.5　R4		
N810	G01　Z-32		
N820	G0　X100.0　Z50.0		换切刀切断
N830	T0202　S300		
N840	G00　Z-31.5		
N850	G00　X32		
N860	G01　X1　F30		
N870	G0　X100.0　Z50.0		
N880	M30		程序结束

(6)仿真加工

①进入仿真系统,选取相应的机床和系统,然后进行开机、回零等操作。

②选择工件毛坯尺寸为 $\Phi32\times100$ mm,然后装夹在三爪卡盘上。

③选择外圆车刀、切刀,分别安装至规定位置。

④输入程序,然后进行程序效验。

⑤对刀。

⑥自动运行,加工零件。

⑦检查零件,总结。

(7)车间实际加工

通过仿真加工后，确定零件程序的正确性后，在实训车间对该零件进行实际操作加工。加工顺序如下：

①零件的夹紧:用三爪卡盘夹持工件外圆,伸出长度为 70 mm 左右。注意观察工件是否夹紧、工件是否夹正。

②刀具的装夹:

a. 将外圆车刀装在 1 号刀位。注意观察中心高是否正确、主偏角是否合理。

b. 将切刀装在 2 号刀位,注意观察中心高是否正确,主切削刃是否与主轴回转中心平行。

c. 将外螺纹车刀装在 3 号刀位,装刀时使用对刀样板,将刀具装正。

③程序录入:仔细对照程序单,输入程序。

④程序校验:使用数控机床轨迹仿真功能对加工程序进行检验,正确进行数控加工仿真的操作,完成零件的仿真加工。

⑤对刀:用试切法对刀步骤逐一操作。

⑥自动加工:按自动键,同时按下单段键,调整好快速进给倍率和切削倍率,按循环启动键进行自动加工,直至零件加工完成。若加工过程中出现异常,可按复位键,严重的须及时按下急停键或直接切断电源。

⑦零件检测:利用游标卡尺、外径千分尺、螺纹环规、表面粗糙度工艺样板等量具测量工件,学生对自己加工的零件进行检测,按照评分标准逐项检测,并做好记录

表 4.2.5　圆弧零件评分标准

姓名		工件号		总成绩	
序号	考核要求		评分标准	实测结果	得分
1	$\phi28_{-0.02}^{0}$	10	超差 0.01 mm,扣 2 分		
2	$\phi20_{-0.02}^{0}$	10	超差 0.01 mm,扣 2 分		
3	R7.5	10	不合格,不得分		
4	R4	10	不合格,不得分		
5	10 两处	10	不合格,不得分		
6	27.5	10	不合格,不得分		
7	4 处表面 $R_a3.2$	20	降一级,扣 3 分		
8	文明操作	20	酌情扣分		
9	工时额定	扣分	90 分钟内完成,超过 10 分钟内扣 5 分		

4.2.6　知识链接:刀尖圆弧半径补偿

刀尖圆弧半径是影响零件的加工精度因素之一。针对带圆弧和锥度轴类零件的加工,用刀尖圆弧半径补偿可提高加工零件的加工精度。

编制数控车床加工程序时,理论上是将车刀刀尖看成一个点,如图4.2.7(a)所示的 P 点就是理论刀尖。但为了提高刀具的使用寿命和降低加工工件的表面粗糙度,通常将刀尖磨成半径不大的圆弧(一般圆弧半径 R 为0.4~1.6 mm)。如图4.2.7(b)所示 X 向和 Z 向的交点 P 称为假想刀尖,该点是编程时确定加工轨迹的点,数控系统控制该点的运动轨迹。然而实际切削时起作用的切削刃是圆弧的切点 A、B,它们是实际切削加工时形成工件表面的点。很显然,假想刀尖点 P 与实际切削点 A、B 是不同点,所以如果在数控加工或数控编程时不对刀尖圆角半径进行补偿,仅按照工件轮廓进行编制的程序来加工,势必会产生加工误差。

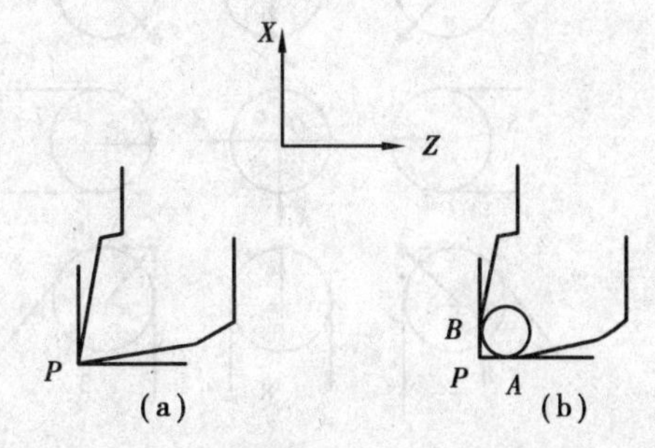

图4.2.7　圆头刀假想刀尖

(1)指令格式

G41/G42　G00/G01　X_ Z_;

G40　G00/G01　X_ Z_

(2)解释

G41、G42 为刀具半径左右补偿;G40 为取消刀具半径补偿;X、Z 为建立/取消刀具半径补偿直线段的终点坐标。

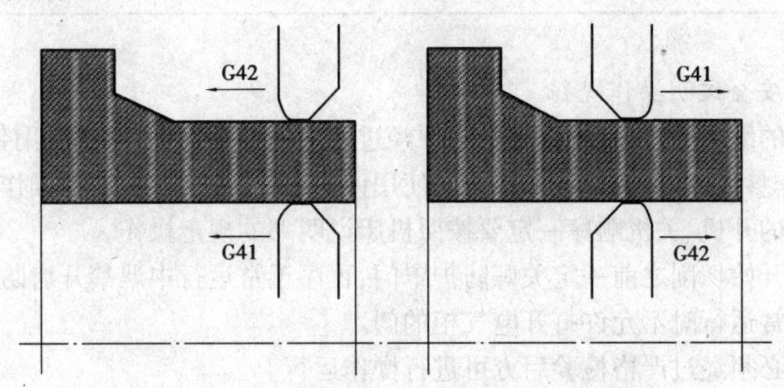

图4.2.8　G41/G42 判断方法

(3)注意事项

①G41 为刀具左补偿,即沿刀具运动方向看刀具在工件的左侧;同理,G42 为刀具右补偿;G40 取消补偿。G41/G42 不能连续使用,要想变换必须先用 G40 取消后再更换。

②G41/G42 指令建立或取消必须在含有 G00/G01 指令的程序段中才有效。

③因为刀具偏置需要一定的时间,所以刀尖圆弧半径补偿必须在加工指令前建立,加工完成后取消,以防因为调用刀补不当引起零件加工误差。

④不要与 Txxxx 混淆,Txxxx 后两位是通过对刀建立的刀尖位置补偿,要想正确使用刀尖圆弧半径补偿还必须在 R 对应位置输入刀尖圆弧半径值。

⑤还应输入假想刀尖相对于圆头刀中心的位置,如图4.2.9所示。

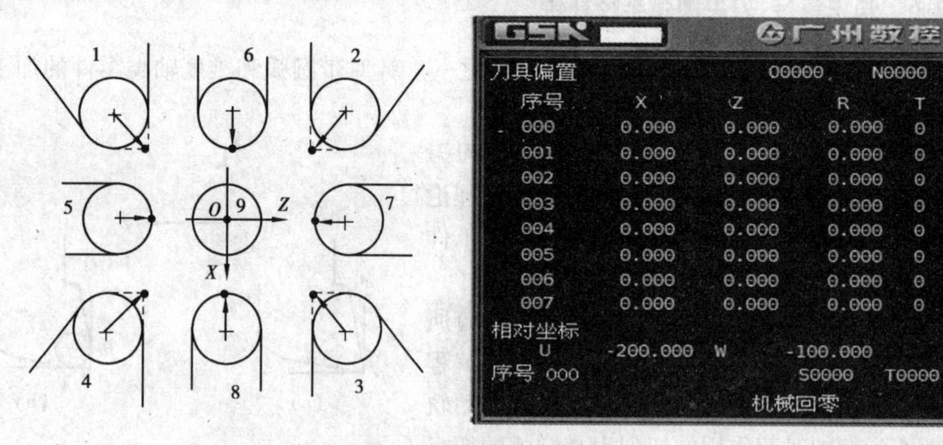

图4.2.9　刀尖位置与刀补设置界面

4.2.7　质量分析和安全操作规程

1)圆弧类轴车削过程中容易产生的问题、原因及解决方法(表4.2.6)

表4.2.6

问题形式	原因分析	解决方法
圆弧和锥度不合格	刀尖圆弧半径影响	程序里用刀尖圆弧半径补偿
	圆弧尺寸计算不精确	利用CAD找出点坐标

2)数控车床安全文明操作规程

①数控系统的编程、操作和维修人员必须经过专门的技术培训,熟悉所用数控车床的使用环境、条件和工作参数,严格按机床和系统的使用说明书要求正确、合理地操作机床。

②数控车床的开机、关机顺序一定要按照机床说明书的规定操作。

③主轴启动开始切削之前一定关好防护罩门,程序正常运行中严禁开启防护罩门。

④机床在正常运行时不允许打开电气柜的门。

⑤加工程序必须经过严格检验后方可进行操作运行。

⑥手动对刀时,应注意选择合适的进给速度:手动换刀时,主轴距工件要有足够的换刀距离不至于发生碰撞。

⑦加工过程中,如出现异常现象,可按下“急停”按钮,以确保人身和设备的安全

⑧机床发生事故,操作者注意保留现场,并向指导老师如实说明情况。

⑨经常润滑机床导轨,做好机床的清洁和保养工作。

4.2.8　成绩鉴定和信息反馈

1)本任务学习成绩鉴定办法(表4.2.7)

表4.2.7

序号	项目内容	分　值	评分标准	得　分
1	课题课堂练习表现、劳动态度和安全文明生产	15	按数控车工操作要求评定为:AB-CD和不及格五个等级。A:优秀,B:良好,C:中,D:及格	
2	操作技能动作规范	25		
3	项目任务制作成绩	60	按项目练习课题评分标准评定	

2)本任务学习信息反馈表(表4.2.8)

表4.2.8

序　号	项目内容	评价结果
1	任务内容	偏多　合适　不够
2	时间分布	讲课时间太少
3		实训时间太少
4	课程难易	太难　一般　简单
5	完成情况	A　B　C　D　不及格
6		

4.2.9　课外作业

一、判断题

1. 圆弧插补指令G02、G03中,G02为顺时针圆弧插补,G03为逆时针圆弧插补。(　　)

2. 沿刀具运动方向看刀具在工件的左侧,采用G42圆弧刀尖补偿。(　　)

3. 圆弧插补程序段中“R”表示圆弧的弧长。(　　)

4. 圆弧程序段中X、Z值为终点位置相对于起点在X轴或Z轴方向的相对坐标值。(　　)

5. G02、G03圆弧插补指令为模态指令。(　　)

6. G41、G42指令后可跟G02、G03圆弧指令。(　　)

7. 加工整圆时不能用R地址编程。(　　)

8. 不考虑车刀刀尖圆弧半径,车出的圆柱面是有误差的。(　　)

9. 机床坐标系以靠近工件表面为负方向,刀具远离工件表面为正方向。(　　)

10. 当数控加工程序编制完成后就可进行正式加工。(　　)

二、选择题

1. 圆弧程序段中,采用圆弧半径R方式编程,从起点到终点存在两条圆弧线段,当(　　)时,用“-R”表示圆弧半径。

A. 圆弧小于或等于180°　　B. 圆弧小于180°　　C. 圆弧大于180°

2. 下列指令中不使机床产生任何运动的是(　　)。

A. G00　X__Y__F__　　B. G01　X__Y__F__

C. G92 X __ Y __ Z __　　　　D. G02　X __ Y __ R __ F __

3. 撤销刀具圆弧补偿指令采用(　　)。

A. G40　　B. G41　　C. G43　　D. G49

4. 程序段 G02 X __ Y __ I __ J __中的 G02 表示(　　),I 和 J 表示(　　)。

A. 顺时针插补,圆心相对起点的位置

B. 逆时针插补,圆心的绝对位置

C. 顺时针插补,圆心相对终点的位置

D. 逆时针插补,起点相对圆心的位置

5. 程序段 G90 G03 X30 Y20 R－10,其中 X30 Y20 表示(　　),R－10 表示(　　)。

A. 终点的绝对坐标,圆心角小于 180°,并且半径是 10 mm 的圆弧

B. 终点的绝对坐标,圆心角大于 180°,并且半径是 10 mm 的圆弧

C. 刀具在 *X* 和 *Y* 方向上移动的距离,圆心角大于 180°,并且半径是 10 mm 的圆弧

D. 终点相对机床坐标系的位置,圆心角大于 180°并且半径是 10 mm 的圆弧

6. 程序 N2 G00 G54 G90 X0 Y0;N6 G02 X0 Y0 I25 J0; N8 M05;加工出工件圆心在工件坐标系中距离工件零点(　　)。

A. 0　　B. 25　　C. －25　　D. 50

7. 圆弧插补中的 F 指令为沿(　　)的进给率或进给速度。

A. 圆弧法线　　B. *X* 方向　　C. 圆弧切线方向　　D. *Z* 方向

8. 工件安装在卡盘上,机床坐标系与工件坐标系是不重合的,为便于编程,应在数控系统中建立(　　)坐标系。

A. 工件　　B. 机械　　C. 机床　　D. 程序

9. 通常数控系统除了直线插补外还有(　　)。

A. 正弦插补　　B. 圆弧插补　　C. 抛物线插补

10. ISO 标准规定增量尺寸方式的指令为(　　)。

A. G90　　B. G91　　C. G92　　D. G93

三、编程题与拓展

毛坯为 ϕ30 mm 的棒料,材料为 45 钢,要求完成零件的数控加工,车削尺寸如图 4.2.10 所示。

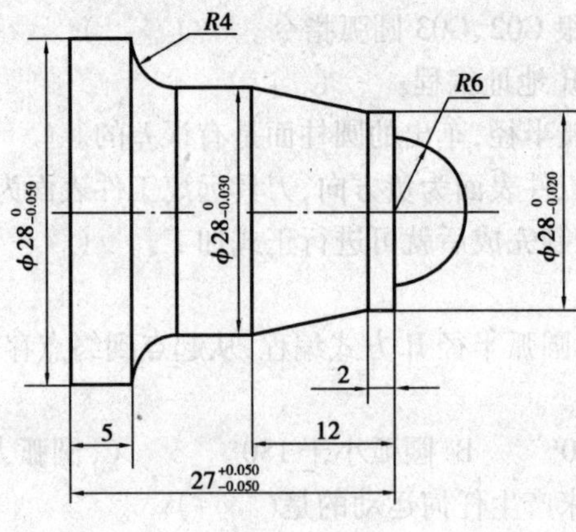

图 4.2.10

表 4.2.9

姓名		工件号		总成绩	
序号	考核要求	配分	评分标准	实测结果	得分
1	$\phi28_{-0.05}^{0}$	10	超差 0.01 mm,扣 2 分		
2	$\phi20_{-0.03}^{0}$	10	超差 0.01 mm,扣 2 分		
3	$\phi16_{-0.02}^{0}$	10	超差 0.01 mm,扣 2 分		
4	27 ±0.05	10	超差 0.05 mm,扣 2 分		
5	$R6$	10	不合格,不得分		
6	$R4$	10	不合格,不得分		
7	5 处表面 $R_a3.2$	20	不合格,不得分		
8	倒棱角	5	不合格,不得分		
9	文明操作	15	酌情扣分		
10	工时额定	扣分	90 分钟内完成,超过 10 分钟内扣 5 分		

任务4.3 成形面零件的加工

4.3.1 任务描述

①分析零件图 4.3.1,已知材料为 45 钢,毛坯尺寸为 $\phi30\times100$ mm,确定加工工序,编制加工程序并操作数控车床完成加工。

②明确该零件的关键技术要求。

4.3.2 知识目标

①掌握 G71 指令走刀路线;

②掌握 G71 轴向粗车循环指令及 G70 精加工指令;

③掌握粗加工循环起点确定方法。

4.3.3 能力目标

①掌握成形面外圆车刀的选用方法;

②掌握成形面零件的加工方法。

4.3.4 相关知识学习

1) G71 粗加工轨迹

G71 粗加工轨迹如图 4.3.2 所示。

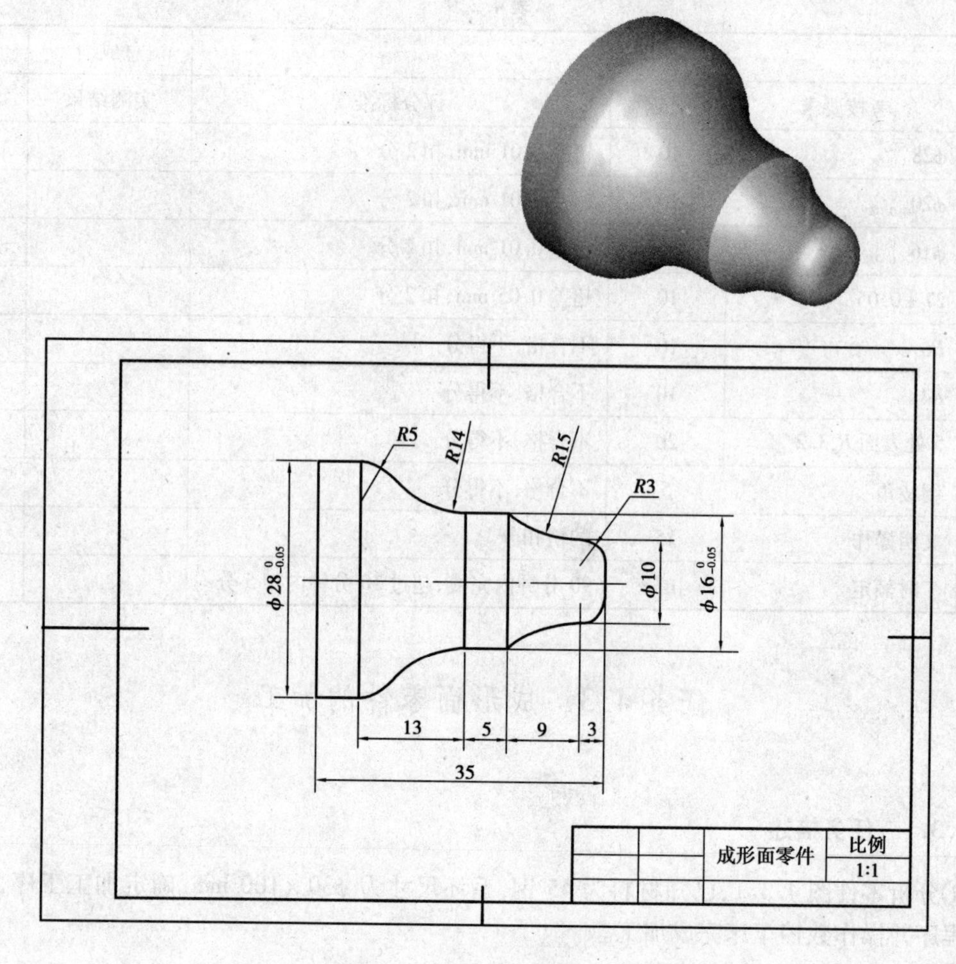

图 4.3.1　成形面零件加工

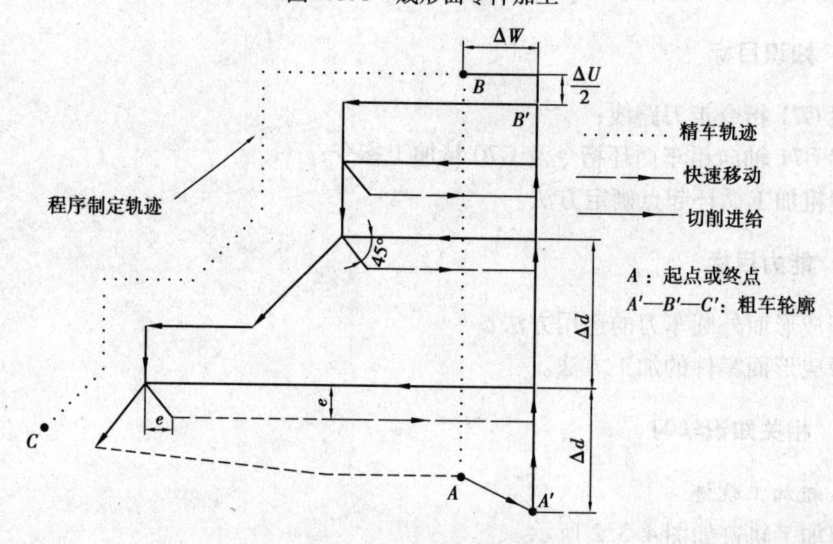

图 4.3.2　G71 粗加工循环轨迹

2)指令讲解

GSK980TD 的多重循环指令包括:轴向粗车循环 G71、径向粗车循环 G72、封闭切削循环 G73、精加工循 70、轴向切槽多重循环 G74、径向切槽多重循环 G75 及多重螺纹切削循环 G76。系统执行这些指令时,根据编程轨迹、进刀量、退刀量等数据自动计算切削次数和切削轨迹,进行多次进刀→切削→退刀→再进刀的加工循环,自动完成工件毛坯的粗、精加工。

(1)轴向粗车循环 G71

①指令格式:

G0　X　Z

G71 U(Δd) R(e)　F　S　T　　　　第一部分

G71 P(ns)　Q(nf) U(Δu) W(Δw)　　　　第二部分

N(ns).....;　　　　第三部分

N(nf)....;　　　　第四部分

②指令意义。

G71 指令分为四个部分。

第一部分:到达循环起点。

第二部分:给定粗车时的切削量、退刀量、切削速度、主轴转速、刀具功能的程序段。

第三部分:定义精车轨迹的程序段区间、精车余量的程序段。

第四部分:定义精车轨迹的若干连续的程序段,执行 G71 时,这些程序段仅用于计算粗车的轨迹,实际并未被执行。

③指令说明。

X、Z:指 G71 循环指令的起点坐标,X 大(等)于工件毛坯尺寸;Z 在工件右端面的右侧。

Δd:粗车时 X 轴的切削量(单位:mm,半径值)。

e:粗车时 X 轴的退刀量(单位:mm,半径值)。

ns:精车轨迹的第一个程序段的程序段号。

nf:精车轨迹的最后一个程序段的程序段号。

Δu:X 轴的精加工余量(单位:mm,直径)。

Δw:Z 轴的精加工余量(单位:mm),有符号。

F:切削进给速度。

S:主轴转速。

T:刀具号、刀具偏置号。

M、S、T、F:可在第一个 G71 指令或第二个 G71 指令中,也可在 ns ~ nf 程序中指定。在 G71 循环中 ns ~ nf 间程序段号的 M、S、T、F 功能都无效,仅在 G70 精车指令时有效。

(2)精加工循环 G70

①指令格式:

G70　P(ns)　Q(nf);

②指令功能:刀具从起点位置沿着 ns ~ nf 程序段加工出工件。

在 G71、G72 或 G73 进行粗加工后,用 G70 指令进行精车,单次完成精加工余量的切削。G70 循环结束时,刀具返回到起点并执行 G70 程序段后的下一个程序段。

ns:精车轨迹的第一个程序段的程序段号。

nf:精车轨迹的最后一个程序段的程序段号。

G70 指令轨迹由 ns ~ nf 之间程序段的编程轨迹决定。ns、nf 在 G70 ~ G73 程序段中的相对位置关系如下:

```
……
G71/G72/G73,,,,,;
N(ns)……
……

N (nf)
G70 P(ns) Q(nf);
……
```

③指令说明。

a. G70 必须在 ns ~ nf 程序段后编写。如果在 ns ~ nf 程序段前编写,系统自动搜索到 ns ~ nf 程序段并执行,执行完成后,按顺序执行 nf 程序段的下一程序,因此会重复执行 ns ~ nf 程序段。

b. 执行 G70 精加工循环时,ns ~ nf 程序段中的 F、S、T 指令有效。

c. G96. G97. G98. G99、G40、G41、G42 指令在执行 G70 精加工循环时有效。

d. 在 G70 指令执行过程中,可以停止自动运行并手动移动,但要再次执行 G70 循环时,必须返回手动移动前的位置。如果不返回就继续执行,后面的运行轨迹将错位。

e. 执行进给保持、单程序段的操作,在运行完当前轨迹的终点后程序暂停。

f. 在录入方式中不能执行 G70 指令,否则报警。

g. 在同一程序中需要多次使用复合循环指令时,ns ~ nf 不允许有相同程序段号。

4.3.5 技能训练

1)任务工艺分析

(1)零件图分析

图 4.3.1 所示零件,零件的尺寸精度要求一般。零件的外径尺寸从右至左依次增大。

(2)确定装夹方案

该零件为轴类零件,轴心线为工艺基准,加工外表面用三爪自定心卡盘夹持 ϕ30 mm 外圆一次装夹完成加工。

(3)加工工艺路线设计

根据评分表准制定出加工工艺,填写加工工艺表格,见表 4.3.1 和表 4.3.2。

表 4.3.1　成形面零件加工工艺卡片

		数控加工工艺过程卡片						产品型号		零件图号			共1页
								产品名称		零件名称	成形面零件		第1页
材料牌号		45 钢		毛坯种类		圆钢	毛坯尺寸	$\phi30\times100$	毛坯件数		1	备注	
工序	装夹	工步	工序内容	同时加工件数	切削用量		设备	工艺装备			技术等级	工时额定/min	
					余量/mm	速度/(mm·min^{-1})		夹具	刃具	量具		准备终结时间	单件
1	三爪卡盘	1	车工件端面	1	0.5	50	数车	三爪卡盘	45°车刀	卡尺	IT14	10	5
		2	粗车外形留精加工余量	1	0.5	80	数车	三爪卡盘	90°车刀	千分尺	IT14	10	10
		3	精车外形至尺寸	1	0	60	数车	三爪卡盘	90°车刀	千分尺	IT7	10	5
		4	切断保证总长	1	0	30	数车	三爪卡盘	4 mm 切刀	卡尺	IT11	10	5
编制			审核			批准							

表4.3.2　成形面零件车削工艺过程

工序	工　步	加工内容	加工图形效果	车　刀
车	1	车端面		45°车刀
	2	粗车外形	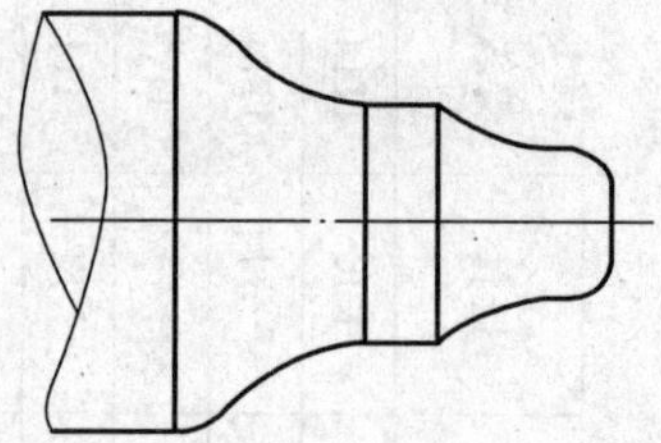	90°车刀
	3	精车外形	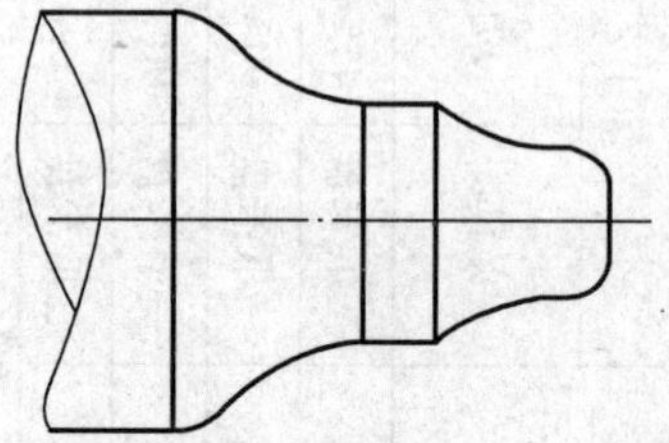	90°车刀
	4	切断	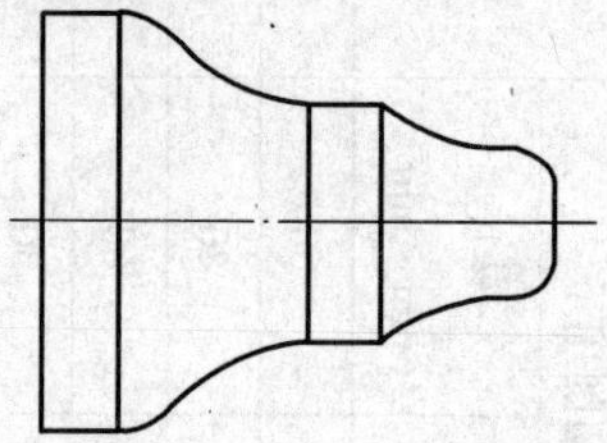	4 mm 切断刀

(4)工量刃具选择

工量刃具清单见表4.3.3。

表4.3.3　工量刃具准备清单

序号	名　称	规　格	数　量	功　能
1	游标卡尺	0～150 mm	1把/组	测量长度
2	外径千分尺	0～25 mm	1把/组	测量直径
3	外径千分尺	25～50 mm	1把/组	对刀,测量直径
4	外圆车刀	90°	2把/组	粗精车外圆
5	外圆车刀	45°	1把/组	粗精车端面
6	切断刀	4 mm	1把/组	切断
7	卡盘扳手		1把/组	
8	夹头扳手		1把/组	
9	垫刀块		若干	
10	毛坯	$\Phi30\times100$ mm	1根/人	

(5)程序编制

工件原点设在零件的右端面,程序见表4.3.4。

表4.3.4

程序号	程　序　O0001;	程序说明
N890	M03 S600 T0101;	换1号刀
N900	G00 X100.0 Z50.0;	到达安全位置
N910	G00 X30.0 Z2.0 ;	到达循环起点
N920	G71 U2 R1 F100	循环指令
N930	G71 P1 Q2 U1 W0.5	粗车循环指令
N940	N1 G01 X0 Z0 F80	精加工轨迹
N950	G01 X4.0	
N960	G03 X10.0 Z-3.0 R3	
N970	G02 X16.0 Z-12.0 R15	
N980	G01 Z-17.0	
N990	G02 X24.88 Z-26.35 R14	
N1000	G03 X28.0 Z-30.0 R5	
N1010	N2 G01 Z-40.0	
N1020	G70 P1 Q2	精加工指令
N1030	G00 X100.0 Z50.0	退刀到安全位置
N1040	T0202	换2号切断刀,使用2号刀补
N1050	G00 X32.0 Z-40.0	切断
N1060	G0 1 X1.0 F30;	
N1070	G00 X100.0 Z50.0 T0200	退刀到安全位置
N1080	M30;	程序结束

(6)仿真加工

①进入仿真系统,选取相应的机床和系统,然后进行开机、回零等操作。

②选择工件毛坯尺寸为 $\Phi32\times100$ mm,然后装夹在三爪卡盘上。

③选择外圆车刀、切刀,分别安装至规定位置。

④输入程序,然后进行程序效验。

⑤对刀。

⑥自动运行,加工零件。

⑦检查零件,总结。

(7)车间实际加工

通过仿真加工及确定零件程序的正确性后，在实训车间对该零件进行实际操作加工。加工顺序如下：

①零件的夹紧：用三爪卡盘夹持工件外圆，伸出长度为 70 mm 左右。注意观察工件是否夹紧、工件是否夹正。

②刀具的装夹：

a. 将外圆车刀装在 1 号刀位，注意观察中心高是否正确、主偏角是否合理。

b. 将切刀装在 2 号刀位，注意观察中心高是否正确，主切削刃是否与主轴回转中心平行。

c. 将外螺纹车刀装在 3 号刀位，装刀时使用对刀样板，将刀具装正。

③程序录入。仔细对照程序单，输入程序。

④程序校验：使用数控机床轨迹仿真功能对加工程序进行检验，正确进行数控加工仿真的操作，完成零件的仿真加工。

⑤对刀。用试切法对刀步骤逐一操作。

⑥自动加工：按自动键，同时按下单段键，调整好快速进给倍率和切削倍率，按循环启动键进行自动加工，直至零件加工完成。若加工过程中出现异常，可按复位键，严重的须及时按下急停键或直接切断电源。

⑦零件检测：利用游标卡尺、外径千分尺、螺纹环规、表面粗糙度工艺样板等量具测量工件，学生对自己加工的零件进行检测，按照评分标准逐项检测，并做好记录。

表 4.3.5　成形面零件评分标准

姓名		工件号		总成绩	
序号	考核要求	配分	评分标准	实测结果	得分
1	$\phi 28_{-0.05}^{0}$	10	超差 0.01 mm，扣 2 分		
2	R 15	10	不合格，不得分		
3	$\phi 16_{-0.02}^{0}$	10	超差 0.01 mm，扣 2 分		
4	35 ±0.05	10	超差 0.05 mm，扣 2 分		
5	*R* 3	10	不合格，不得分		
6	*R* 5	10	不合格，不得分		
7	*R* 14	10	不合格，不得分		
8	表面 R_a3.2，5 处	20	不合格，不得分		
9	倒棱角	5	不合格，不得分		
10	文明操作	15	酌情扣分		
11	工时额定	扣分	90 分钟内完成，超过 10 分钟内扣 5 分		

4.3.6 知识链接

1)径向粗车循环 G72

(1)指令格式:

G72 W (Δd) R (e) F __ S __ T __; 第一部分

G72 P (ns) Q (nf) U (Δu) W (Δw); 第二部分

N __(ns) ……;

……;

……F;

……S; 第三部分

……;

.

N __ (nf) ……;

(2)指令意义

第一部分:给定粗车时的切削量、退刀量、切削速度、主轴转速、刀具功能的程序段;

第二部分:定义精车轨迹的程序段区间、精车余量的程序段;

第三部分:定义精车轨迹的若干连续的程序段,执行 G72 时,这些程序段仅用于计算粗车的轨迹,实际并未被执行。

系统根据精车轨迹、精车余量、进刀量、退刀量等数据自动计算粗加工路线,沿与 Z 轴平行的方向切削,通过多次"进刀—切削—退刀"的切削循环完成工件的粗加工。G72 的起点和终点相同。本指令适用于非成型毛坯(棒料)的成型粗车。

(3)相关定义

Δd:粗车时 Z 轴的切削量,无符号,进刀方向由 ns 程序段的移动方向决定。

e: 粗车时 Z 轴的退刀量,无符号,退刀方向与进刀方向相反。

ns:精车轨迹第一个程序段的程序段号。

nf: 精车轨迹最后一个程序段的程序段号。

Δu:粗车时 X 轴留出的精加工余量(单位:mm,直径,有符号)。

Δw:粗车时 Z 轴留出的精加工余量(单位:mm,有符号)。

F:切削进给速度。

S:主轴转速。

T:刀具号、刀具偏置号。

M、S、T、F:可在第一个 G72 指令或在第二个 G72 指令中,也可在 ns—nf 程序中指定。在 G72 循环中,ns — nf 间程序段号的 M、S、T、F 功能都无效,仅在有 G70 精车循环的程序段中才有效。

2)封闭切削循环 G73

(1)指令格式

G73 U(Δi) W(Δk) R (d) F __ S __ T __; 第一部分

G73 P (ns) Q (nf) U (Δu) W (Δw); 第二部分

N __(ns) ……;

……;
……F;
……S;　　　　　　　　　　　　　第三部分
……;
.
N __(nf)　……;

(2)指令意义

第一部分:给定退刀量、切削次数和切削速度、主轴转速、刀具功能的程序段。

第二部分:定义精车轨迹的程序段区间、精车余量的程序段。

第三部分:定义精车轨迹的若干连续的程序段,执行 G73 时,这些程序段仅用于计算粗车的轨迹,实际并未被执行。

系统根据精车余量、退刀量、切削次数等数据自动计算粗车偏移量、粗车的单次进刀量和粗车轨迹,每次切削的轨迹都是精车轨迹的偏移。切削轨迹逐步靠近精车轨迹,最后一次切削轨迹为按精车余量偏移的精车轨迹。G73 的起点和终点相同,本指令适用于非成型毛坯(棒料)的粗车。

(3)相关定义

Δi:*X* 轴粗车退刀量(半径值,有符号)。

Δk: *Z* 轴粗车退刀量(有符号)。

d:切削的次数。

ns:精车轨迹第一个程序段的程序段号。

nf: 精车轨迹最后一个程序段的程序段号。

Δu:*X* 轴的精加工余量(单位:mm,直径,有符号)。

Δw:*Z* 轴的精加工余量(单位:mm,有符号)。

F:切削进给速度。

S:主轴转速。

T:刀具号、刀具偏置号。

M、S、T、F:指令字可在第一个 G73 指令或在第二个 G73 指令中,也可在 ns—nf 程序中指定。在 G73 循环中,ns—nf 间程序段号的 M、S、T、F 功能都无效,仅在有 G70 精车循环的程序段中才有效。

4.3.7　质量分析和安全操作规程

1)成形面零件车削过程中容易产生的问题、原因及解决方法

表 4.3.6

问题形式	原因分析	解决方法
多台阶尺寸精度不能都达到要求	机床间隙影响	调试机床,校准间隙
		修改程序内容,形成统一标准

2)数控车床安全文明操作规程

①数控系统的编程、操作和维修人员必须经过专门的技术培训,熟悉所用数控车床的使用环境、条件和工作参数,严格按机床和系统的使用说明书要求正确、合理地操作机床。

②数控车床的开机、关机顺序一定要按照机床说明书的规定操作。

③主轴启动开始切削之前一定关好防护罩门,程序正常运行中严禁开启防护罩门。

④机床在正常运行时不允许打开电气柜的门。

⑤加工程序必须经过严格检验后方可进行操作运行。

⑥手动对刀时,应注意选择合适的进给速度:手动换刀时,主轴距工件要有足够的换刀距离不至于发生碰撞。

⑦加工过程中,如出现异常现象,可按下“急停”按钮,以确保人身和设备的安全。

⑧机床发生事故,操作者注意保留现场,并向指导老师如实说明情况。

⑨经常润滑机床导轨,做好机床的清洁和保养工作。

4.3.8　成绩鉴定和信息反馈

1)本任务学习成绩鉴定办法

表4.3.7

序号	项目内容	分　值	评分标准	得　分
1	课题课堂练习表现、劳动态度和安全文明生产	15	按数控车工操作要求评定为:ABCD和不及格五个等级。其中A:优秀;B:良好;C:中;D:及格	
2	操作技能动作规范	25		
3	项目任务制作成绩	60	按项目练习课题评分标准评定	

2)本任务学习信息反馈表

表4.3.8

序　号	项目内容	评价结果
1	任务内容	偏多　合适　不够
2	时间分布	讲课时间
3		
4		

4.3.9　课后作业

一、简答题

请将轴向粗车循环G71和径向粗车循环G72指令格式写出,并简单介绍各地址字意义。

二、编程题与拓展

毛坯为ϕ30 mm的棒料,材料为45钢,要求完成零件的数控加工,车削尺寸如图4.3.3所示。采用G71编写程序。

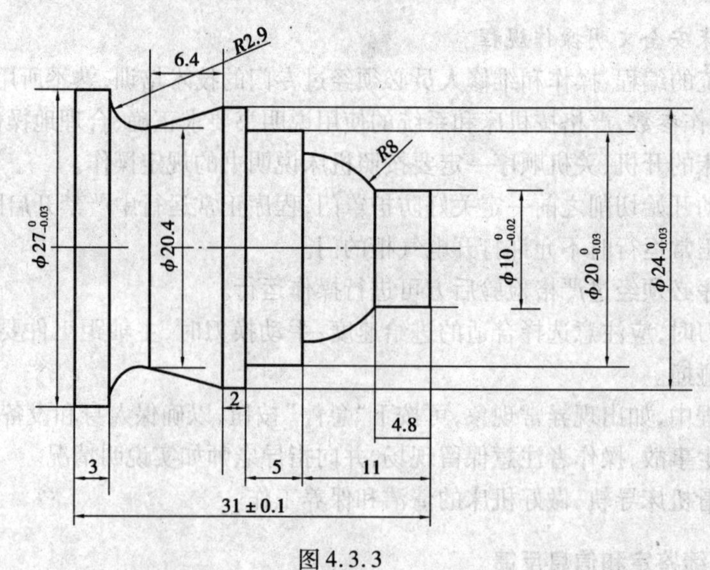

图4.3.3

表4.3.9

姓名		工件号		总成绩	
序号	考核要求	配分	评分标准	实测结果	得分
1	$\phi27^{\ 0}_{-0.03}$	10	超差0.01 mm,扣2分		
2	R2.9	10	不合格,不得分		
3	$\phi20^{\ 0}_{-0.03}$	10	超差0.01 mm,扣2分		
4	31 ±0.05	10	超差0.05mm,扣2分		
5	R8	10	不合格,不得分		
6	3	10	不合格,不得分		
7	2	10	不合格,不得分		
8	倒棱角	5	不合格,不得分		
9	文明操作	15	酌情扣分		
10	工时额定	扣分	90分钟内完成,超过10 min内扣5分		

任务4.4　槽类零件的加工

4.4.1　任务描述

①分析零件图4.4.1,已知材料为45钢,毛坯尺寸为$\phi30\times100$ mm,确定加工工序,编制加工程序并操作数控车床完成加工。

②明确该零件的关键技术要求。

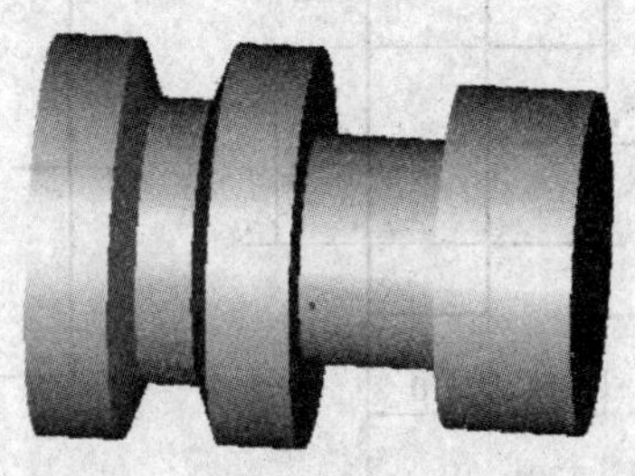

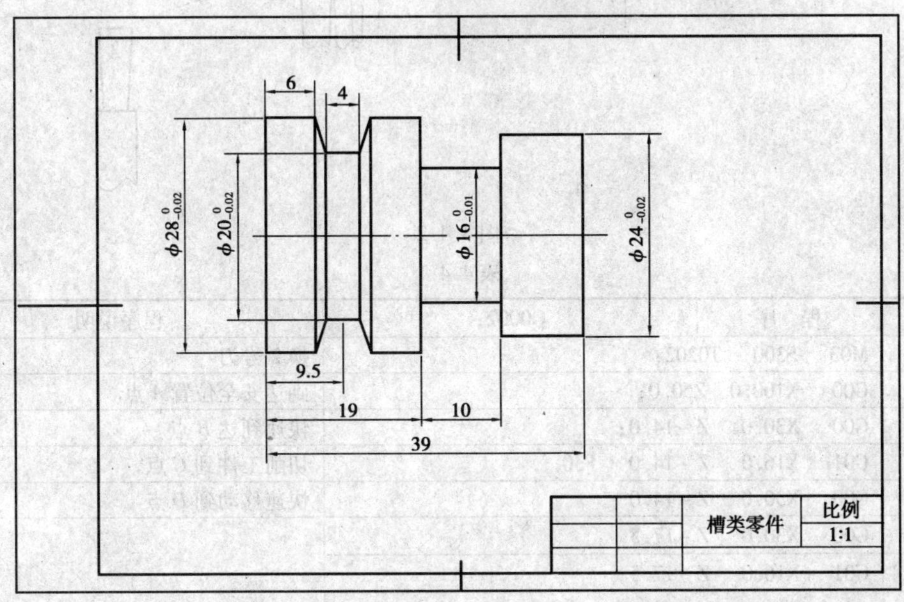

图4.4.1　槽类零件

4.4.2　知识目标

①掌握用G01指令编写切槽程序；
②掌握用G75循环指令编写程序。

4.4.3　能力目标

①掌握G75循环指令的走刀路线；
②熟练运用G01切槽和G75切槽的区别；
③会安装切刀。

4.4.4　相关知识学习

1）G01指令编写切槽程序

图4.4.2工件原点设在零件的右端面，用G01切槽部分程序见表4.4.1。

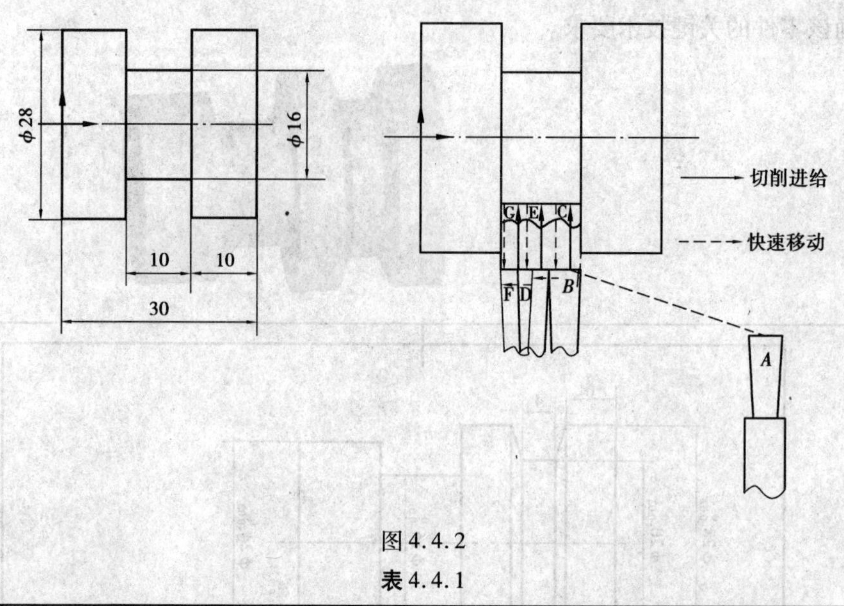

图 4.4.2

表 4.4.1

程序号	程　序	O0002;	程序说明
N1090	M03　S300　T0202;		换 2 号刀
N1100	G00　X100.0　Z50.0;		到达安全位置 *A* 点
N1110	G00　X30.0　Z－14.0;		快速到达 *B* 点
N1120	G01　X16.0　Z－14.0　F30		切削工件到 *C* 点
N1130	G00　X30.0　Z－14.0		快速移动到 *D* 点
N1140	G00　X30.0　Z－17.5		
N1150	G01　X16.0　Z－17.5		
N1160	G00　X30　Z－17.5		
N1170	G00　X30　Z－20.0		
N1180	G01　X16　Z－20.0		
N1190	G00　X30.0　Z－20.0		
N1200	G00　X100.0　Z50.0		
N1210	M30;		程序结束

2)外圆切槽循环 G75 指令

(1)指令格式

G75 R <u>(e)</u> ;

G75 X(U)__　Z(W)__　P <u>(Δi)</u> Q <u>(Δk)</u> R <u>(Δd)</u>　F__ ;

(2)指令意义

执行该指令时,系统根据程序段所确定的切削终点以及 e、Δi、Δk 和 Δd 的值来决定刀具的运行轨迹:从起点径向(*X* 轴方向)进给、回退、再进给……直至切削到与切削终点 *X* 轴坐标相同的位置,然后轴向(*Z* 轴方向)退刀、径向回退至与起点 *X* 轴坐标相同的位置,完成一次径向切削循环;轴向再次进刀后,进行下一次径向切削循环;切削到切削终点后,返回起点(G75 的起点和终点相同),完成循环加工。G75 的轴向进刀和径向进刀方向由切削终点

X(U)、Z(W)与起点的相对位置决定，此指令用于加工径向环形槽或圆柱面,径向断续切削起到断屑、及时排屑的作用。

(3)指令地址

R (e):每次沿径向(X 方向)切削 Δi 后的退刀量,半径指定,单位:mm。

X:切削终点 X 方向的绝对坐标值,半径指定,单位:mm。

U:X 方向上切削终点与起点的绝对坐标的差值,半径指定,单位:mm。

Z:切削终点 X 方向的绝对坐标值,单位:mm。

W:Z 方向上,切削终点与起点的绝对坐标的差值,单位:mm。

P (Δi):X 方向每次循环的切削量,单位:0.001mm,无符号,直径指定。

Q (Δk):Z 方向每次切削的进刀量,单位:0.001mm,无符号。

R (Δd):切削到径向(X 方向)切削终点时,沿 Z 方向的退刀量,单位:mm,直径指定,省略Z(W)和 Q (Δk)时,则视为0。

F: 切削进给速度。

(4)指令说明

①e 和 Δd 都用地址 R 指定，它们的区别根据有无指定 P (Δi)和 Q (Δk)来判断，即如果无 P (Δi)和 Q (Δk)指令字，则为 e;否则为 Δd。

②循环动作是由含 X(U)和 P (Δi)的 G75 程序段进行的,如果仅执行“G75 R (e);”程序段,循环动作不进行。

③在 G75 指令执行过程中,可使自动运行停止并手动移动,但要再次执行 G75 循环时,必须返回到手动移动前的位置。如果不返回就再次执行,后面的运行轨迹将错位。

(5)指令轨迹

指令运行轨迹如图 4.4.3 所示。

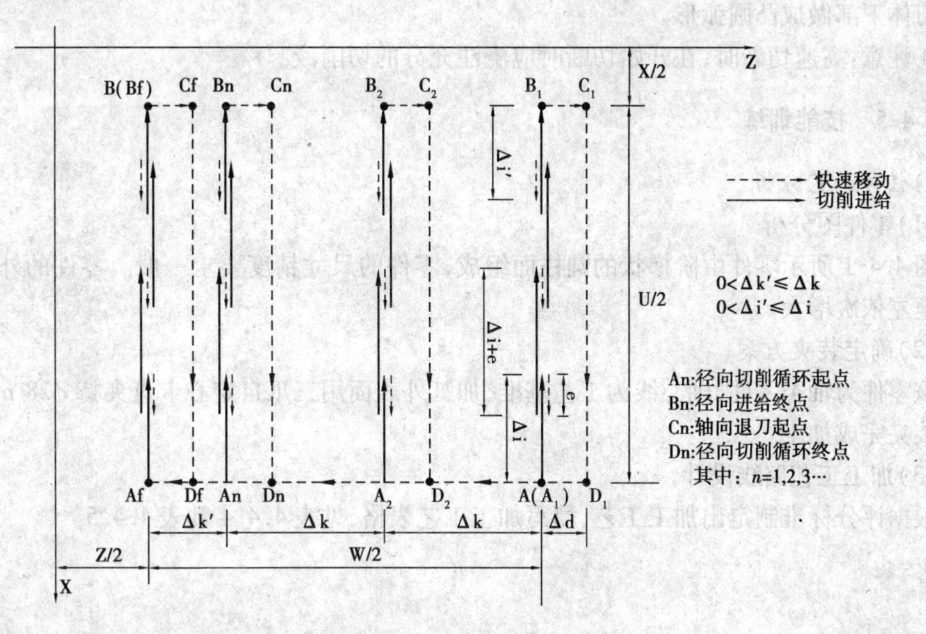

图 4.4.3　G75 指令运行轨迹

图 4.4.2 工件原点设在零件的右端面，用 G75 切槽部分程序见表 4.4.2。

表 4.4.2

程序号	程　序	O0002；	程序说明
N1220	M03　S300　T0202；		换 2 号刀
N1230	G00　X100.0　Z50.0；		到达安全位置 A 点
N1240	G00　X30.0　Z－14.0；		到达循环起点 B 点
N1250	G75　R1		
N1260	G75　X16.0　Z－20.0　P3　F30		G75 切槽循环
N1270	G00　X100.0　Z50.0		
N1280	M30；		程序结束

3）切刀及刀片

常用切刀根据切刀的材质不同，可以分为高速钢切刀和硬质合金切刀。

（1）高速钢切刀

①优点：强度高、韧性好、工艺性好，刃口锋利，常用于一般切削速度下的精车。

②缺点：耐热性较差，不适于高速切削。

（2）硬质合金切刀

①优点：硬度、耐磨性很好，红硬性很高，适合高速切削。

②缺点：抗弯强度和抗冲击韧性比高速钢差很多；工艺性比高速钢差；容易脱焊。

③改进：为排屑顺利，可把主切削刃两边倒角或磨成人字形。为增加刀体的强度常将切断刀的刀体下部做成凸圆弧形。

④注意：高速切断时，在开始切断时应浇注充分的切削液。

4.4.5　技能训练

1）任务工艺分析

（1）零件图分析

图 4.4.1 所示零件由阶梯状的圆柱面组成，零件的尺寸精度要求一般。零件的外径尺寸从右至左依次增大。

（2）确定装夹方案

该零件为轴类零件，轴心线为工艺基准，加工外表面用三爪自定心卡盘夹持 $\phi 28$ mm 外圆一次装夹完成加工。

（3）加工工艺路线设计

根据评分标准制定出加工工艺，填写加工工艺表格，见表 4.4.4 和表 4.4.5。

表4.4.3 槽类零件车削工艺

<table>
<tr><td colspan="2" rowspan="2"></td><td colspan="6" rowspan="2">数控加工工艺过程卡片</td><td>产品型号</td><td></td><td>零件图号</td><td colspan="2"></td><td>共1页</td></tr>
<tr><td>产品名称</td><td>阶梯轴</td><td>零件名称</td><td colspan="2">阶梯轴</td><td>第1页</td></tr>
<tr><td colspan="2">材料牌号</td><td colspan="2">45钢</td><td colspan="2">毛坯种类</td><td>圆钢</td><td>毛坯尺寸</td><td>$\phi30\times100$</td><td colspan="2">毛坯件数</td><td>1</td><td>备注</td><td></td></tr>
<tr><td rowspan="2">工序</td><td rowspan="2">装夹</td><td rowspan="2">工步</td><td rowspan="2">工序内容</td><td rowspan="2">同时加工件数</td><td colspan="2">切削用量</td><td rowspan="2">设备</td><td colspan="3">工艺装备</td><td rowspan="2">技术等级</td><td colspan="2">工时额定/min</td></tr>
<tr><td>余量/mm</td><td>速度/(mm·min^{-1})</td><td>夹具</td><td>刃具</td><td>量具</td><td>准备终结时间</td><td>单件</td></tr>
<tr><td rowspan="4">1</td><td rowspan="4">三爪卡盘</td><td>1</td><td>车工件端面</td><td>1</td><td>0.5</td><td>50</td><td>数车</td><td>三爪卡盘</td><td>45°车刀</td><td>卡尺</td><td>IT14</td><td>10</td><td>5</td></tr>
<tr><td>2</td><td>粗车外形,留精加工余量</td><td>1</td><td>0.5</td><td>80</td><td>数车</td><td>三爪卡盘</td><td>90°车刀</td><td>千分尺</td><td>IT14</td><td>10</td><td>10</td></tr>
<tr><td>3</td><td>精车外形至尺寸</td><td>1</td><td>0</td><td>60</td><td>数车</td><td>三爪卡盘</td><td>90°车刀</td><td>千分尺</td><td>IT7</td><td>10</td><td>5</td></tr>
<tr><td>4</td><td>切断保证总长</td><td>1</td><td>0</td><td>30</td><td>数车</td><td>三爪卡盘</td><td>4 mm切刀</td><td>卡尺</td><td>IT11</td><td>10</td><td>5</td></tr>
<tr><td></td><td></td><td></td><td></td><td></td><td></td><td></td><td></td><td></td><td></td><td></td><td></td><td></td><td></td></tr>
<tr><td></td><td></td><td></td><td></td><td></td><td></td><td></td><td></td><td></td><td></td><td></td><td></td><td></td><td></td></tr>
<tr><td></td><td></td><td></td><td></td><td></td><td></td><td></td><td></td><td></td><td></td><td></td><td></td><td></td><td></td></tr>
<tr><td></td><td></td><td></td><td></td><td></td><td></td><td></td><td></td><td></td><td></td><td></td><td></td><td></td><td></td></tr>
<tr><td></td><td></td><td></td><td></td><td></td><td></td><td></td><td></td><td></td><td></td><td></td><td></td><td></td><td></td></tr>
<tr><td>编制</td><td colspan="2"></td><td>审核</td><td colspan="2"></td><td>批准</td><td colspan="7"></td></tr>
</table>

表 4.4.4　槽类零件车削工艺过程

工序	工步	加工内容	加工图形效果	车　刀
车	1	车端面		45°车刀
	2	粗车外圆 Φ28、Φ24 留精加工余量	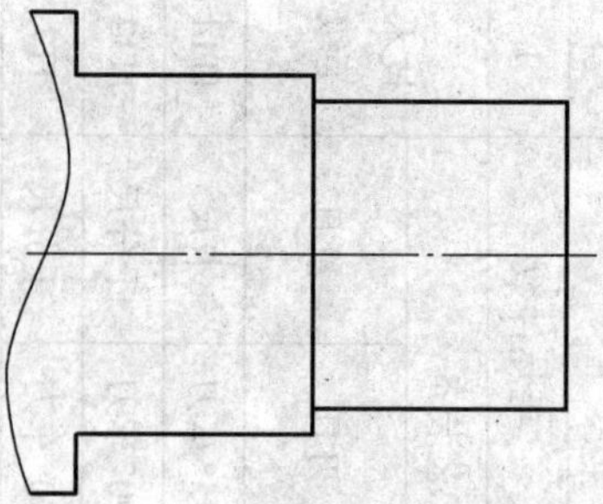	90°车刀
	3	精车外圆 Φ28、Φ24 至尺寸	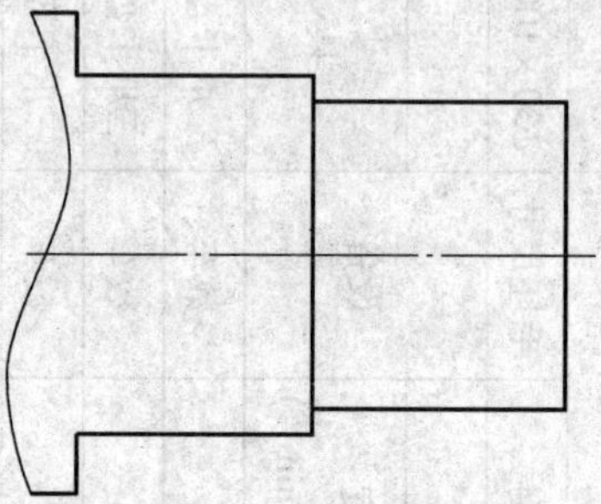	90°车刀
	4	切槽 10 mm 宽	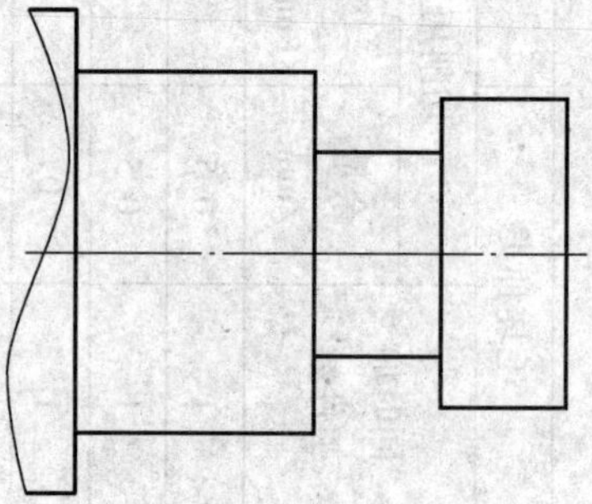	4 mm 切断刀
	5	切 V 形槽	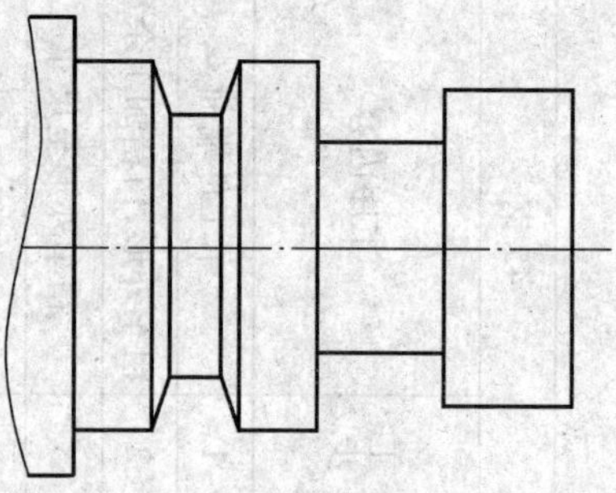	4 mm 切断刀

续表

工序	工步	加工内容	加工图形效果	车 刀
	6	切断	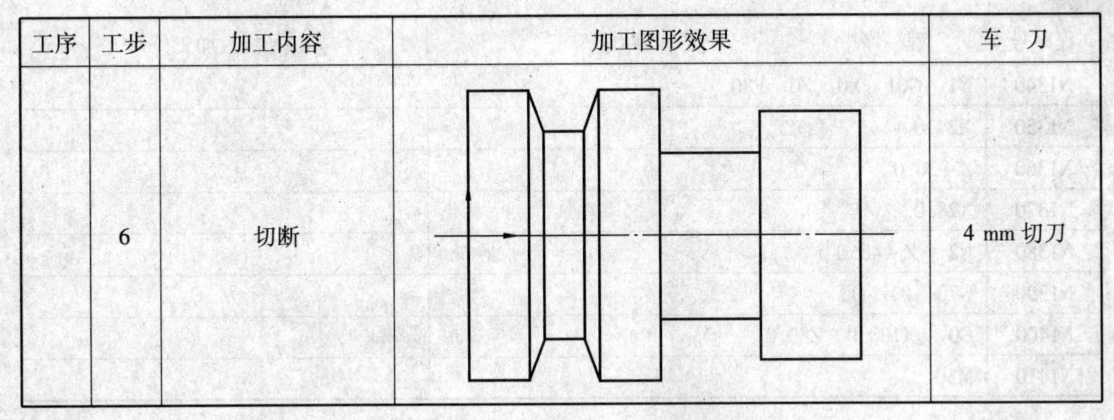	4 mm 切刀

(4)工量刃具选择

工量刃具清单见表4.4.5。

表4.4.5 工量刃具准备清单

序号	名 称	规 格	数 量	功 能
1	游标卡尺	0～150 mm	1把/组	测量长度
2	外径千分尺	0～25 mm	1把/组	测量直径
3	外径千分尺	25～50 mm	1把/组	对刀,测量直径
4	外圆车刀	90°	2把/组	粗精车外圆
5	外圆车刀	45°	1把/组	粗精车端面
6	切断刀	4 mm	1把/组	切断
7	卡盘扳手		1把/组	
8	夹头扳手		1把/组	
9	垫刀块		若干	
10	毛坯	$\Phi30\times100$ mm	1根/人	

(5)程序编制

图4.4.1工件原点设在零件的右端面,程序见表4.4.6和表4.4.7。

表4.4.6

程序号	程 序	O0001;	程序说明:加工外形
N1290	M03 S600 T0101;		换1号刀
N1300	G00 X100.0 Z50.0;		到达安全位置
N1310	G00 X30.0 Z2.0		到达粗车外形循环起点
N1320	G71 U2 R1 F100		G71格式
N1330	G71 P1 Q2 U1 W0.5		

续表

程序号	程　序	O0001;	程序说明:加工外形
N1340	N1　G01　X0　Z0　F80		
N1350	X24.0		
N1360	Z－20.0		
N1370	X28.0		
N1380	N2　Z－43.0		
N1390	G70　P1　Q2		
N1400	G0　X100.0　Z50.0		
N1410	M30		

表4.4.7

程序号	程序	O0002;	程序说明:切槽和切断
N1420	M03　S300　T0202;		换2号刀
N1430	G00　X100.0　Z50.0;		到达安全位置
N1440	G00　X30.0　Z－14.0		到达切槽循环起点
N1450	G75　R1		G75切10 mm槽
N1460	G75　X16.0　Z－20.0　p3　F30		
N1470	G00　X32.0		到达切槽循环起点
N1480	Z－31.5		
N1490	G75　R1		G75切4 mm槽
N1500	G75　X20.0　Z－31.5　P3　F30		
N1510	G00　Z－30.0		用G01加工V形槽
N1520	G01　X28.0　F30		
N1530	X20.0　Z－31.5		
N1540	G00　X32.0		
N1550	Z－33.0		
N1560	G01　X28.0		
N1570	X20.0　Z－31.5		
N1580	G00　X32		到达切断循环起点
N1590	Z－43.0		
N1600	G75　R1		G75切断
N1610	G75　X0　Z－43.0　P3　F30		
N1620	G00　X100.0		
N1630	G0　Z50.0		
N1640	M30		程序结束

(6)仿真加工

①进入仿真系统,选取相应的机床和系统,然后进行开机、回零等操作。

②选择工件毛坯尺寸为$\Phi30\times90$ mm,然后装夹在三爪卡盘上。

③选择外圆车刀、切刀,分别安装至规定位置。

④输入程序，然后进行程序效验。

⑤对刀。

⑥自动运行，加工零件。

⑦检查零件，总结。

(7)车间实际加工

通过仿真加工后，确定零件程序的正确性后，在实训车间对该零件进行实际操作加工。加工顺序如下：

①零件的夹紧：用三爪卡盘夹持工件外圆，伸出长度为 70 mm 左右。注意观察工件是否夹紧、工件是否夹正。

②刀具的装夹：

a. 将外圆车刀装在 1 号刀位。注意观察中心高是否正确、主偏角是否合理。

b. 将切刀装在 2 号刀位，注意观察中心高是否正确，主切削刃是否与主轴回转中心平行。

③程序录入：仔细对照程序单，输入程序。

④程序校验：使用数控机床轨迹仿真功能对加工程序进行检验，正确进行数控加工仿真的操作，完成零件的仿真加工。

⑤对刀：用试切法对刀步骤逐一操作。

⑥自动加工：按自动键，同时按下单段键，调整好快速进给倍率和切削倍率，按循环启动键进行自动加工，直至零件加工完成。若加工过程中出现异常，可按复位键，严重的须及时按下急停键或直接切断电源。

⑦零件检测：利用游标卡尺、外径千分尺、螺纹环规、表面粗糙度工艺样板等量具测量工件，学生对自己加工的零件进行检测，按照评分标准逐项检测，并做好记录。

表 4.4.8　槽类零件台阶轴评分标准

姓名		工件号		总成绩	
序号	考核要求	配分	评分标准	实测结果	得分
1	$\phi28_{-0.02}^{0}$	10	超差 0.01 mm，扣 2 分		
2	$\phi24_{-0.02}^{0}$	10	超差 0.01 mm，扣 2 分		
3	$\phi20_{-0.02}^{0}$	10	超差 0.01 mm，扣 2 分		
4	$\phi16_{-0.01}^{0}$	10	超差 0.01 mm，扣 2 分		
5	39	10	超差 0.01 mm，扣 2 分		
6	4	10	超差 0.02 mm，扣 2 分		
7	10	10	超差 0.02 mm，扣 2 分		
8	19	10	超差 0.01 mm，扣 2 分		
9	6	5	超差 0.02 mm，扣 2 分		
10	表面 $R_a3.2$，3 处	6	不合格，不得分		
11	表面 $R_a6.4$，3 处				
12	文明操作	5	不合格，不得分		
13	工时额定	扣分	120 分钟内完成，超过 10 分钟内扣 5 分		

4.4.6 知识链接:端面深孔加工循环 G74

(1)指令格式

G74 R (e) ;

G74 X(U)__ Z(W)__P (Δi) Q (Δk) R (Δd) F__

(2)指令意义

执行该指令时,系统根据程序段所确定的切削终点以及 e、Δi、Δk 和 Δd 的值来决定刀具的运行轨迹:从起点轴向(*Z* 轴方向)进给、回退、再进给……直至切削到与切削终点 *Z* 轴坐标相同的位置,然后径向(*X* 轴方向)退刀、轴向回退至与起点 *Z* 轴坐标相同的位置,完成一次轴向切削循环;径向再次进刀后,进行下一次轴向切削循环;切削到切削终点后,返回起点(G74 的起点和终点相同),完成循环加工。G74 的径向进刀和轴向进刀方向由切削终点 X(U)、Z(W)与起点的相对位置决定,此指令用于在工件端面加工环形槽或中心深孔,轴向断续切削起到断屑、及时排屑的作用。

(3)指令轨迹

指令运行轨迹如图 4.4.4 所示。

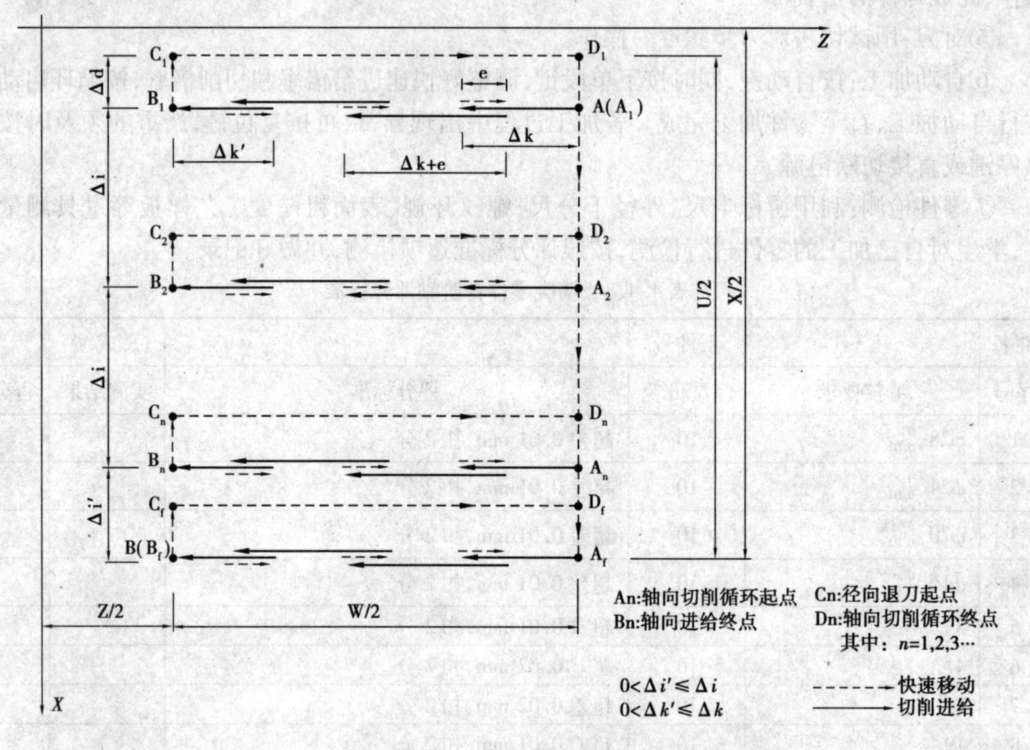

图 4.4.4

(4)相关概念

①切削终点:X(U)__ 、Z(W)__指定的位置,最后一次轴向(*Z* 方向)进刀的终点。

②轴向(*Z* 方向)切削循环起点:每次轴向进刀,开始切削循环的位置。

③轴向(*Z* 方向)进刀终点:*Z* 轴方向上,每次切削循环中进刀的终点位置。

④径向(*X* 方向)退刀终点:X 轴方向上,每次切削循环中退刀的终点位置。

⑤轴向(Z 方向)切削循环终点:从径向退刀终点轴向退刀的终点位置,图4.4.4中表示为D_n(n=1,2,3…),D_n的Z轴坐标与起点相同,D_n的X轴坐标与C_n相同。

(5)指令地址

R (e):每次沿轴向(Z 方向)切削 Δk 后的退刀量,单位:mm,无符号;该值也可由参数(№.056)指定(该参数的单位:0.001 mm)。R (e)执行后,e值在下次指定前保持有效,并将参数(№.056)的值修改为e×1 000(单位:0.001 mm)。若缺省输入,则系统以参数(№.056)的值为轴向退刀量。

X:切削终点X方向的绝对坐标值,半径指定,单位:mm。

U:X方向上切削终点与起点的绝对坐标的差值,半径指定,单位:mm。

Z:切削终点Z方向的绝对坐标值,单位:mm。

W:Z方向上切削终点与起点的绝对坐标的差值,单位:mm。

P (Δi):X方向的每次循环的切削量,单位:0.001 mm,无符号,直径指定。

Q (Δk):Z方向的每次切削的进刀量,单位:0.001mm,无符号。

R (Δd):切削到轴向(Z方向)切削终点后,沿X方向的退刀量,单位:mm,直径指定;缺省X(U)和P (Δi)时,则视为0。

F: 切削进给速度。

(6)指令说明

①e和Δd都用地址R指定,它们的区别可根据有无指定P (Δi)和Q (Δk)来判断,即如果无P (Δi)和Q (Δk)指令字,则为e;否则,则为Δd。

②循环动作是由含Z(W)和Q (Δk)的G74程序段进行的,如果仅执行“G74 R (e);”程序段,循环动作不进行。

③在G74指令执行过程中,可以停止自动运行并手动移动,但要再次执行G74循环时,必须返回到手动移动前的位置。如果不返回就继续执行,后面的运行轨迹将错位。

4.4.7　质量分析和安全操作规程

1)槽类零件车削过程中容易产生的问题、原因及解决方法

表4.4.9

问题形式	原因分析	解决方法
槽尺寸精度达不到要求	量具有误差或测量不正确	槽底尺寸粗加工之前留余量
	由于切削力过大,导致加工过程中刀具让刀	降低切削速度,槽两侧留精加工余量

2)数控车床安全文明操作规程

①数控系统的编程、操作和维修人员必须经过专门的技术培训,熟悉所用数控车床的使用环境、条件和工作参数,严格按机床和系统的使用说明书要求正确、合理地操作机床。

②数控车床的开机、关机顺序一定要按照机床说明书的规定操作。

③主轴启动开始切削之前一定关好防护罩门,程序正常运行中严禁开启防护罩门。

④机床在正常运行时不允许打开电气柜的门。

⑤加工程序必须经过严格检验后方可进行操作运行。

⑥手动对刀时,应注意选择合适的进给速度:手动换刀时,主轴距工件要有足够的换刀距离不至于发生碰撞。

⑦加工过程中,如出现异常现象,可按下"急停"按钮,以确保人身和设备的安全。

⑧机床发生事故,操作者注意保留现场,并向指导老师如实说明情况。

⑨经常润滑机床导轨,做好机床的清洁和保养工作。

4.4.8 成绩鉴定和信息反馈

1)本任务学习成绩鉴定办法

表 4.4.10

序号	项目内容	分 值	评分标准	得 分
1	课题课堂练习表现、劳动态度和安全文明生产	15	按数控车工操作要求评定为:ABCD 和不及格五个等级。其中 A:优秀;B:良好;C:中;D:及格	
2	操作技能动作规范	25		
3	项目任务制作成绩	60	按项目练习课题评分标准评定	

2)本任务学习信息反馈表

表 4.4.11

序 号	项目内容	评价结果
1	任务内容	偏多 合适 不够
2	时间分布	讲课时间
3		
4		
5		
6		

4.4.9 课外作业

一、判断题

1. 在数控车床上,编程原点只能设在零件的左端面与主轴回转中心线交点 O 上。 ( )

2. 槽类零件的加工只能用 G75 指令编程。 ( )

3. 切断、车槽时切削深度(背吃刀量)等于切断刀的刀头长度。 ( )

4. G01 直线插补指令在编程时不需要给定 F 值(进给速度)。 ( )

5. G75 指令中 R 含义与 G02/G03 指令中的 R 相同。 ( )

二、简答题

简述采用 G01 指令和 G75 指令编写槽类零件的区别。

三、编程题及拓展题

毛坯为 ϕ30 mm 的棒料，材料为 45 钢，要求完成零件的数控加工，车削尺寸如图 4.4.5 所示。采用 G75 指令程序。

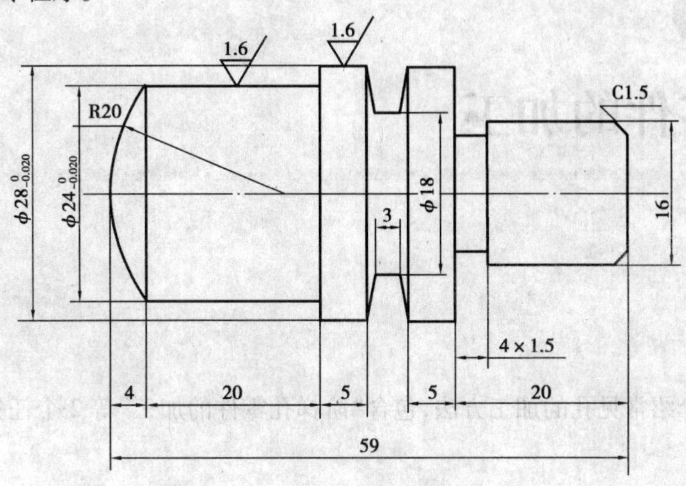

图 4.4.5

表 4.4.12

姓名		工件号		总成绩	
序号	考核要求	配分	评分标准	实测结果	得　分
1	$\phi28^{0}_{-0.02}$	10	超差 0.01 mm，扣 2 分		
2	$\phi24^{0}_{-0.02}$	10	超差 0.01 mm，扣 2 分		
3	$\phi18$	10	超差 0.01 mm，扣 2 分		
4	$\phi16^{0}_{-0.01}$	10	超差 0.01 mm，扣 2 分		
5	59	10	超差 0.01 mm，扣 2 分		
6	5	10	超差 0.02 mm，扣 2 分		
7	20	10	超差 0.02 mm，扣 2 分		
8	4×1.5	10	超差 0.01 mm，扣 2 分		
10	V 形槽	10	不合格，不得分		
11	$R20$	10	不合格，不得分		
12	文明操作	5	不合格，不得分		
13	工时额定	扣分	120 分钟内完成，超过 10 分钟内扣 5 分		

项目 5

内轮廓零件的加工

【项目概述】

本项目主要介绍常见孔的加工方法,包含"阶梯孔零件的加工"等 2 个任务。

【项目内容】

任务 5.1　阶梯孔零件的加工
任务 5.2　圆弧类零件的加工及循环指令的运用

【项目目标】

1. 掌握孔类零件的分类及作用;
2. 能够刃磨内孔车刀;
3. 熟练进行对刀、校验操作;
4. 熟练地用 G01 G00 指令编写内孔加工程序;
5. 能按照"现场 5S"要求,进行生产实习;
6. 能积极端正工作态度来完成工作任务;能有良好的团队协作精神和较强的集体荣誉感;能养成吃苦耐劳的良好品质和较强的安全责任意识。

任务 5.1　阶梯孔零件的加工

5.1.1　任务描述

①分析零件图 5.1.1,已知材料为 45 钢,毛坯尺寸为 $\phi35\times100$ mm,确定加工工序,编制加工程序并操作数控车床完成加工。

②明确该零件的关键技术要求及测量方法。

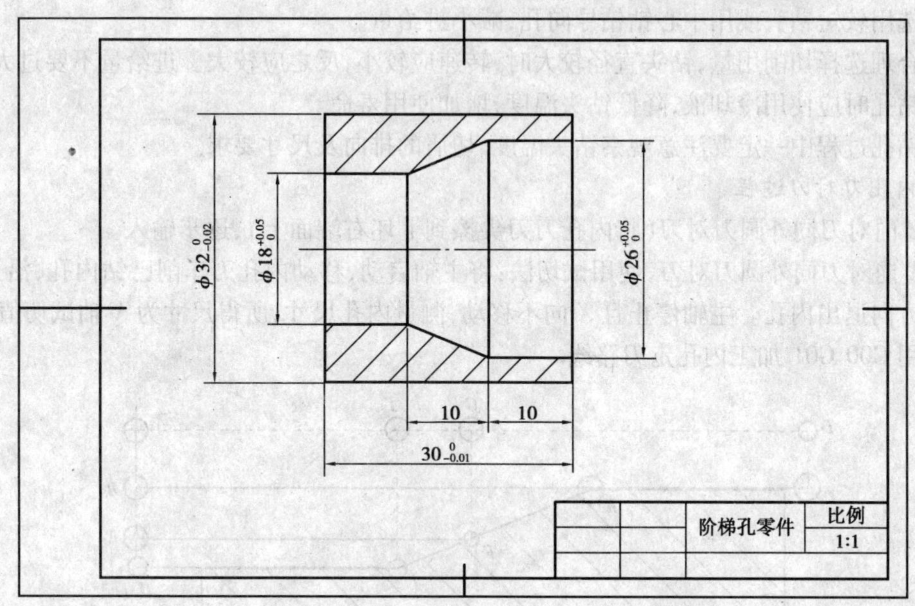

图5.1.1　阶梯孔零件加工图

5.1.2　知识目标

①掌握内孔的分类及特点；

②掌握用G00和G01指令加工阶梯孔的编程方法及走刀路线。

5.1.3　能力目标

①掌握内孔车刀的选用、安装及对刀方法；

②掌握钻孔的基本方法；

③掌握阶梯孔的加工方法。

5.1.4　相关知识学习

1）内孔车刀的分类

（1）通孔车刀

为了减小径向切削抗力，防止车孔时振动，通孔车刀切削部分的主偏角 Kr 应取得大些，一般为60°～75°，副偏角 Kr' 一般为15°～30°。为了防止内孔车刀后刀面和孔壁的摩擦又不使后角磨得太大，一般磨成两个后角 α_{01} 和 α_{02}，其中 α_{01} 取6°～12°，α_{02} 取30°左右。为了便于排屑，刃倾角 λs 取正值（前排屑）。

(2)盲孔车刀

盲孔车刀用来车削盲孔或阶台孔,它的主偏角 Kr 大于 90°,一般为 92°~95°,后角的要求和通孔车刀一样。不同之处是盲孔车刀刀尖在刀杆的最前端,车平底孔的车刀刀尖到刀杆外端的距离 a 小于孔半径 R,否则无法车平孔的底面。为了便于排屑,刃倾角 λs 取负值(后排屑)。

2)钻孔的方法

①钻孔前应车端面,中心不能留凸头。

②选用较短钻头或用中心钻钻导向孔,减小进给量。

③合理选择切削用量,钻头直径较大时,转速应较小,反之应较大。进给量不要过大。

④钻孔时应使用冷却液,降低钻头温度,增加使用寿命。

⑤钻孔过程中一定要注意观察钻头温度、切屑的排向及尺寸要求。

3)内孔刀对刀过程

①*Z* 向对刀同外圆刀对刀(将内孔刀刀尖擦到毛坯右端面上),逐步输入。

②*X* 向对刀同外圆刀对刀,使用试切法:将主轴启动,移动内孔刀车削已钻内孔,沿进刀方向相反方向退出内孔。主轴停止且 *X* 向不移动,测量内孔尺寸,所得尺寸为 *X* 轴试切值。

③用 G00 G01 加工内孔走刀路线。

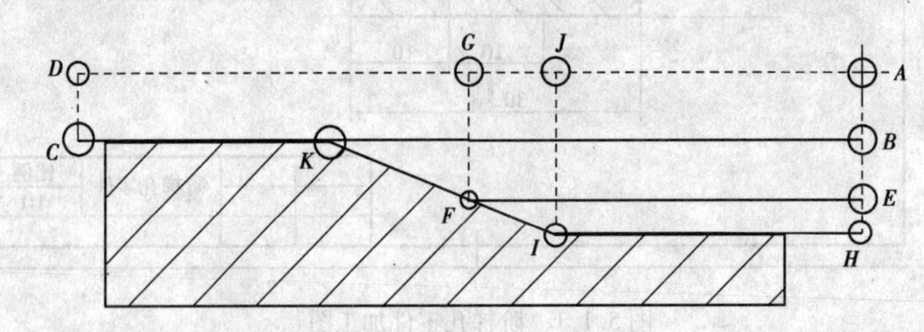

图 5.1.2

图 5.1.2 所示为采用矩形循环方式进行粗车的一般情况,其对刀点 *A* 设置在较远的位置,是考虑到 GOO 快速移动到靠近工件的安全位置,同时将起刀点与对刀点重合在一起。

按三刀粗车的走刀路线安排:第 1 刀为 $A \to B \to C \to D \to A$;第 2 刀为 $A \to E \to F \to G \to A$;第 3 刀为 $A \to H \to I \to J \to A$。

精加工走刀路线:$A \to H \to I \to K \to C \to D \to A$。

5.1.5 技能训练

1)任务工艺分析

(1)零件图分析

图 5.1.1 所示零件由阶梯状的内孔圆柱面组成,零件的尺寸精度要求一般。零件的外径尺寸从右至左依次增大。

(2)确定装夹方案

该零件为孔类零件,轴心线为工艺基准,加工外表面用三爪自定心卡盘夹持 $\phi35$ mm 外圆一次装夹完成加工。

(3)加工工艺路线设计

根据评分表准制定出加工工艺,填写加工工艺表格,见表 5.1.1 和表 5.1.2。

表 5.1.1 阶梯内孔零件加工工艺

数控加工工艺过程卡片								产品型号		零件图号			共1页
								产品名称	阶梯内孔	零件名称	阶梯内孔		第1页
材料牌号	45钢			毛坯种类		圆钢	毛坯尺寸		毛坯件数		1	备注	
工序	装夹	工步	工序内容	同时加工件数	切削用量		设备	工艺装备			技术等级	工时额定/min	
					余量/mm	速度/(mm·mm[-1])		夹具	刃具	量具		准备终结时间	单件
1	三爪卡盘	1	车工件端面	1	0.5	50	数车	三爪卡盘	45°车刀	卡尺	IT14	10	5
		2	粗车外形留精加工余量	1	0.5	80	数车	三爪卡盘	90°车刀	千分尺	IT14	10	10
		3	精车外形至尺寸	1	0	60	数车	三爪卡盘	90°车刀	千分尺	IT7	10	5
		4	粗车内孔留精加工余量	1	0.5	60	数车	三爪卡盘	75°车刀	千分尺	IT2	10	5
		5	粗车内孔留精加工余量	1	0.5	60	数车	三爪卡盘	75°车刀	千分尺	IT4	10	5
		6	切断保证总长	1	0	30	数车	三爪卡盘	4mm 切刀	卡尺	IT14	10	5
编制			审核			批准							

表 5.1.2　内孔车削工艺过程

工序	工步	加工内容	加工图形效果	车　刀
车	1	车端面		45°车刀
	2	粗车外圆 $\phi32$ 留精加工余量		90°车刀
	3	精车外圆 $\phi32$ 至尺寸		90°车刀
	4	钻孔		$\phi15$ 钻头
	5	内孔加工		内孔刀

续表

工序	工步	加工内容	加工图形效果	车刀
	6	切断		切刀 4 mm

(4)工量刃具选择

工具刃具清单见表 5.1.3。

表 5.1.3　工量刃具准备清单

序号	名称	规格	数　量	功　能
1	游标卡尺	0 ~ 150 mm	1 把/组	测量长度
2	外径千分尺	0 ~ 25 mm	1 把/组	测量直径
3	外径千分尺	25 ~ 50 mm	1 把/组	对刀,测量直径
4	外圆车刀	90°	2 把/组	粗精车外圆
5	外圆车刀	45°	1 把/组	粗精车端面
6	切断刀	4 mm	1 把/组	切断
7	内孔车刀	75°	2 把/组	粗精车内孔
8	卡盘扳手		1 把/组	
9	夹头扳手		1 把/组	
10	垫刀块		若干	
11	毛坯	$\phi35 \times 100$ mm	1 根/人	

(5)程序编制

图 5.1.1 工件原点设在零件的右端面,程序见表 5.1.4 和表 5.1.5。

表 5.1.4

程序号	程序　O0001;	程序说明:加工外形
N10	M03　S600　T0101;	换 1 号刀
N20	G00　X100.0　Z50.0;	到达安全位置
N30	G00　X35.0　Z2.0	到达粗车外形循环起点
N40	G71　U2　R1　F100	G71 格式
N50	G71　P1　Q2　U1　W0.5	
N60	N1　G01　X0　Z0　F80	精加工轨迹
N70	X32.0	
N80	N2　Z -34.0	
N90	G70　P1　Q2	精车外形
N100	G0　X100.0　Z50.0	回到安全位置
N110	M30	程序结束

表 5.1.5

程序号	程序	O0002;	程序说明:内孔加工
N120	M03　S600　T0202;		换2号刀
N130	G00　X100.0　Z50.0;		到达安全位置
N140	G00　X14.0　Z2.0		到达粗车外形循环起点
N150	G00　X17.0		用G00和G01粗加工内孔
N160	G01　Z-34.0　F60		
N170	G00　X14.0		
N180	G00　Z2.0		
N190	G00　X20.0		
N200	G01　Z-17.57		
N210	G00　X14.0		
N220	G00　Z2.0		
N230	G00　X23.0		
N240	G01　Z-13.84		
N250	G00　X14.0		
N260	G00　Z2.0		
N270	G00　X25.0		
N280	G01　Z-11.35		
N290	G00　X14.0		
N300	G00　Z2.0		
N310	G00　X26.0		G00和G01精加工内孔
N320	G01　Z-10.0　F40		
N330	G01　X18.0　Z-20.0		
N340	G01　Z-34.0		
N350	G00　X14.0		
N360	G00　X2.0		
N370	G0　X100.0　Z50.0		回到安全位置换刀
N380	S300　T0303		换切刀切断
N390	G00　X36.0　Z-34.0		
N400	G75　R1		
N410	G75　X0　Z-34.0　P3　F30		
N420	G00　X100.0　Z50.0		回到安全位置
N430	M30		程序结束

(6)仿真加工

①进入仿真系统,选取相应的机床和系统,然后进行开机、回零等操作。

②选择工件毛坯尺寸为 $\Phi35\times100$ mm,然后装夹在三爪卡盘上。

③选择外圆车刀、切刀,分别安装至规定位置。

④输入程序,然后进行程序效验。

⑤对刀。

⑥自动运行,加工零件。

⑦检查零件,总结。

(7)车间实际加工

通过仿真加工及确定零件程序的正确性后,在实训车间对该零件进行实际操作加工。加工顺序如下:

①零件的夹紧。

零件的夹紧操作要注意夹紧力与装夹部位,对毛坯的夹紧力可大些;对已加工表面,夹紧力就不可过大,以防止夹伤零件表面,还可用铜皮包住表面进行装夹;对有台阶的零件尽量让台阶靠着卡爪端面装夹;对带孔的薄壁件需用专用夹具装夹,以防止变形。

②刀具的装夹。

a. 根据加工工艺路线分析,选定被加工零件所用的刀具号,按加工工艺的顺序安装;

b. 选定 1 号刀位装上第一把刀,注意刀尖的高度要与对刀点重合;

c. 手动操作控制面板的"刀架旋转"按钮,然后依次将加工零件的刀具装夹到相应的刀位上。

③程序录入。

④程序校验:使用数控机床轨迹仿真功能对加工程序进行检验,正确进行数控加工仿真的操作,完成零件的仿真加工。

⑤对刀:用试切法对刀步骤逐一操作。

⑥自动加工:按自动键,同时按下单段键,调整好快速进给倍率和切削倍率,按循环启动键进行自动加工,直至零件加工完成。若加工过程中出现异常,可按复位键,严重的须及时按下急停键或直接切断电源。

⑦零件检测:利用游标卡尺、外径千分尺、内径千分尺、表面粗糙度工艺样板等量具测量工件,学生对自己加工的零件进行检测,按照评分标准逐项检测并做好记录。

表 5.1.6　阶梯孔评分标准

姓名		工件号		总成绩	
序号	考核要求	配分	评分标准	实测结果	得分
1	$\phi32_{-0.02}^{\ 0}$	10	超差 0.01 mm,扣 2 分		
2	$\phi18_{\ 0}^{+0.05}$	15	超差 0.01 mm,扣 2 分		
3	$\phi26_{\ 0}^{+0.05}$	15	超差 0.01 mm,扣 2 分		
4	$30_{-0.01}^{\ 0}$	10	超差 0.01 mm,扣 2 分		
5	10 两处	20	超差 0.01 mm,扣 2 分		

续表

序号	考核要求	配分	评分标准	实测结果	得分
6	内孔表面 R_a,3 处	15	超差 0.01 mm,扣 2 分		
7	外表面 R_a3.2	5	不合格,不得分		
8	倒棱 2 处	5	不合格,不得分		
9	文明操作	5	不合格,不得分		
10	工时额定	扣分	2 小时内完成,超过 10 分钟内扣 5 分		

5.1.6 知识链接:对内孔进行加工前需选择相应的钻头钻孔

1)麻花钻的组成

①柄部:用于夹持钻头切削时可传递转矩,分为直柄和锥柄。

②颈部:较大的颈部用来标注钻头直径商标牌号。

③工作部分:由切削部分和导向部分组成,起切削和导向作用。

2)工作部分的几何形状

①螺旋槽:构成切削刃排屑通入切削液。

②螺旋角(β):标准麻花钻的螺旋角为 18°~30°,靠近外缘处的螺旋角最大,靠近钻头中心处最小。

③前刀面:切削部分的螺旋槽面,切屑由此面排出。

④主后刀面:钻头的螺旋圆锥面,与工件过渡表面相对。

⑤主切削刃:前刀面与主后刀面的交线,麻花钻有两个主切削刃。(授课时利用自制的麻花钻模型或实物讲解,用直观教学手段突破此难点加深学生的理解)

⑥顶角($2K_r$):两主切削刃之间的夹角,$2K_r = 118°$。

$2K_r = 118°$,两主切削刃为直线。

$2K_r > 118°$,两主切削刃为凹曲线,定心差,主切削刃短。

$2K_r < 118°$,两主切削刃为凸曲线,定心好,主切削刃长。

⑦前角 γ_0:麻花钻前角的大小与螺旋角、顶角、钻心直径有关,靠近钻头外缘处前角最大,自外缘向中心逐渐减小,在 1/3 钻头直径处以内为负值前角,变化范围为 -30°~30°。

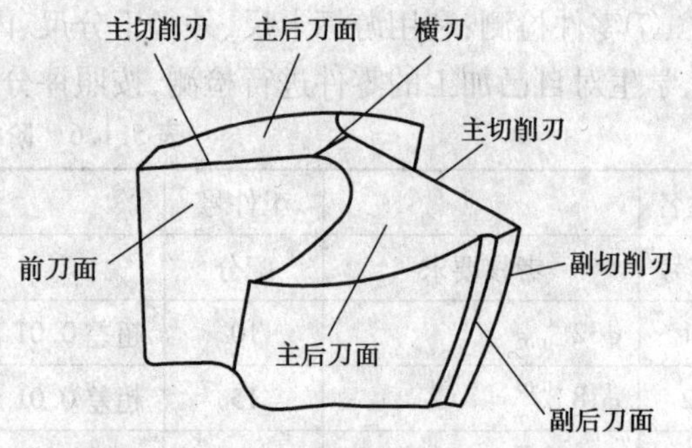

图 5.1.3 麻花钻的几何要素

⑧后角 α_0:麻花钻的后角是变化的,靠近外缘处最小,接近中心处最大,变化范围为 8°~14°。

⑨横刃:两主切削刃的连线,(主后刀面的交线)。钻削时大部分轴向力是由横刃产生的。横刃太短影响钻头的强度,太长会增大轴向力。

⑩横刃斜角 ψ:在垂直于钻头直径的平面投影中,横刃与主切削刃之间所夹的锐角,其大

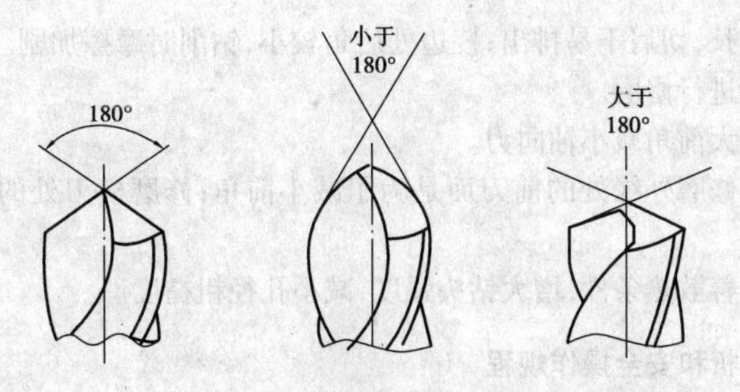

图5.1.4　麻花钻顶角正负的判别

小与后角有关。后角增大时,横刃斜角减小,横刃变长。后角减小时,情况相反,横刃斜角大小一般为55°。

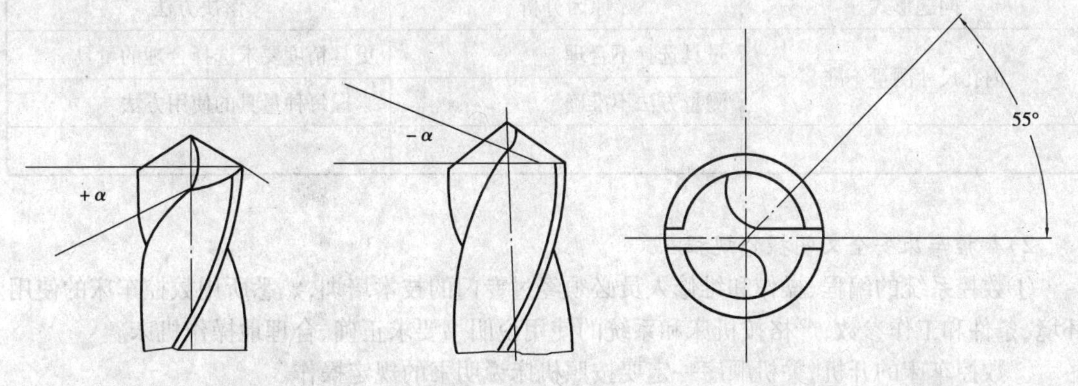

图5.1.5　麻花钻后角大小的判别　　　　图5.1.6　横刃斜角

⑪棱边(刃带):也叫副切削刃,钻头的导向部分可保持钻削的方向、修光孔壁及担负部分切削工作,为减小与孔壁的摩擦,导向部分带有锥度(倒锥形刃带构成了麻花钻的副偏角)。

3)麻花钻的刃磨和修磨

刃磨麻花钻是本专业要掌握的基本技能之一,刃磨质量的高低直接影响钻孔的质量和工作效率。

(1)刃磨要求

①两条主切削刃长短一致对称(夹角为118°)。

②后角正确(防止磨出副后角)。

③横刃斜角为55°。

(2)刃磨要领

①钻刃摆平轮面靠,钻柄左斜出顶角。右手握住麻花钻前端作支点,左手紧握顶部;钻柄向左倾斜使麻花钻轴心线与砂轮外圆柱面素线在水平面内的夹角为顶角的一半。

②由刃向背磨后面,转动、摆动尾不翘。刃磨时,以麻花钻前端支点为圆心,右手缓慢使钻头绕其轴线由下向上转动,同时施加适当的压力,右手配合左手的向上摆动并作缓慢的同步下压运动(带有转动),磨出后角。下压的速度和幅度应和后角大小有关系,左手的摆动太大,容易磨出负值后角和将另一侧主切削刃磨去。

(3)麻花钻的修磨

主切削刃上各点的前角变化大(30° ~ −60°),切削条件较差;横刃过长,轴向力增大,定心较差;主切削刃过长,切屑不易排出;棱边处后角较小,钻削时摩擦加剧。所以为改善上述弊病,必须要对麻花钻进行修磨。

①修磨横刃:增大前角减小轴向力。

②修磨前刀面:修磨外缘处的前刀面是为了减小前角;修磨横刃处的前刀面是为了增大前角。

③双重刃磨:改善散热条件,增大钻头强度,减小孔径粗糙度。

5.1.7 质量分析和安全操作规程

1)台阶孔车削过程中容易产生的问题、原因及解决方法

表 5.1.7

问题形式	原因分析	解决方法
内孔尺寸测量不准	量具选择不合理	更具精度要求选择合理的量具
	测量方法不准确	掌握每种量具的使用方法

2)数控车床安全文明操作规程

①数控系统的编程、操作和维修人员必须经过专门的技术培训,熟悉所用数控车床的使用环境、条件和工作参数,严格按机床和系统的使用说明书要求正确、合理地操作机床。

②数控车床的开机、关机顺序一定要按照机床说明书的规定操作。

③主轴启动开始切削之前一定关好防护罩门,程序正常运行中严禁开启防护罩门。

④机床在正常运行时不允许打开电气柜的门。

⑤加工程序必须经过严格检验后方可进行操作运行。

⑥手动对刀时,应注意选择合适的进给速度:手动换刀时,主轴距工件要有足够的换刀距离不至于发生碰撞。

⑦加工过程中,如出现异常现象,可按下"急停"按钮,以确保人身和设备的安全。

⑧机床发生事故,操作者注意保留现场,并向指导老师如实说明情况。

⑨经常润滑机床导轨,做好机床的清洁和保养工作。

5.1.8 成绩鉴定和信息反馈

1)本任务学习成绩鉴定办法

表 5.1.8

序号	项目内容	分值	评分标准	得 分
1	课题课堂练习表现、劳动态度和安全文明生产	15	按数控车工操作要求评定为:ABCD 和不及格五个等级。其中 A:优秀;B:良好;C:中;D:及格	
2	操作技能动作规范	25		
3	项目任务制作成绩	60	按项目练习课题评分标准评定	

2)本任务学习信息反馈表

表5.1.9

序号	项目内容	评价结果
1	任务内容	偏多 合适 不够
2	时间分布	讲课时间
3		
4		
5		
6		

5.1.9　课外作业

一、填空题。

1.一个完整的程序一般有______、______和______三部分组成。

2.G71 指令格式中 Δd 为______，Δu 为______；G72 指令格式中 Δd 为______，Δw 为______。

3.沿刀具运动方向看刀具在工件左侧时，称为刀具半径______补偿，用______指令表示。刀具在工件右侧时，称为刀具半径______补偿，用______指令表示。

4.外圆/内孔复合粗车循环是______指令。

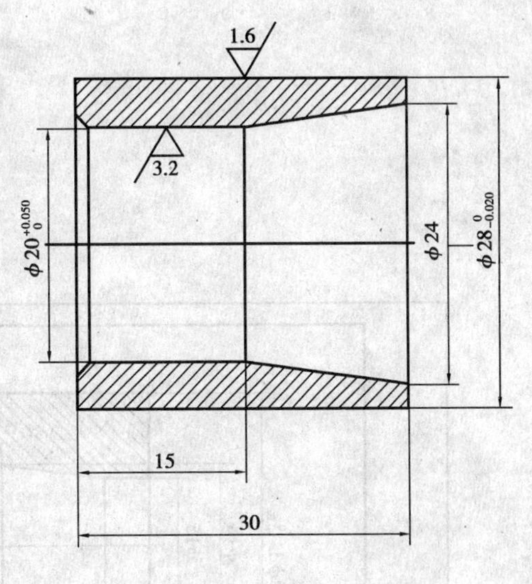

图5.1.7

二、编程题及拓展题

毛坯为 ϕ30 mm 的棒料，材料为45钢，要求完成零件的数控加工，车削尺寸如图。

表5.1.10

姓名		工件号		总成绩	
序号	考核要求	配　分	评分标准	实测结果	得　分
1	$\phi28_{-0.02}^{0}$	10	超差0.01 mm,扣2分		
2	$\phi20_{0}^{+0.05}$	15	超差0.01 mm,扣2分		
3	ϕ24	15	超差0.01 mm,扣2分		
4	内孔锥度	10	超差0.01 mm,扣2分		
5	15	10	超差0.01 mm,扣2分		
6	30	10	超差0.01 mm,扣2分		
7	内孔表面 R_a,3处	15	超差0.01 mm,扣2分		
8	外表面 R_a3.2	5	不合格,不得分		
9	倒棱2处	5	不合格,不得分		
10	文明操作	5	不合格,不得分		
11	工时额定	扣分	2小时内完成,超过10分钟内扣5分,		

任务5.2　成形面孔类零件的加工

5.2.1　任务描述

①分析零件图5.2.1,已知材料为45钢,毛坯尺寸为$\phi35\times100$ mm,确定加工工序,编制加工程序并操作数控车床完成加工。

②明确该零件的关键技术要求及测量方法。

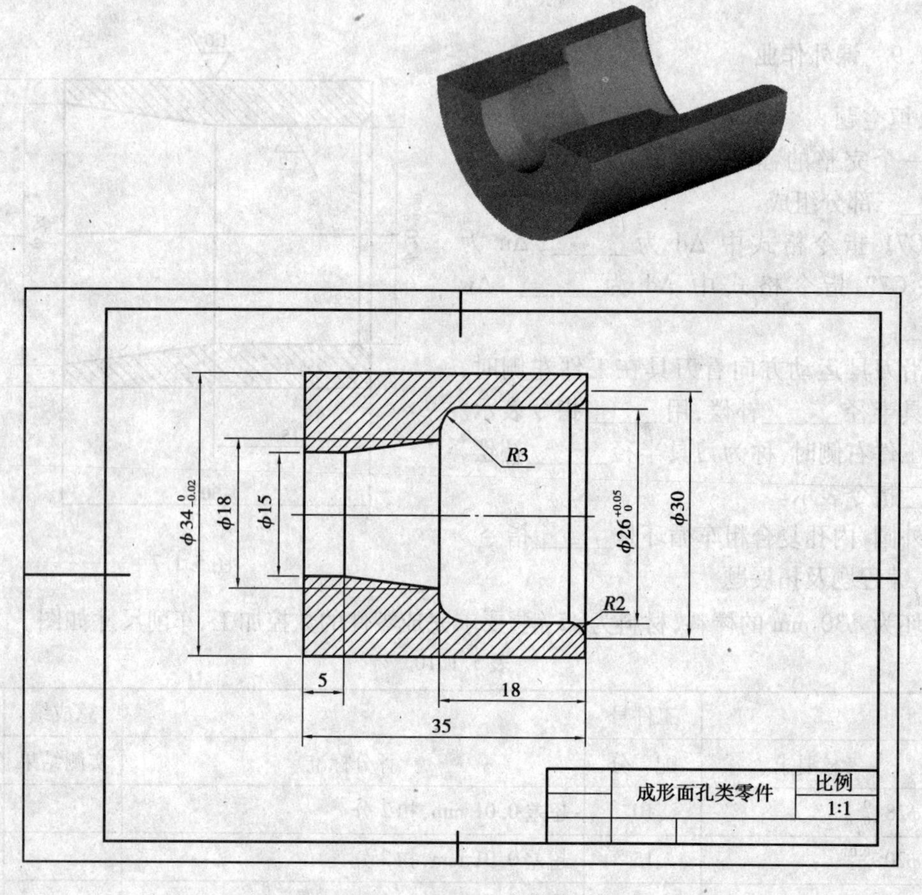

图5.2.1　成形面孔类零件图

5.2.2　知识目标

①内孔加工中G02/G03圆弧的判定;

②G71/G70内孔循环加工指令。

5.2.3　能力目标

①G71内孔循环起点确定办法;

②G71 内外圆循环加工的灵活应用。

5.2.4　相关知识学习

1)常见的广州数控车床采用的前置刀架,在加工内孔时判断 G02/G03 圆弧方法

前置刀架判断圆弧如图 5.2.2 所示。

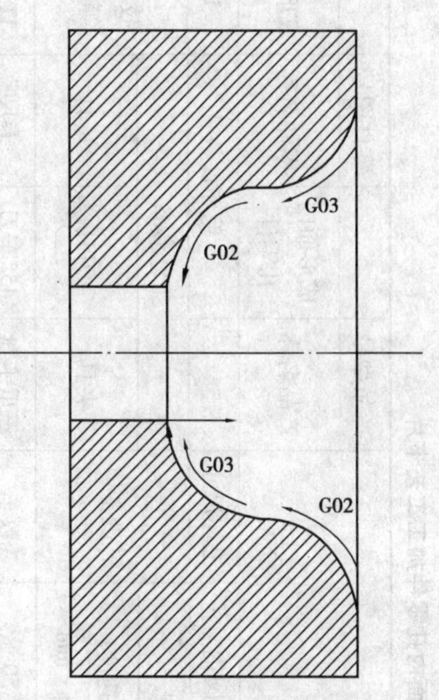

图 5.2.2　前置刀架判断圆弧

2)G71 内孔循环加工指令

(1)G71 循环指令格式

```
G0   X    Z
G71 U(Δd) R(e)    F    S    T
G71 P(ns)    Q(nf) U(Δu) W(Δw)
N(ns).....;
N(nf)....;
```

(2)指令说明

X、Z:指 G71 循环指令的起点坐标,X 小于已钻孔尺寸;Z 在工件右端面的右侧。

Δd:粗车时 X 轴的切削量、半径值。

e:粗车时 X 轴的退刀量、半径值。

ns:精车轨迹的第一个程序段的程序段号。

nf:精车轨迹的最后一个程序段的程序段号。

Δu:X 轴的精加工余量、半径值。

Δw:Z 轴的精加工余量。

F:切削进给速度。

S:主轴转速。

T:刀具号、刀具偏置号。

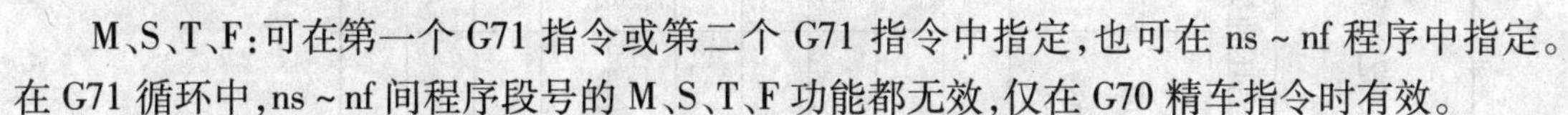
M、S、T、F:可在第一个 G71 指令或第二个 G71 指令中指定,也可在 ns ~ nf 程序中指定。在 G71 循环中,ns ~ nf 间程序段号的 M、S、T、F 功能都无效,仅在 G70 精车指令时有效。

3)G70 内孔精加工循环

G70 内孔精加工循环与同外圆循环的刀具和指令相同。

5.2.5　技能训练

1)任务工艺分析

(1)零件图分析

图 5.2.1 所示零件的尺寸精度要求一般。零件的外径尺寸从右至左依次增大。

(2)确定装夹方案

该零件为成形面孔类零件,轴心线为工艺基准,加工外表面用三爪自定心卡盘夹持 ϕ35 mm外圆一次装夹完成加工。

(3)加工工艺路线设计

根据评分表准制定出加工工艺,填写加工工艺表格,见表 5.2.1 和表 5.2.2。

表 5.2.1　成形面内孔零件加工工艺卡片

		数控加工工艺过程卡片						产品型号		零件图号			共 1 页
								产品名称	成形面内孔零件	零件名称	成形面内孔零件		第 1 页
材料牌号		45 钢		毛坯种类		圆钢	毛坯尺寸		毛坯件数		1	备注	
工序	装夹	工步	工序内容	同时加工件数	切削用量		设备	工艺装备			技术等级	工时额定/min	
					余量/mm	速度/(mm · mm^{-1})		夹具	刃具	量具		准备终结时间	单件
1	三爪卡盘	1	车工件端面	1	0.5	50	数车	三爪卡盘	45°车刀	卡尺	IT14	10	5
		2	粗车外形留精加工余量	1	0.5	80	数车	三爪卡盘	90°车刀	千分尺	IT14	10	10
		3	精车外形至尺寸	1	0	60	数车	三爪卡盘	90°车刀	千分尺	IT7	10	5
		4	粗车内孔留精加工余量	1	0.5	60	数车	三爪卡盘	75°车刀	千分尺	IT2	10	5
		5	粗车内孔留精加工余量	1	0.5	60	数车	三爪卡盘	75°车刀	千分尺	IT4	10	5
		6	切断保证总长	1	0	30	数车	三爪卡盘	4 mm 切刀	卡尺	IT14	10	5
编制			审核			批准							

表5.2.2　成形面内孔加工工艺过程

工序	工步	加工内容	加工图形效果	车　刀
车	1	车端面		45°车刀
	2	粗车外圆 ϕ32 留精加工余量		90°车刀
	3	精车外圆 ϕ32 至尺寸		90°车刀
	4	钻孔		ϕ15 钻头
	5	内孔加工		内孔刀

续表

工序	工步	加工内容	加工图形效果	车　刀
	6	切断		切刀 4 mm

(4)工量刃具选择

工量刃具清单见表5.2.3。

表5.2.3　工量刃具准备清单

序号	名　称	规　格	数　量	功　能
1	游标卡尺	0~150 mm	1把/组	测量长度
2	外径千分尺	0~25 mm	1把/组	测量直径
3	外径千分尺	25~50 mm	1把/组	对刀,测量直径
4	外圆车刀	90°	2把/组	粗精车外圆
5	外圆车刀	45°	1把/组	粗精车端面
6	切断刀	4 mm	1把/组	切断
7	内孔车刀	75°	2把/组	粗精车内孔
8	卡盘扳手		1把/组	
9	夹头扳手		1把/组	
10	垫刀块		若干	
11	毛坯	ϕ35×100 mm	1根/人	
12	钻头	ϕ15×50 mm	1根/组	

(5)程序编制

图5.1.1工件原点设在零件的右端面,程序见表5.2.4和表5.2.5。

表5.2.4

程序号	程序	O0001;	程序说明:加工外形
N440	M03　S600　T0101;		换1号刀
N450	G00　X100.0　Z50.0;		到达安全位置
N460	G00　X35.0　Z2.0		到达粗车外形循环起点

续表

程序号	程序	O0001;	程序说明:加工外形
N470	G71　U2　R1　F100		G71 格式
N480	G71　P1　Q2　U1　W0.5		
N490	N1　G01　X0　Z0　F80		精加工轨迹
N500	X32.0		
N510	N2　Z-39.0		
N520	G70　P1　Q2		精车外形
N530	G0　X100.0　Z50.0		回到安全位置
N540	M30		程序结束

表5.2.5

程序号	程序	O0002;	程序说明:加工内孔,切断
N550	M03　S600　T0303;		换1号刀
N560	G00　X100.0　Z50.0;		到达安全位置
N570	G00　X14.0　Z2.0		到达粗车循环起点
N580	G71　U1.5　R1　F80		G71 格式
N590	G71　P1　Q2　U1　W0.5		
N600	N1　G01　X30.0　Z0　F60		精加工轨迹
N610	G02　X26.0　Z-2.0　R2		
N620	G01　Z-15.0		
N630	G03　X20.0　Z-18.0　R3		
N640	G01　X18.0		
N650	G01　X15.0　Z-30.0		
N660	N2　Z-39.0		
N670	G70　P1　Q2		精车外形
N680	G00　Z50.0		回到安全位置
N690	G00　X100.0		
N700	T0202　S300		换切刀切断
N710	G00　Z-39.0		
N720	G00　X37.0 G01　X1.0　F30		
N730	G01　X1.0　F30 G00　X100.0　Z50.0		
N740	M30		程序结束
N750			

(6)仿真加工

①进入仿真系统,选取相应的机床和系统,然后进行开机、回零等操作。

②选择工件毛坯尺寸为 $\phi35\times100$ mm,然后装夹在三爪卡盘上。

③选择外圆车刀、切刀,分别安装至规定位置。

④输入程序,然后进行程序效验。

⑤对刀。

⑥自动运行,加工零件。

⑦检查零件,总结。

(7)车间实际加工

通过仿真加工后,确定零件程序的正确性后,在实训车间对该零件进行实际操作加工。加工顺序如下:

①零件的夹紧。

零件的夹紧操作要注意夹紧力与装夹部位,对毛坯的夹紧力可大些;对已加工表面,夹紧力就不可过大,以防止夹伤零件表面,还可用铜皮包住表面进行装夹;对有台阶的零件尽量让台阶靠着卡爪端面装夹;对带孔的薄壁件需用专用夹具装夹,以防止变形。

②刀具的装夹。

a. 根据加工工艺路线分析,选定被加工零件所用的刀具号,按加工工艺的顺序安装;

b. 选定 1 号刀位装上第一把刀,注意刀尖的高度要与对刀点重合;

c. 手动操作控制面板的"刀架旋转"按钮,然后依次将加工零件的刀具装夹到相应的刀位上。

③程序录入。

④程序校验:使用数控机床轨迹仿真功能对加工程序进行检验,正确进行数控加工仿真的操作,完成零件的仿真加工。

⑤对刀:用试切法对刀步骤逐一操作。

⑥自动加工:按自动键,同时按下单段键,调整好快速进给倍率和切削倍率,按循环启动键进行自动加工,直至零件加工完成。若加工过程中出现异常,可按复位键,严重的须及时按下急停键或直接切断电源。

⑦零件检测:利用游标卡尺、外径千分尺、内径千分尺、表面粗糙度工艺样板等量具测量工件,学生对自己加工的零件进行检测,按照评分标准逐项检测并做好记录。

表 5.2.6　成形面内孔零件评分标准

姓名		工件号		总成绩	
序号	考核要求	配分	评分标准	实测结果	得　分
1	$\phi34_{-0.02}^{0}$	15	超差 0.01 mm,扣 2 分		
2	$\phi26_{0}^{0.05}$	15	超差 0.01 mm,扣 2 分		
3	$\phi15$	10	超差 0.01 mm,扣 2 分		
4	$\phi30$	10	超差 0.01 mm,扣 2 分		
5	18	10	超差 0.01 mm,扣 2 分		

续表

序号	考核要求	配分	评分标准	实测结果	得 分
6	35	10	超差0.01 mm,扣2分		
7	*R*3	10	不合格,不得分		
8	*R*2	10	不合格,不得分		
9	外表面 R_a3.2	5	不合格,不得分		
10	内表面 R_a6.4	5	不合格,不得分		
11	文明操作	10	不合格,不得分		
12	工时额定	扣分	2小时内完成,超过10分钟内扣5分。		

5.2.6 知识链接:进给功能F代码

指令格式:

F____ ;

注:当位置编码器的转速在1 r/min以下时,速度会出现不均匀的现象。如果不要求速度均匀地加工,可用1 r/min以下的转速。这种不均匀会达到什么程度,不能一概而论,不过在1 r/min以下,转速越慢,越不均匀。

F指令表示工件被加工时刀具相对于工件的合成进给速度,F的单位取决于G98(每分钟进给量,mm/min)或G99(主轴每转一转刀具的进给量,mm/r),F代码为模态指定。

图5.2.3中,F_x、F_z 分别为切削进给时 *X*、*Z* 轴的速度,*F* 为合成进给速度:

$$F = \sqrt{F_x^2 + F_z^2}$$

使用下式可以实现每转进给量与每分钟进给量的转化:

$$F_m = F_r \times S$$

式中 F_m——每分钟的进给量,mm/min;

F_r——每转进给量,mm/r;

S——主轴转数,r/min。

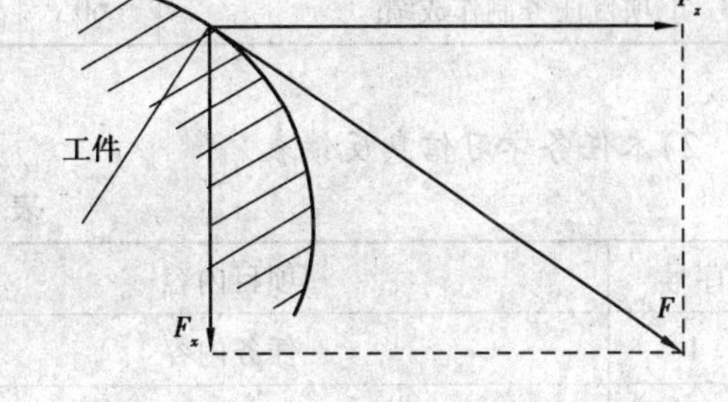

图5.2.3

借助机床控制面板上的倍率按键,可在一定范围内进行倍率修调。

5.2.7 质量分析和安全操作规程

1)台阶轴车削过程中容易产生的问题、原因及解决方法

表5.2.7

问题形式	原因分析	解决方法
由于量具测量局限无法测量深孔	量具自身缺陷	选择合理量具
		间接测量,用塞规代替量具

2)数控车床安全文明操作规程

①数控系统的编程、操作和维修人员必须经过专门的技术培训,熟悉所用数控车床的使用环境、条件和工作参数,严格按机床和系统的使用说明书要求正确、合理地操作机床。

②数控车床的开机、关机顺序一定要按照机床说明书的规定操作。

③主轴启动开始切削之前一定关好防护罩门,程序正常运行中严禁开启防护罩门。

④机床在正常运行时不允许打开电气柜的门。

⑤加工程序必须经过严格检验后方可进行操作运行。

⑥手动对刀时,应注意选择合适的进给速度:手动换刀时,主轴距工件要有足够的换刀距离不至于发生碰撞。

⑦加工过程中,如出现异常现象,可按下“急停”按钮,以确保人身和设备的安全。

⑧机床发生事故,操作者注意保留现场,并向指导老师如实说明情况。

⑨经常润滑机床导轨,做好机床的清洁和保养工作。

5.2.8 成绩鉴定和信息反馈

1)本任务学习成绩鉴定办法

表 5.2.8

序号	项目内容	分值	评分标准	得分
1	课题课堂练习表现、劳动态度和安全文明生产	15	按数控车工操作要求评定为:ABCD 和不及格五个等级。其中 A:优秀;B:良好;C:中;D:及格	
2	操作技能动作规范	25		
3	项目任务制作成绩	60	按项目练习课题评分标准评定	

2)本任务学习信息反馈表

表 5.2.9

序号	项目内容	评价结果
1	任务内容	偏多　合适　不够
2	时间分布	讲课时间
3		
4		
5		
6		

5.2.9 课外作业

一、判断题

1. 数控车床能加工轮廓形状复杂或难于控制尺寸的回转体。 (　　)

2. 复合循环指令 G71 和 G72 的运动轨迹是一样的。 (　　)

3. 为防止工件变形,加紧部位要与支撑件对应,如加工薄壁工件夹紧力尽量采用径向加紧。（　　）

4. 切削铸铁等脆性材料要加切削液。（　　）

5. 由中心向外圆进给车端面时容易造成端面车不平的现象。（　　）

二、编程题及拓展题

毛坯为 ϕ30 mm 的棒料,材料为 45 钢,要求完成零件的数控加工,车削尺寸如图 5.2.4 所示。

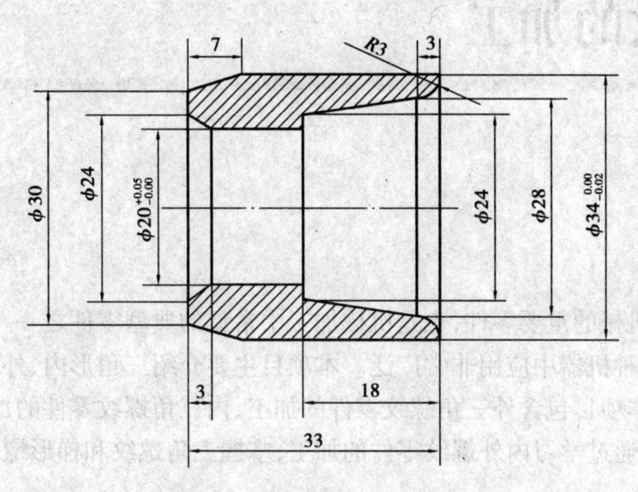

图 5.2.4

表 5.2.10

姓名		工件号		总成绩	
序号	考核要求	配分	评分标准	实测结果	得　分
1	$\phi34^{\ 0}_{-0.02}$	15	超差 0.01 mm,扣 2 分		
2	$\phi20^{0.05}_{0}$	15	超差 0.01 mm,扣 2 分		
3	ϕ24	10	超差 0.01 mm,扣 2 分		
4	18	10	超差 0.01 mm,扣 2 分		
5	33	10	超差 0.01 mm,扣 2 分		
6	R3	10	不合格,不得分		
7	外锥	10	不合格,不得分		
8	内锥	10	不合格,不得分		
9	外表面 R_a3.2	5	不合格,不得分		
10	内表面 R_a6.4	5	不合格,不得分		
11	文明操作	10	不合格,不得分		
12	工时额定	扣分	2 小时内完成,超过 10 分钟内扣 5 分。		

项目6
内外螺纹的加工

【项目概述】

螺纹是组成机械的重要零件,也是机械加工中常见的典型零件之一。它起着连接、传动和密封的作用,在各种机器中应用非常广泛。本项目主要介绍三角形内、外螺纹和外梯形螺纹零件的加工方法。本项目包含外三角螺纹零件的加工、内三角螺纹零件的加工、外梯形螺纹零件的加工3个任务,通过学习内外螺纹零件的加工,掌握三角螺纹和梯形螺纹的编程方法和加工方法。

【项目内容】

任务6.1　外三角螺纹零件的加工
任务6.2　内三角螺纹零件的加工
任务6.3　外梯形螺纹零件的加工

【项目目标】

1. 掌握内、外三角螺纹和外梯形螺纹的计算方法;
2. 学会使用G32、G92和G76等命令编制加工程序;
3. 能使用各种量具检测螺纹。

任务6.1　外三角螺纹零件的加工

6.1.1　任务描述

①分析零件图纸6.1.1,已知材料为45钢,毛坯尺寸为$\phi32\times95$ mm,确定加工工序,编制加工程序并操作数控车床完成加工。

②明确该零件的关键技术要求及测量方法。

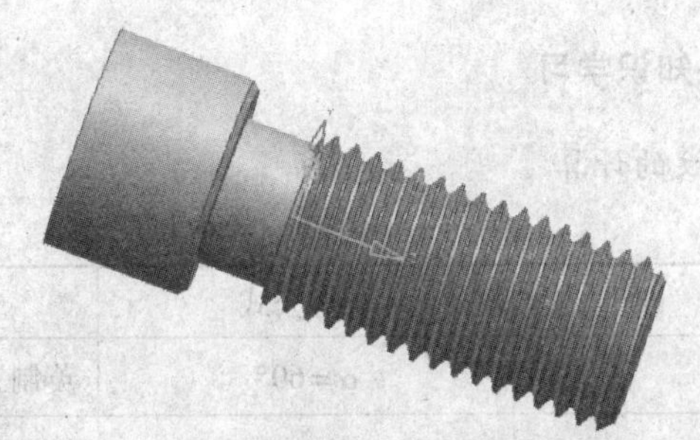

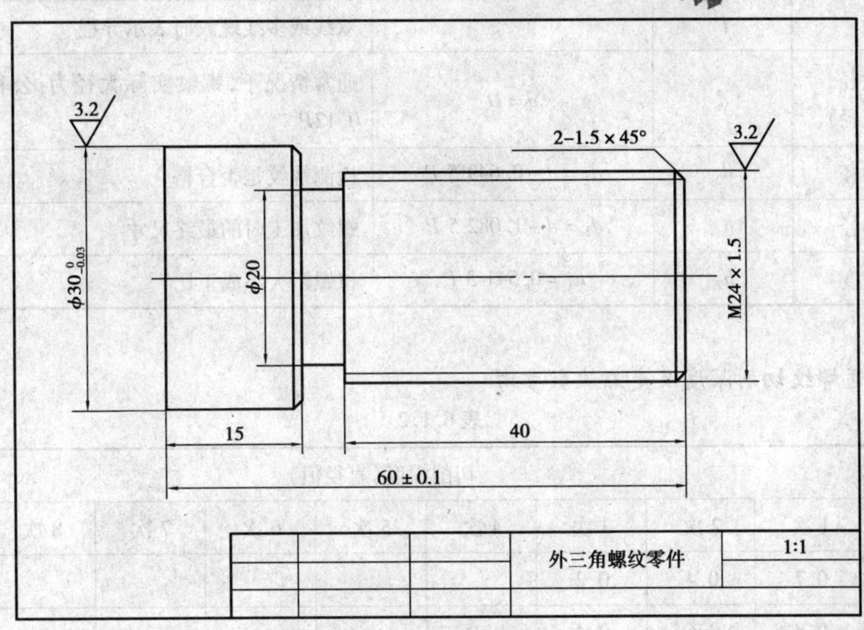

图6.1.1　外三角螺纹加工图

6.1.2　知识目标

①掌握外三角螺纹的计算方法；
②掌握G32车削外三角螺纹的编程方法。

6.1.3　能力目标

①掌握外三角螺纹车刀的选用、安装、对刀方法；
②掌握外三角螺纹零件的仿真方法；
③掌握外三角螺纹零件的加工方法；
④掌握外三角螺纹的检测方法。

6.1.4 相关知识学习

1)外三角螺纹的计算

表 6.1.1

基本参数	符号	计算公式	备注
牙型角	α	$\alpha=60°$	英制三角螺纹 $\alpha=55°$
螺距	P		双线或多线螺纹时表示导程
螺纹大径（公称直径）	d	$d=D$	通常情况下,螺纹实际大径为:公称直径 $-0.12P$
螺纹中径	d_2	$d_2=d-0.6495P$	检测螺纹是否合格
螺纹小径	d_1	$d_1=d-1.0825P$	螺纹加工时的最终尺寸
牙型高度	h_1	$h_1=0.5413P$	与螺距大小成正比

2)普通螺纹切削深度及走刀次数参考

表 6.1.2

螺距	切削深度(直径值)								
	1 次	2 次	3 次	4 次	5 次	6 次	7 次	8 次	9 次
1.0	0.7	0.4	0.2						
1.5	0.8	0.6	0.4	0.16					
2.0	0.9	0.6	0.6	0.4	0.1				
2.5	1.0	0.7	0.6	0.4	0.4	0.15			
3.0	1.2	0.7	0.6	0.4	0.4	0.4	0.2		
3.5	1.5	0.7	0.6	0.6	0.4	0.4	0.2	0.15	
4.0	1.5	0.8	0.6	0.6	0.4	0.4	0.4	0.3	0.2

由于普通三角螺纹常采用直进法加工,刀具接触面积会逐渐增加。所以在实际加工时切削深度采取逐渐减小的方式来控制其切削面积。

3)基本指令

(1)格式

G32 X(U)____ Z(W)____ F(I)____ J____ K____ Q____;

(2)说明

X(U)_、Z(W):目标点坐标值。

F:公制螺纹螺距。

I:英制螺纹每英寸牙数。

j:退尾时在短轴方向的移动量,带上正负号;如果短轴是 X 轴,该值为半径指定。

K:退尾时在长轴方向的长度,不能为负值;如果长轴是 X 轴,则该值为半径指定。

Q:起始角,指主轴一转信号与螺纹切削起点的偏移角度。

省略 J、K 则不退尾,省略 Q 则默认为起始角为 0 度。

4)外三角螺纹机架车刀及刀片

外螺纹机夹刀是应用最广泛的刀具之一,刀柄压紧部分为长方体,刀头处用螺纹固定刀片。不同型号的机床,选择刀杆的尺寸也有所不同。

外螺纹机夹刀片呈三角形形状,每个刀片有 3 个切削刃,切削刃的刀尖角与普通螺纹牙型角相同,为 60°,如图 6.1.2 所示。根据切削螺纹的螺距,刀尖还倒有 $R0.1 \sim R0.4$ 的圆角,以提高螺纹刀片的切削能力。

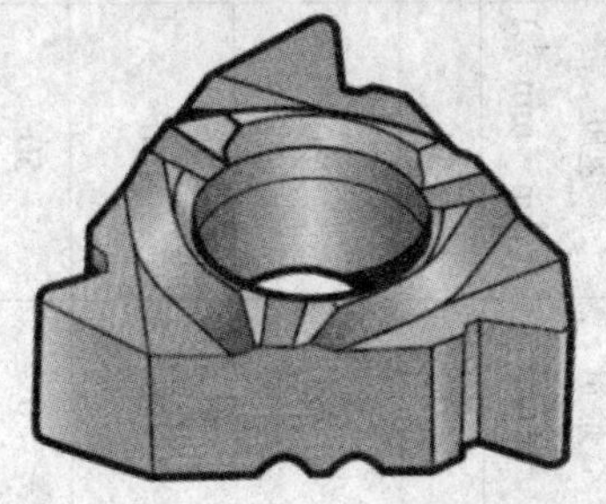

图 6.1.2

6.1.5　技能训练

1)任务工艺分析

(1)零件图分析

图 6.1.1 所示零件由外圆、端面、倒角、退刀槽和螺纹组成。$\phi30$ 外圆的尺寸精度要求较高,其他尺寸要求一般,粗糙度要求一般。零件的外径尺寸从右至左依次增大。

(2)确定装夹方案

该零件为轴类零件,轴心线为工艺基准,加工外表面用三爪自定心卡盘夹持 $\phi32$ mm 外圆,伸出长度 70 mm 左右,一次装夹完成加工,最后切断。

(3)加工工艺路线设计

根据评分表准制定出加工工艺,填写加工工艺表格,见表 6.1.3 和表 6.1.4。

表 6.1.3　台阶轴加工工艺卡片

	数控加工工艺过程卡片							产品型号		零件图号			共 1 页
								产品名称	外三角螺纹	零件名称	外三角螺纹		第 1 页
材料牌号	45 钢			毛坯种类		圆钢	毛坯尺寸		毛坯件数		1	备注	
工序	装夹	工步	工序内容	同时加工件数	切削用量		设备	工艺装备			技术等级	工时额定/min	
					余量/mm	速度/(mm · min^{-1})		夹具	刃具	量具		准备终结时间	单件
1	三爪卡盘	1	车工件端面	1	0	50	数车	三爪卡盘	90°车刀	无	IT14	10	5
		2	粗车外圆 Φ30、M24 外圆和倒角，留精加工余量	1	0.5	200	数车	三爪卡盘	90°车刀	卡尺	IT14	10	10
		3	精车外圆 Φ30、M24 外圆和倒角	1	0	150	数车	三爪卡盘	90°车刀	千分尺	IT7	10	10
		4	切退刀槽	1	0	50	数车	三爪卡盘	4 mm 切刀	卡尺	IT14	10	5
		5	车 M24 × 1.5 螺纹	1	0	1.5 mm/r	数车	三爪卡盘	外螺纹刀	环规	IT12	15	10
		6	切断保证总长	1	0	30	数车	三爪卡盘	4 mm 切刀	卡尺	IT11	10	5
编制			审核			批准							

表6.1.4　外三角螺纹零件车削工艺过程

工序	工步	加工内容	加工图形效果	车刀
车	1	车端面		90°车刀
	2	粗车外圆 $\Phi30$、M24 外圆和倒角，留精加工余量	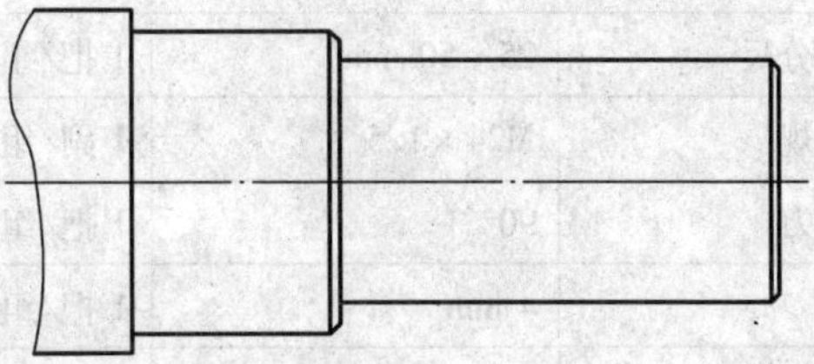	90°车刀
	3	精车外圆 $\Phi30$、M24 外圆和倒角	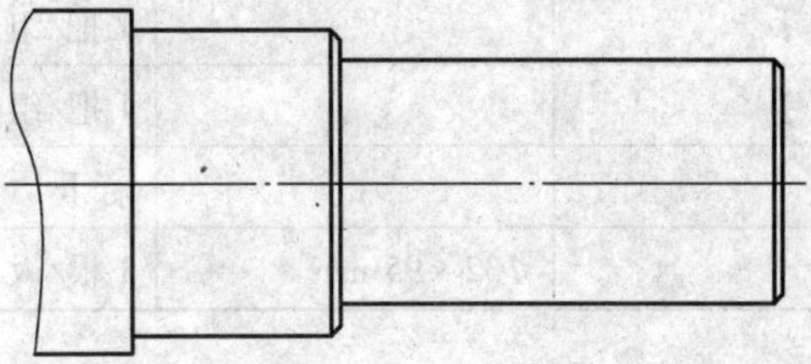	90°车刀
	4	切退刀槽	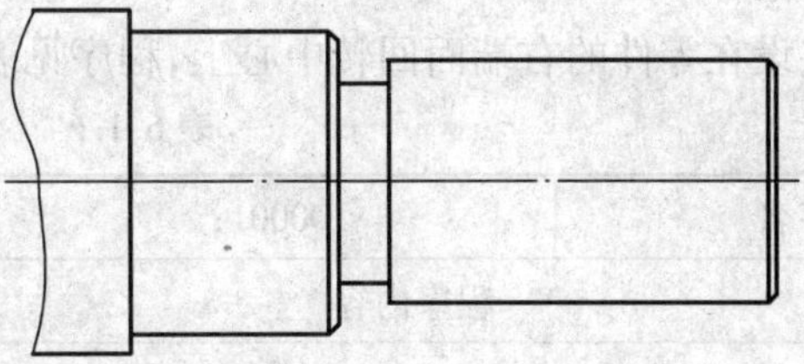	4 mm 切刀
	5	车 M24×1.5 螺纹	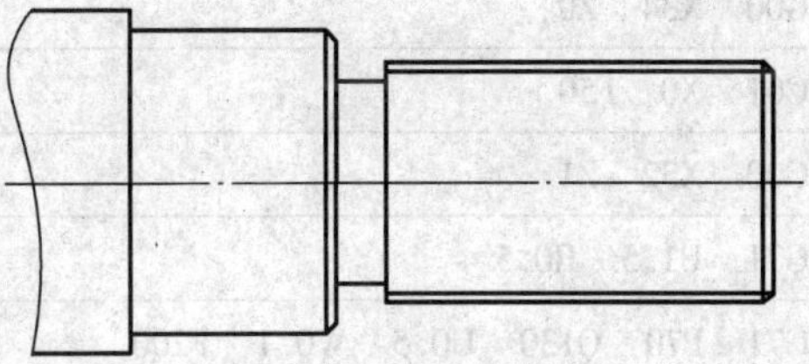	外螺纹刀
	6	切断	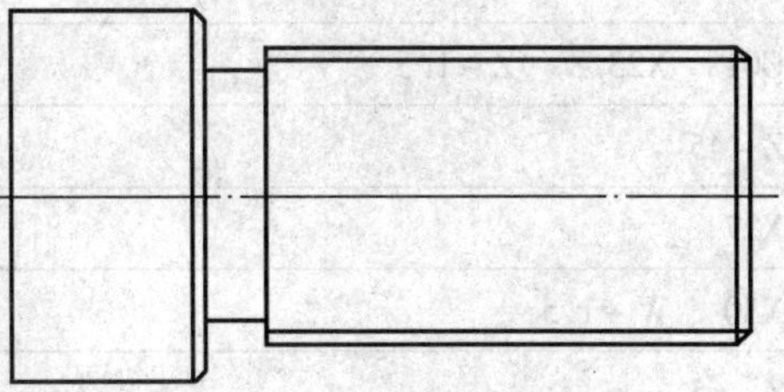	4 mm 切刀

(4)工量刃具选择

工量刃具清单见表6.1.5。

表 6.1.5　工量刃具准备清单

序号	名称	规格	数量	功能
1	游标卡尺	0 ~ 150 mm	1 把/组	测量长度
2	外径千分尺	0 ~ 25 mm	1 把/组	测量直径
3	外径千分尺	25 ~ 50 mm	1 把/组	对刀,测量直径
4	螺纹环规	M24 × 1.5	1 副/组	综合测量螺纹
5	外圆车刀	90°	1 把/组	粗精车外圆
6	切刀	4 mm	1 把/组	切槽、切断
7	外螺纹刀	60°	1 把/组	车螺纹
8	卡盘扳手		1 把/组	装夹工件
9	夹头扳手		1 把/组	装夹刀具
10	垫刀块		若干	
11	毛坯	Φ32 × 95 mm	1 根/人	

(5)程序编制

工件原点设在零件的右端面回转中心上,程序见表 6.1.6。

表 6.1.6

程序名	O0001;	程序说明
程序段号	程序内容	
N10	M03　S600　T0101;	换 1 号外圆刀,主轴正转 600 r/min
N20	G00　X34　Z0;	到起刀点
N30	G01　X0　F50	车端面
N40	G00　X32　Z1	退刀至粗车循环起点
N50	G71　U1.5　R0.5	设定粗车时的切削用量、粗车程序起止段号
N60	G71　P70　Q130　U0.5　W0.1　F200	
N70	G01　X20.8　Z0　S1000　F150	设定粗车轮廓,精车轮廓和精车时的切削用量
N80	G01　X23.8　Z-1.5	
N90	Z-45	
N100	X27	
N110	X30　W-1.5	
N120	Z-65	
N130	X32	
N140	G70　P70　Q130	设定精车起止段号
N150	G00　X100　Z50	退刀至安全位置

续表

程序名	O0001；	程序说明
程序段号	程序内容	
N160	T0202	换切槽刀
N170	S400	变速 400 r/min
N180	G00　X32　Z－44	快速定位至切槽起点
N190	G75　R0.5	切退刀槽
N200	G75　X20　Z－45　P4000　Q3000　F50	
N210	G00　X100　Z50	退刀至安全位置
N220	T0303	换外螺纹车刀
N230	S800	变速 800 r/min
N240	G00　X23.2　Z5	快速定位至螺纹加工起点
N250	G32　X23.2　Z－42　F1.5	螺纹加工第一刀，切深 0.8
N260	G00　X26	退刀
N270	Z5	返回至螺纹加工起点
N280	X22.6	进刀至螺纹加工第二刀起点
N290	G32　X22.6　Z－42　F1.5	螺纹加工第二刀，切深 0.6
N300	G00　X26	退刀
N310	Z5	退刀至螺纹加工起点
N320	X22.2	进刀至螺纹加工第三刀起点
N330	G32　X22.2　Z－42　F1.5	螺纹加工第三刀，切深 0.4
N340	G00　X26	退刀
N350	Z5	退刀至螺纹加工起点
N360	X22.04	进刀至螺纹加工第四刀起点
N370	G32　X22.04　Z－42　F1.5	螺纹加工第四刀，切深 0.16
N380	G00　X26	退刀
N390	G00　X100　Z50	退刀至安全位置
N400	T0202	换切断刀
N410	S400	变速 400 r/min
N420	G00　X35　Z－64	快速定位至切刀起点
N430	G01　X0　F30	切断
N440	G04　P2000	暂停 2 s
N450	G00　X100　Z50	退刀至安全位置
N460	M05	主轴停
N470	M30	程序结束

(6)仿真加工

①进入仿真系统,选取相应的机床和系统,然后进行开机、回零等操作。

②选择工件毛坯尺寸为 $\Phi32\times95$ mm,然后装夹在三爪卡盘上。

③选择外圆车刀、切刀和外螺纹刀,分别安装至规定位置。

④输入程序,然后进行程序效验。

⑤对刀。

⑥自动运行,加工零件。

⑦检查零件,总结。

(7)车间实际加工

通过仿真加工后，确定零件程序的正确性后，在实训车间对该零件进行实际操作加工。加工顺序如下：

①零件的夹紧:用三爪卡盘夹持工件外圆,伸出长度为 70 mm 左右。注意观察工件是否夹紧、工件是否夹正。

②刀具的装夹。

a. 将外圆车刀装在 1 号刀位。注意观察中心高是否正确、主偏角是否合理。

b. 将切刀装在 2 号刀位,注意观察中心高是否正确,主切削刃是否与主轴回转中心平行。

c. 将外螺纹车刀装在 3 号刀位,装刀时使用对刀样板,将刀具装正。

③程序录入:仔细对照程序单,输入程序。

④程序校验:使用数控机床轨迹仿真功能对加工程序进行检验,正确进行数控加工仿真的操作,完成零件的仿真加工。

⑤对刀:用试切法对刀步骤逐一操作。

⑥自动加工:按自动键,同时按下单段键,调整好快速进给倍率和切削倍率,按循环启动键进行自动加工,直至零件加工完成。若加工过程中出现异常,可按复位键,严重的须及时按下急停键或直接切断电源。

⑦零件检测:利用游标卡尺、外径千分尺、螺纹环规、表面粗糙度工艺样板等量具测量工件,学生对自己加工的零件进行检测,按照评分标准逐项检测,并做好记录。

表 6.1.7　螺纹轴评分标准

姓名		工件号		总成绩	
序号	考核项目	配分	评分标准	实测结果	得分
1	$\phi30_{-0.02}^{0}$	20	超差 0.01 mm,扣 2 分		
2	$\phi20$	10	不合格不得分		
3	M24×1.5	25	酌情扣分		
4	40	6	不合格不得分		
5	15	4	不合格不得分		
6	60±0.1	16	超差 0.05,扣 1 分		
7	$R_a3.2$(2 处)	8	一处不合格扣 4 分		
8	1.5×45°(2 处)	4	一处不合格扣 2 分		
9	倒棱 2 处	2	一处不合格扣 1 分		
10	文明操作	5	不合格,不得分		
11	工时额定	扣分	4 小时内完成,超过 5 分钟内扣 1 分,10 分钟内扣 2 分,以此类推		

6.1.6　知识链接:G32 加工锥度螺纹

示例:加工如图 6.1.3 所示螺纹。螺距 $P=2$ mm;$A=3$ mm,$B=2$ mm;总切深 2 mm;分两次切入。

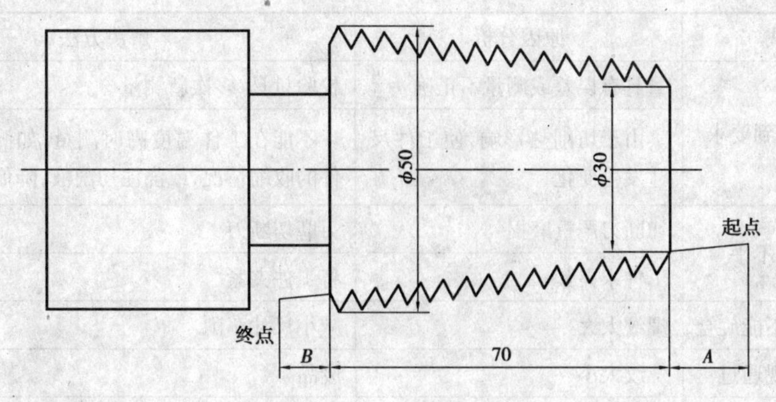

图 6.1.3

程序编制见表 6.1.8。

表 6.1.8

程序段号	程序内容	备注
N10	T0303　M3　S600	选择螺纹刀,主轴正转 600 r/min
N20	G00　X28　Z3	快速定位至螺纹加工第一刀起点
N30	G32　X51　Z-72　F2	锥螺纹第一次切削
N40	G00　X55	刀具退出
N50	Z3	Z 轴返回起点
N60	X27	快速定位至螺纹加工第二刀起点
N70	G32　X50　Z-72　F2	锥螺纹第二次切削
N80	G00　X55	刀具退出
N90	G00　X100 Z50	返回安全位置
N100	M30	程序结束

用 G32 指令在数控车床上加工圆锥螺纹时,要充分考虑加工螺纹时 Z 方向起刀点与退刀点的距离。将其距离相加后带入计算,这样才能保证圆锥螺纹的正确。G32 在执行加工过程中,刀具移动的路线应与螺纹的母线相同。

6.1.7 质量分析

1)外三角螺纹零件车削过程中容易产生的问题、原因及解决方法

表 6.1.9

问题形式	原因分析	解决方法
尺寸精度达不到要求	量具有误差或测量不正确	校验量具,多次新测量
	由于切削热影响,使工件尺寸发生变化	不能在工件温度高时测量,如测量应掌握工件的收缩情况,或浇注切削液,降低工件温度。
切断后端面不平	切断刀严重磨损	刃磨切断刀
	工件未夹紧	将工件夹紧
螺纹环规通规不能旋合	螺纹太大	减小尺寸车削
螺纹环规止规通过	螺纹太小	废品
牙型角不正确	螺纹车刀角度错误	刃磨螺纹车刀
	装刀错误	正确装刀

2)数控车床安全文明操作规程

①数控系统的编程、操作和维修人员必须经过专门的技术培训,熟悉所用数控车床的使用环境、条件和工作参数,严格按机床和系统的使用说明书要求正确、合理地操作机床。

②数控车床的开机、关机顺序一定要按照机床说明书的规定操作。

③主轴启动开始切削之前一定关好防护罩门,程序正常运行中严禁开启防护罩门。

④机床在正常运行时不允许打开电气柜的门。

⑤加工程序必须经过严格检验后方可进行操作运行。

⑥手动对刀时,应注意选择合适的进给速度:手动换刀时,主轴距工件要有足够的换刀距离不至于发生碰撞。

⑦加工过程中,如出现异常现象,可按下"急停"按钮,以确保人身和设备的安全。

⑧机床发生事故,操作者注意保留现场,并向指导老师如实说明情况。

⑨经常润滑机床导轨,做好机床的清洁和保养工作。

6.1.8 成绩鉴定和信息反馈

1)本任务学习成绩鉴定办法

表 6.1.10

序号	项目内容	分值	评分标准	得分
1	课题课堂练习表现、劳动态度和安全文明生产	15	按数控车工操作要求评定为:ABCD 和不及格五个等级。其中 A:优秀,B:良好,C:中,D:及格	
2	操作技能动作规范	25		
3	项目任务制作成绩	60	按项目练习课题评分标准评定	

2)本任务学习信息反馈表

表6.1.11

序号	项目内容	评价结果
1	任务内容	偏多 合适 不够
2	时间分布	讲课时间太少
3		实训时间太少
4	课程难易	太难 一般 简单
5	完成情况	A B C D 不及格
6		

6.1.9 课外作业

一、判断题

1. G32 指令中的 F 值和 G01 指令的 F 值一样,单位为 mm/min。 ( )
2. G32 指令还可以加工锥度螺纹。 ( )
3. 外螺纹的实际大径应比公称直径略微小些。 ( )
4. 普通螺纹的牙型角为 60°。 ( )
5. 螺纹的螺距越大,其牙高就越小。 ( )
6. 模拟加工螺纹时,主轴停止转动也可以实现模拟加工。 ( )

二、选择题

1. G32 指令中,用( )字母表示英制螺纹每英寸的牙数。
   A. I　　B. J　　C. K
2. G32 指令中,用( )表示字母表示起始角。
   A. J　　B. Q　　C. U
3. 用 G32 切削完螺纹后,刀具停留在加工的( )。
   A. 起点　　B. 终点　　C. 中间点
4. 车削螺纹时,按下进给保持(暂停)按钮,这时候刀具将( )。
   A. 停止　　B. 继续运动　　C. 暂停
5. 程序效验加工螺纹时,主轴必须( )。
   A. 正转　　B. 停止　　C. 均可
6. 相邻两牙在中线上对应两点之间的( ),称为中径。
   A. 角度　　B. 直径　　C. 长度
7. 车削螺纹时的切削深度,应该( )。
   A. 逐渐减小　　B. 逐渐增大　　C. 每次一样
8. 千分尺能测量螺纹的( )。
   A. 大径　　B. 中径　　C. 牙型角

三、简答题

1. 简述 G32 中的 F 和 G01 中的 F 有何区别。

2. 车削螺纹时的切削深度,为什么是逐渐减小?

3. 如果工件上没有退刀槽,应该怎样编程加工螺纹?

四、编程题

毛坯为 ϕ50 mm 的棒料,材料为 45 钢,要求完成零件的数控加工,车削尺寸如图 6.1.4 所示。

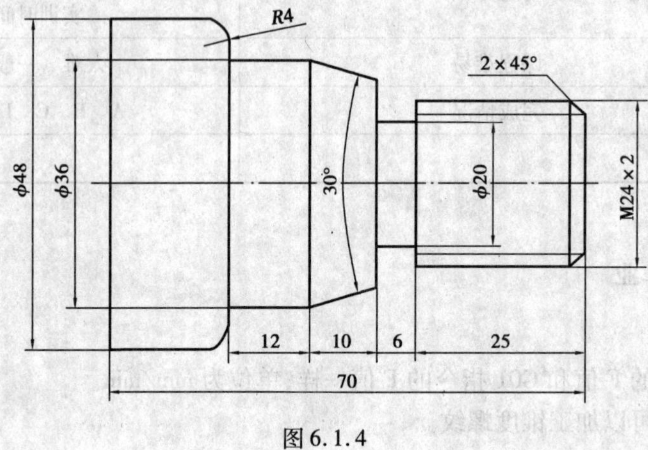

图 6.1.4

6.1.10 拓展训练

①分析零件图 6.1.5,已知材料为 45 钢,毛坯尺寸为 $\phi32 \times 105$ mm,确定加工工序,编制加工程序并操作数控车床完成加工。

②明确该零件的关键技术要求及测量方法。

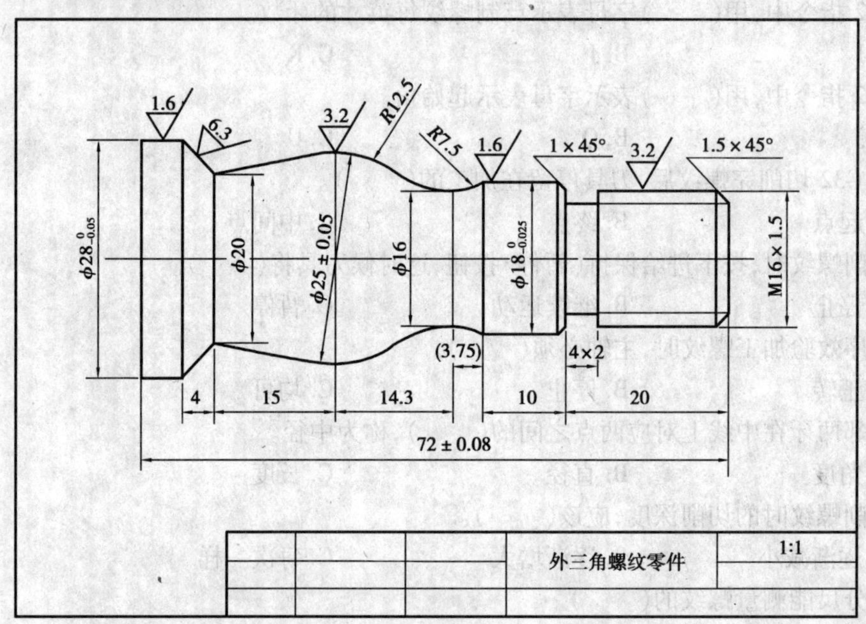

图 6.1.5 外三角螺纹加工图

表 6.1.12　工件评分表

姓名		工件号		总成绩	
序号	考核项目	配分	评分标准	实测结果	得分
1	$\phi28$	9	超差 0.01 mm,扣 3 分		
2	$\phi20$	6	不合格不得分		
3	$\phi25$	6	超差 0.01 mm,扣 2 分		
4	$\phi16$	5	不合格不得分		
5	$\phi18$	10	超差 0.01 mm,扣 3 分		
6	M16 × 1.5	12	不合格不得分		
7	圆弧连接面	6	酌情扣分		
8	72	8	超差 0.05 mm,扣 1 分		
9	20	4	不合格不得分		
10	10	3	不合格不得分		
11	14.3	2	不合格不得分		
12	15	3	不合格不得分		
13	4	2	不合格不得分		
14	4 × 2	3	未做不得分		
15	$R12.5$	2	不合格不得分		
16	$R7.5$	2	不合格不得分		
17	倒角	2	一处未做扣 1 分		
18	$R_a3.2$(2 处)	2	一处不合格扣 1 分		
19	$R_a1.6$(2 处)	4	一处不合格扣 2 分		
20	其他项目	3	未做不得分		
21	文明操作	6	违反不得分		
22	工时额定	扣分	4 小时内完成,超过 5 分钟内扣 1 分,10 分钟内扣 2 分,以此类推		

任务 6.2　内三角螺纹零件的加工

6.2.1　任务描述

①分析零件图 6.2.1,已知材料为 45 钢,毛坯尺寸为 $\phi40 \times 80$ mm,确定加工工序,编制加工程序并操作数控车床完成加工。

②明确该零件的关键技术要求及测量方法。

6.2.2　知识目标

①掌握内三角螺纹的计算方法;

②掌握 G92 车削内三角螺纹的编程方法。

6.2.3　能力目标

①掌握内三角螺纹车刀的选用、安装、对刀方法;

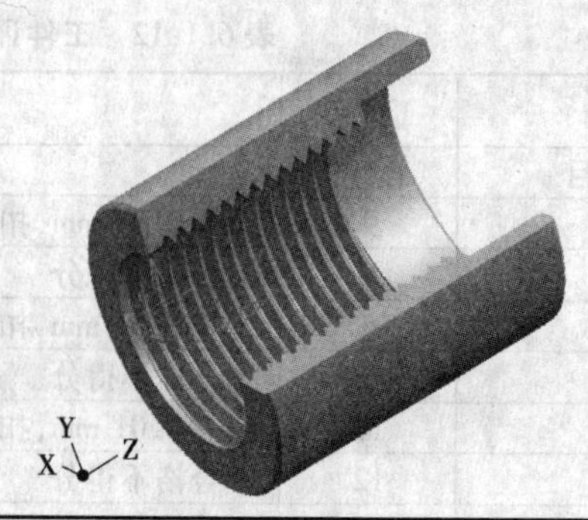

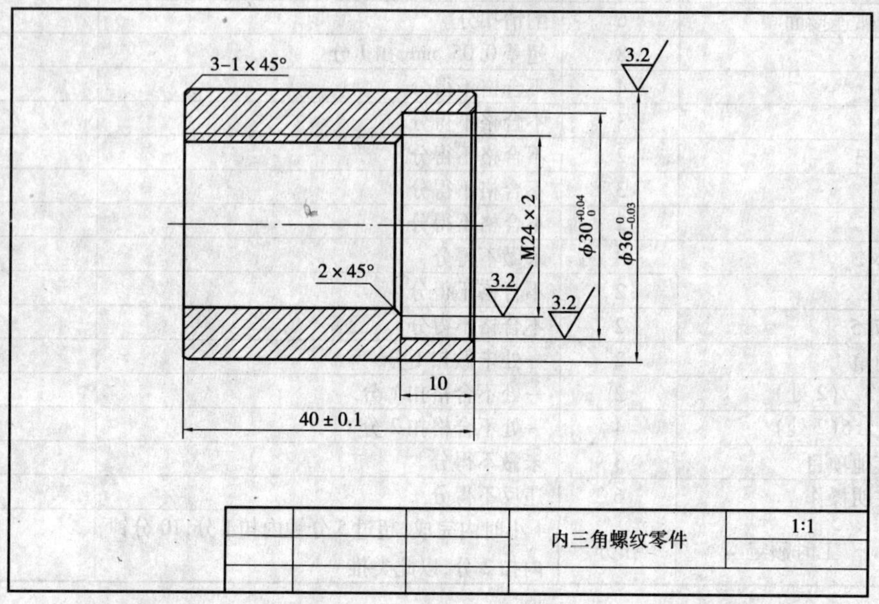

图 6.2.1　内三角螺纹加工图

②掌握内三角螺纹零件的仿真方法；

③掌握内三角螺纹零件的加工方法；

④掌握内三角螺纹的检测方法。

6.2.4　相关知识学习

1）内三角螺纹的计算

基本参数	符号	计算公式	备注
牙型角	α	$\alpha=60°$	英制三角螺纹 $\alpha=55°$
螺距	P		双线或多线螺纹时表示导程
螺纹大径（公称直径）	D	$D=d$	螺纹加工时的最终尺寸
螺纹中径	D_2	$D_2=d-0.6495P$	检测螺纹是否合格
螺纹小径	D_1	$D_1=d-1.0825P$	内孔车刀将要加工的尺寸
牙型高度	h_1	$h_1=0.5413P$	与螺距大小成正比

2)基本指令:螺纹切削循环指令 G92

(1)格式

G32　X(U)____ Z(W)____F(I)____ R____ J____　K____　L____;

(2)说明

X(U)_、Z(W)_:目标点坐标值。

F:公制螺纹螺距。

I:英制螺纹每英寸牙数。

R:切削起点与切削终点 *X* 轴绝对坐标的差值。(半径值)

j:退尾时在短轴方向的移动量,带上正负号;如果短轴是 *X* 轴,该值为半径指定。

K:退尾时在长轴方向的长度,不能为负值;如果长轴是 *X* 轴,则该值为半径指定。

L:多头螺纹的头数。

省略 J、K 则不退尾,省略 R 则为直螺纹,省略 L 则为单头螺纹。

3)内三角螺纹机架车刀及刀片

内螺纹机夹刀是应用最广泛的刀具之一,刀柄压紧部分为圆柱体,然后将其铣削扁平,方便装夹;刀头处用螺纹固定刀片。不同型号的机床,选择刀杆的尺寸也有所不同。

内螺纹机夹刀片呈三角形形状,每个刀片有 3 个切削刃,切削刃的刀尖角与普通螺纹牙型角同为 60°,如图 6.2.2 所示。根据切削螺纹的螺距,刀尖还倒有 *R*0.1 ~ *R*0.4 的圆角,以提高螺纹刀片的切削能力。

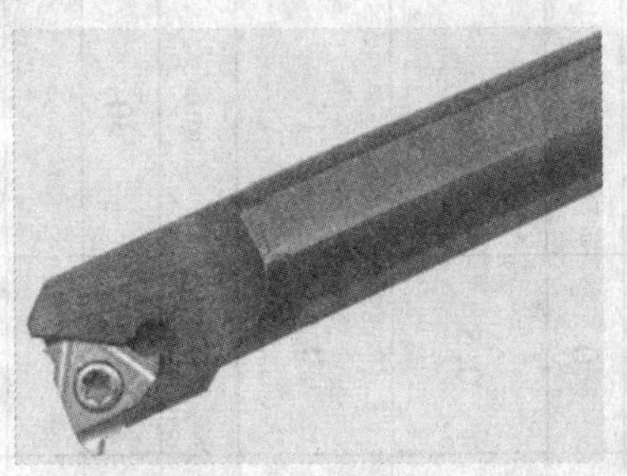
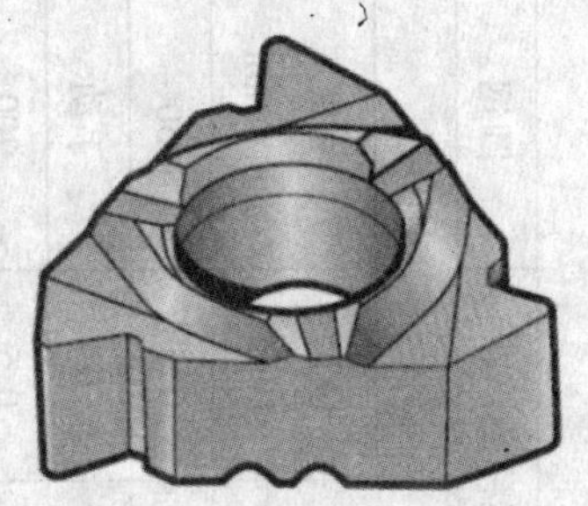

图 6.2.2

值得注意的是,内螺纹机夹车刀在选择上要根据螺纹的底孔尺寸而定。如果刀具的整体尺寸大于底孔直径,内螺纹将无法加工。

6.2.5　技能训练

1)任务工艺分析

(1)零件图分析

图 6.2.1 所示零件由端面、外圆、倒角、内孔和内螺纹组成。ϕ36 外圆、ϕ30 内孔的尺寸精度要求较高,其他尺寸要求一般,粗糙度要求一般。零件的内径尺寸从右至左依次减小。

(2)确定装夹方案

该零件为套类零件,轴心线为工艺基准,加工外表面用三爪自定心卡盘夹持 ϕ40 mm 外圆处,伸出长度为 50 mm 左右,一次装夹完成加工,最后切断。

(3)加工工艺路线设计

根据评分表准制定出加工工艺,填写加工工艺表格,见表 6.2.1 和表 6.2.2 所示。

表 6.2.1 内三角螺纹加工工艺卡片

工序	装夹	工步	工序内容	同时加工件数	切削用量		设备	工艺装备			技术等级	工时额定/min	
		数控加工工艺过程卡片						产品型号		零件图号			共 1 页
								产品名称	内三角螺纹	零件名称	内三角螺纹		第 1 页
材料牌号		45 钢		毛坯种类		圆钢	毛坯尺寸		毛坯件数		1	备注	
					余量/mm	速度/(mm·min^{-1})		夹具	刃具	量具		准备终结时间	单件
1	三爪卡盘	1	车端面	1	0.5	50	数车	三爪卡盘	90°车刀	卡尺	IT14	10	5
		2	钻孔	1	0	手动	数车	三爪卡盘	钻头	卡尺	IT14	10	5
		3	粗车外圆、倒角	1	0.5	200	数车	三爪卡盘	90°车刀	卡尺	IT14	10	5
		4	精车外圆、倒角	1	0	150	数车	三爪卡盘	90°车刀	千分尺	IT7	5	5
		5	粗车 $\Phi30$ 孔、M24 螺纹底孔和倒角，留精加工余量	1	0.5	200	数车	三爪卡盘	内孔车刀	千分尺	IT14	10	10
		6	精车 $\Phi30$ 孔、M24 螺纹底孔和倒角	1	0	15	数车	三爪卡盘	内孔车刀	千分尺	IT7	10	5
		7	车内螺纹	1	0	2 mm/r	数车	三爪卡盘	内螺纹刀	卡尺	IT12	15	10
		8	倒角、切断保证总长	1	0	30	数车	三爪卡盘	4 mm 切刀	卡尺	IT11	10	5
编制			审核			批准							

表6.2.2　阶台轴车削工艺过程

工序	工步	加工内容	加工图形效果	车刀
车	1	车端面		45°车刀
	2	钻孔 20×45		钻头
	3	粗车外圆、倒角		外圆刀
	4	精车外圆、倒角		外圆刀
	5	粗车 Φ30 孔、M24 螺纹底孔和倒角，留精加工余量		内孔车刀
	6	精车 Φ30 孔、M24 螺纹底孔和倒角		内孔车刀

续表

工序	工步	加工内容	加工图形效果	车刀
车	7	车内螺纹	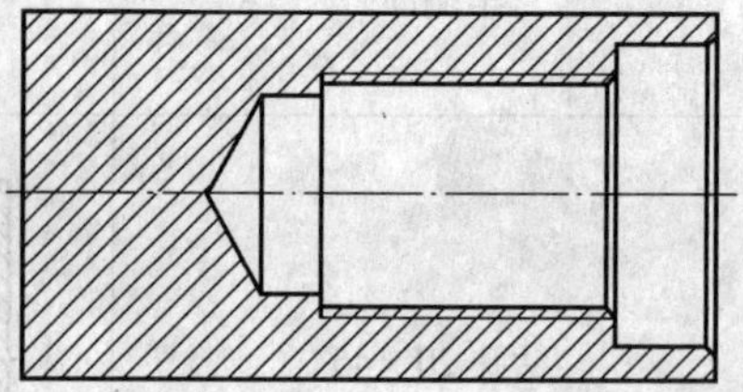	内螺纹刀
	8	切断保证总长	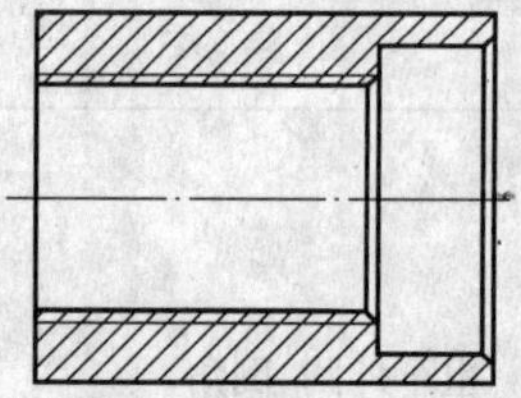	4 mm 切断刀

(4)工量刃具选择

工量刃具清单见表6.2.3。

表6.2.3 工量刃具准备清单

序号	名称	规格	数量	功能
1	游标卡尺	0~150 mm	1把/组	测量长度
2	内径千分尺	5~30 mm	1把/组	测量内径
3	外径千分尺	25~50 mm	1把/组	测量外圆
4	螺纹塞规	M24×2	1副/组	检查螺纹
5	外圆车刀	90°	1把/组	粗精车外圆
6	内孔车刀	90°	1把/组	粗精车内孔
7	端面车刀	45°	1把/组	粗精车端面
8	切断刀	4 mm	1把/组	切断
9	卡盘扳手		1把/组	装夹工件
10	夹头扳手		1把/组	装夹刀具
11	垫刀块		若干	
12	毛坯	$\Phi36\times80$ mm	1根/人	

(5)程序编制

工件原点设在零件的右端面,程序见表6.2.4(车端面、外圆程序省略)。

表6.2.4

程序名		O0026;
程序号	程序内容	程序说明
N10	M03　S600　T0202;	换2号内孔刀,主轴正转600 r/min
N20	G00　X20　Z2;	到粗车循环起到点
N30	G71　U1　R0.5;	设定粗车时的切削用量、粗车程序起止段号
N40	G71　P50　Q110　U-0.5 W0　F200;	
N50	G01　X32　Z0　F150　S1000;	设定粗车轮廓,精车轮廓和精车时的切削用量
N60	X30　Z-1;	
N70	Z-10;	
N80	X25.84;	
N90	X21.84　W-2;	
N100	Z-45;	
N110	X20;	
N120	G70　P50　Q110;	设定精车起止段号
N130	G00　X100　Z50	退刀至安全位置
N140	T0303　S600	换3号内螺纹刀,主轴正转600 r/min
N150	G00　X20　Z3	快速定位至螺纹循环起到
N160	G92　X22.7　Z-43　J2　K1　F2	螺纹循环
N170	X23.2	
N180	X23.6	
N190	X23.9	
N200	X24	
N210	X24.1	
N220	G00　X100　Z50	退刀至安全位置
N230	T0404　S400	换4号切断刀,主轴正转600 r/min
N240	G00　X42　Z-44	快速定位
N250	G01　X33　F50	切槽
N260	X38　F400	退刀
N270	Z-42	定位至倒角起点
N280	X34　Z-44　F50	倒角1×45°
N290	X0　F30	切断
N300	G04　P2000	暂停2秒
N310	G00　X100　Z50	退刀至安全位置
N320	M30	主轴停,程序结束

(6)仿真加工

①进入仿真系统,选取相应的机床和系统,然后进行开机、回零等操作。

②选择工件毛坯尺寸为$\Phi40\times80$ mm,然后装夹在三爪卡盘上。

③选择外圆车刀、内孔刀、内螺纹刀和切断刀,分别安装至规定位置。

④输入程序,然后进行程序效验。

⑤对刀。

⑥自动运行,加工零件。

⑦检查零件,总结。

(7)车间实际加工

通过仿真加工后,确定零件程序的正确性后,在实训车间对该零件进行实际操作加工。加工顺序如下:

①零件的夹紧:用三爪卡盘夹持工件外圆,伸出长度为50 mm左右。注意观察工件是否夹紧、工件是否夹正。

②刀具的装夹。

a. 将外圆车刀装在1号刀位,注意观察中心高是否正确、主偏角是否合理。

b. 将内孔刀装在2号刀位,注意观察中心高是否正确,刀具是否干涩。

c. 将内螺纹车刀装在3号刀位,装刀时使用对刀样板,将刀具装正。

d. 将切断刀装在4号刀位,注意观察中心高是否正确,主切削刃是否与主轴回转中心平行。

③程序录入:仔细对照程序单,输入程序。

④程序校验:使用数控机床轨迹仿真功能对加工程序进行检验,正确进行数控加工仿真的操作,完成零件的仿真加工。

⑤对刀:用试切法对刀步骤逐一操作。

⑥自动加工:按自动键,同时按下单段键,调整好快速进给倍率和切削倍率,按循环启动键进行自动加工,直至零件加工完成。若加工过程中出现异常,可按复位键,严重的须及时按下急停键或直接切断电源。

⑦零件检测:利用游标卡尺、外径千分尺、内径千分尺、螺纹塞规、表面粗糙度工艺样板等量具测量工件,学生对自己加工的零件进行检测,按照评分标准逐项检测并做好记录。

表6.2.5 内三角螺纹零件评分标准

姓名		工件号		总成绩	
序号	考核要求	配分	评分标准	实测结果	得分
1	$\phi36_{-0.03}^{\ 0}$	16	超差0.01 mm,扣3分		
2	$\phi30_{\ 0}^{+0.04}$	15	超差0.01 mm,扣3分		
3	M24×2	25	酌情扣分		
4	10	6	不合格不得分		
5	40±0.1	12	超差0.05,扣1分		

续表

姓名		工件号		总成绩	
序号	考核要求	配分	评分标准	实测结果	得分
6	2×45°	4	未做不得分		
7	1×45°,3处	6	一处不合格扣2分		
8	R_a3.2,3处	9	一处不合格扣3分		
9	倒棱	2	不合格不得分		
10	文明操作	5	违反不得分		
11	工时额定	扣分	4小时内完成,超过5分钟内扣1分,10分钟内扣2分,以此类推		

6.2.6 知识链接:G92加工锥度螺纹

示例:加工如图6.2.3所示锥度螺纹。螺距$P=3$ mm;螺纹锥度比为1∶10;$A=10$ mm,$B=5$ mm;总切深度为4 mm;分5次均匀切入。

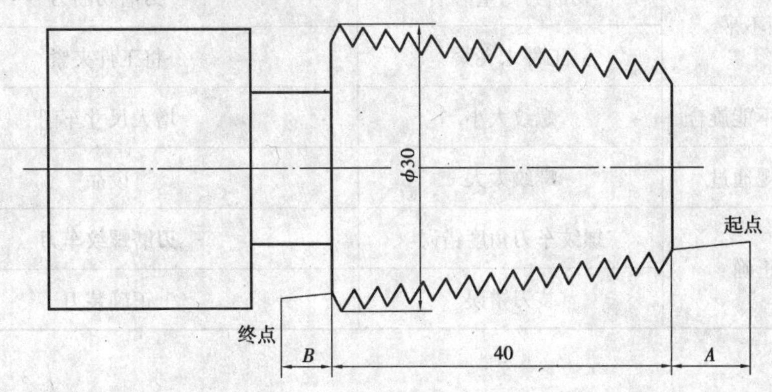

图6.2.3

程序编制见表6.2.6。

表6.2.6

程序段号	程序内容	备注
N10	T0303 M3 S400	选择螺纹刀,主轴正转400 r/min
N20	G00 X35 Z10	快速定位至螺纹循环加工起点
N30	G92 X29.7 Z-45 R-2.75 F3	锥螺纹第一次切削0.8 mm
N40	X28.9	锥螺纹第二次切削0.8 mm
N50	X28.1	锥螺纹第三次切削0.8 mm
N60	X27.3	锥螺纹第四次切削0.8 mm
N70	X26.5	锥螺纹第五次切削0.8 mm
N90	G00 X100 Z50	返回安全位置
N100	M30	程序结束

用 G92 指令在数控车床上加工圆锥螺纹时,要充分考虑加工螺纹时 Z 方向起刀点与退刀点的距离。将其距离相加后带入计算,这样才能保证圆锥螺纹的正确。G92 在执行加工过程中,刀具移动的路线应与螺纹的母线相同。

特别注意的是:R 为切削起点与切削终点 X 轴绝对坐标的差值(半径值)。

6.2.7 质量分析和安全操作规程

1)内三角螺纹零件车削过程中容易产生的问题、原因及解决方法

表 6.2.7

问题形式	原因分析	解决方法
尺寸精度达不到要求	量具有误差或测量不正确	校验量具,多次新测量
	由于切削热影响,使工件尺寸发生变化	不能在工件温度高时测量,如测量应掌握工件的收缩情况,或浇注切削液,降低工件温度。
切断后端面不平	切断刀严重磨损	刃磨切断刀
	工件未夹紧	将工件夹紧
螺纹塞规通规不能旋合	螺纹太小	增大尺寸车削
螺纹塞规止规通过	螺纹太大	废品
牙型角不正确	螺纹车刀角度错误	刃磨螺纹车刀
	装刀错误	正确装刀

2)数控车床安全文明操作规程

①数控系统的编程、操作和维修人员必须经过专门的技术培训,熟悉所用数控车床的使用环境、条件和工作参数,严格按机床和系统的使用说明书要求正确、合理地操作机床。

②数控车床的开机、关机顺序,一定要按照机床说明书的规定操作。

③主轴启动开始切削之前一定关好防护罩门,程序正常运行中严禁开启防护罩门。

④机床在正常运行时不允许打开电气柜的门。

⑤加工程序必须经过严格检验方可进行操作运行。

⑥手动对刀时,应注意选择合适的进给速度:手动换刀时,主轴距工件要有足够的换刀距离不至于发生碰撞。

⑦加工过程中,如出现异常现象,可按下“急停”按钮,以确保人身和设备的安全。

⑧机床发生事故,操作者注意保留现场,并向指导老师如实说明情况。

⑨经常润滑机床导轨,做好机床的清洁和保养工作。

6.2.8　成绩鉴定和信息反馈

1)本任务学习成绩鉴定办法

表6.2.8

序号	项目内容	分值	评分标准	得分
1	课题课堂练习表现、劳动态度和安全文明生产	15	按数控车工操作要求评定为:ABCD 和不及格五个等级。A:优秀,B:良好,C:中,D:及格	
2	操作技能动作规范	25		
3	项目任务制作成绩	60	按项目练习课题评分标准评定	

2)本任务学习信息反馈表

表6.2.9

序号	项目内容	评价结果
1	任务内容	偏多　合适　不够
2	时间分布	讲课时间太少
3		实训时间太少
4	课程难易	太难　一般　简单
5	完成情况	A　B　C　D　不及格

6.2.9　课外作业

一、判断题

1. G92 指令和 G32 指令均可以用来切削锥度螺纹。(　　)
2. G92 加工结束后,车刀停留在终点位置。(　　)
3. 用 G92 加工英制螺纹时,字母 I 表示螺纹每英寸的牙数。(　　)
4. 用 G92 指令加工内锥度螺纹时,其 R 值应为负值。(　　)
5. 用螺纹塞规检测内螺纹时,如果通规、止规均不能通过,则说明螺纹偏小。(　　)
6. 加工 M40×3 的螺纹,其钻孔尺寸应略大于 40 mm。

二、选择题

1. G92 指令中的 R 值,用(　　)表示。

　A. 半径　　B. 直径

2. G92 加工公制多头螺纹时,F 表示螺纹的(　　)。

　A. 螺距　　B. 导程　　C. 头数

3. 如果将螺纹车刀装得倾斜,会使螺纹的(　　)不正确。

　A. 螺距　　B. 小径　　C. 牙型角

4. 螺纹车刀的后角(　　)。

A. 只能为正　　B. 只能为负　　C. 可以为正,也可以为负

5. 长度为 50 mm,螺距为 2 mm 的普通直螺纹,其牙数为(　　)。

A. 100　　B. 25　　C. 23　　(D)27

6. M16 的螺纹,其螺距为(　　)mm。

A. 1.5　　B. 2　　C. 2.5

7. 数控车床加工螺纹时,如果螺纹公称直径很小,刀具无法进入,则可以用(　　)加工。

A. 钻头　　B. 丝锥　　C. 环规

8. 麻花钻有(　　)个后角。

A. 1　　B. 2　　C. 3

三、简答题

1. 求普通内螺纹 M20×2 的牙型高度、小径、中径为多少?

2. 用螺纹塞规检测内螺纹时,通规只能顺利进入一半,分析其原因和解决的方法。

3. 当螺纹车至一半时,螺纹车刀突然损坏,应怎么办?

四、编程题

毛坯为 $\phi65$ mm×100 的棒料,材料为 45 钢,要求完成零件的数控加工,车削尺寸如图 6.2.4所示。

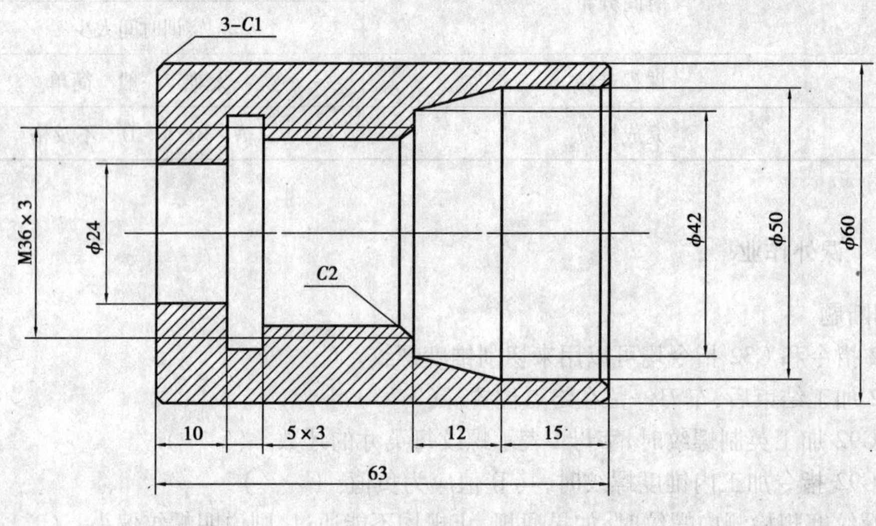

图 6.2.4

6.2.10　拓展训练

①分析零件图 6.2.5,已知材料为 45 钢,毛坯尺寸为 $\phi50\times45$ mm,确定加工工序,编制加工程序并操作数控车床完成加工。

②明确该零件的关键技术要求及测量方法。

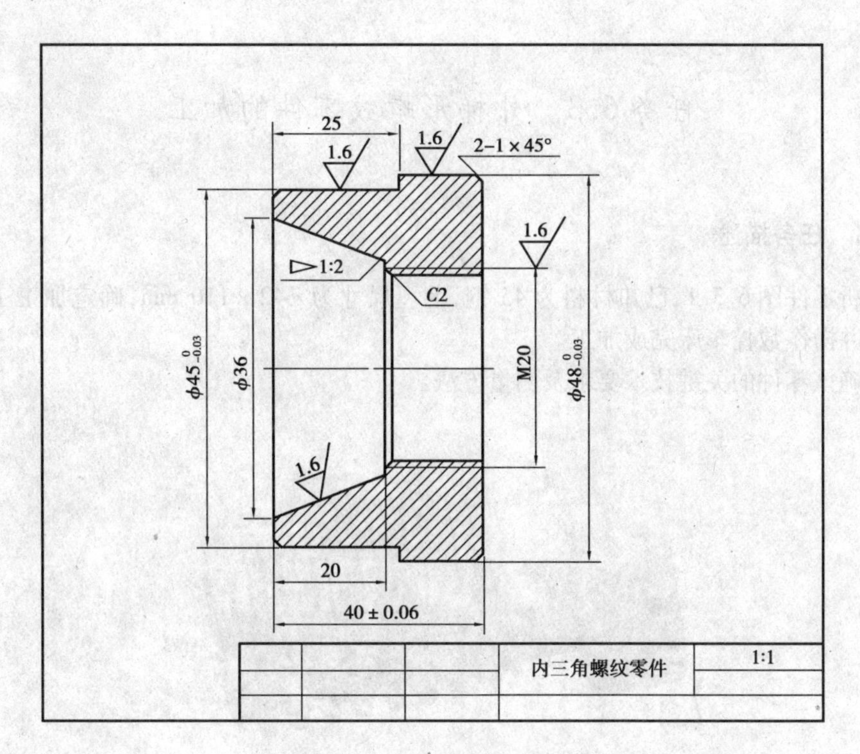

图6.2.5　内三角螺纹加工图

表6.2.10　工件评分表

姓名		工件号		总成绩	
序号	考核项目	配分	评分标准	实测结果	得分
1	$\phi48$	12	超差0.01 mm,扣3分		
2	$\phi36$	8	不合格不得分		
3	$\phi45$	12	超差0.01 mm,扣2分		
4	锥度1:2	8	不合格不得分		
5	M20	18	不合格不得分		
6	25	4	不合格不得分		
7	20	4	酌情扣分		
8	40	6	超差0.05 mm,扣1分		
9	倒角(3处)	6	一处不合格扣2分		
10	R_a1.6(4处)	12	一处不合格扣3分		
11	其他项目	2	未做不得分		
12	文明操作	8	违反不得分		
13	工时额定	扣分	5小时内完成,超过5分钟内扣1分,10分钟内扣2分,以此类推		

任务6.3　外梯形螺纹零件的加工

6.3.1　任务描述

①分析零件图6.3.1,已知材料为45钢,毛坯尺寸为ϕ42×110 mm,确定加工工序,编制加工程序并操作数控车床完成加工。

②明确该零件的关键技术要求及测量方法。

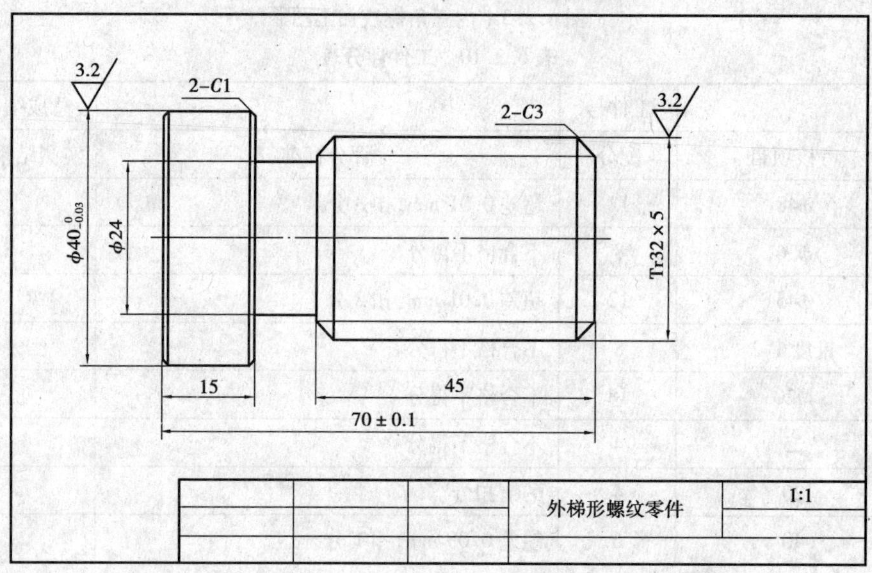

图6.3.1　外梯形螺纹零件

6.3.2　知识目标

①掌握外梯形螺纹的计算方法;

②掌握G76车削外梯形螺纹的编程方法。

6.3.3　能力目标

①掌握外梯形螺纹车刀的选用、刃磨、安装、对刀方法；
②掌握外梯形螺纹零件的仿真方法；
③掌握外梯形螺纹零件的加工方法；
④掌握外梯形螺纹的检测方法。

6.3.4　相关知识学习

1)外梯形螺纹的计算

表6.3.1

基本参数	符　号	计算公式			
牙型角	α	$\alpha=30°$			
螺距	P	由螺纹标准确定			
牙顶间隙	a_c	P/mm	1.5~5	6~12	14~44
		a_c/mm	0.25	0.5	1
螺纹大径	d	公称直径			
螺纹中径	d_2	$d_2=d-0.5P$			
螺纹小径	d_3	$d_3=d-2h_3$			
牙型高度	h_3	$h_3=0.5P+a_c$			
牙顶宽	f	$f=0.366P$			
牙底宽	w	$W=0.366P-0.536a_c$			
螺纹升角	Ψ	$\tan\Phi=P/(\pi d)$			

2)三针测量中径的计算方法

表6.3.2

螺纹类型	牙型角	计算公式	量针直径 d_0		
			最大	最佳	最小
普通螺纹	60°	$M=d_2+3d_0-0.866P$	$1.01P$	$0.577P$	$0.505P$
英制螺纹	55°	$M=d_2+3.166d_0-0.961P$	$0.894P-0.029$	$0.564P$	$0.481P-0.016$
梯形螺纹	30°	$M=d_2+4.864d_0-0.866P$	$0.656P$	$0.518P$	$0.486P$
米制蜗杆	20°	$M=d_1+3.924d_0-4.316mx$	$2.446mx$	$1.672mx$	$1.610mx$

注:P表示螺纹螺距,mx表示蜗杆模数。

3)基本指令:多重螺纹切削循环G76

(1)格式

G76　P(m)(r)(a)　Q(Δdmin)　R(d)

G76 X(U)____ Z(W)____ R(i)____ P(k)____ Q(Δd)____ F(I)____

(2)说明

P(m):螺纹精车次数(0~99)。

P(r):螺纹退尾长度(0~99)(单位:0.1XP,P为螺距)。

P(a).:相邻两牙螺纹的夹角(0~99)(单位:°)。

Q(Δd min):螺纹粗车时的最小切削量(0~99 999)(单位:0.001 mm,无符号,半径值)。

R(d):螺纹精车的切削量(0~99.999)(单位:mm,无符号,半径值)。

X(U)、Z(W):螺纹终点坐标值。

R(i):螺纹锥度,螺纹起点与螺纹终点 X 轴绝对坐标的差值(单位:mm,半径值)。

P(k):螺纹总切削深度(1~9 999 999)(单位:0.001 mm,无符号,半径值)。

Q(Δd):第一次螺纹切削深度(1~9 999 999)(单位:0.001 mm,无符号,半径值)。

F:公制螺纹螺距(0.001~500 mm)。

I:英制螺纹每英寸牙数(0.006~25 400 牙/英寸)。

4)硬质合金外梯形螺纹车刀的刃磨角度

梯形螺纹在加工的时候螺距大、切削深度厚、刀刃接触面积大,所以在加工的时候常常选用锋钢刀条来刃磨,以提高螺纹的切削质量。由于梯形螺纹的螺纹升角大,所以在刃磨两后角的时候要仔细计算,这样才能保证其螺纹的精度。

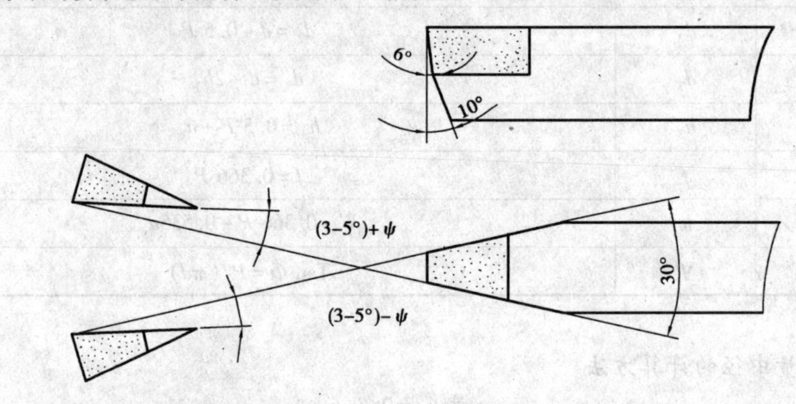

图6.3.2

6.3.5 技能训练

(1)零件图分析

图6.3.1所示零件由外圆、端面、倒角、退刀槽和梯形螺纹组成。Φ40外圆的尺寸精度要求较高,其他尺寸要求一般,粗糙度要求一般。零件的外径尺寸从右至左依次增大。

(2)确定装夹方案

该零件为轴类零件,轴心线为工艺基准,加工外表面用三爪自定心卡盘夹持 ϕ42 mm 外圆,伸出长度为80 mm 左右,一次装夹完成加工,最后切断。

(3)加工工艺路线设计

根据评分标准制定出加工工艺,填写加工工艺表格,见表6.3.3和表6.3.4。

表6.3.3 台阶轴加工工艺卡片

<table>
<tr><td colspan="2" rowspan="2"></td><td colspan="6" rowspan="2">数控加工工艺过程卡片</td><td>产品型号</td><td></td><td>零件图号</td><td colspan="2"></td><td>共1页</td></tr>
<tr><td>产品名称</td><td>外梯形螺纹</td><td>零件名称</td><td colspan="2">外梯形螺纹</td><td>第1页</td></tr>
<tr><td colspan="2">材料牌号</td><td colspan="2">45钢</td><td colspan="2">毛坯种类</td><td>圆钢</td><td>毛坯尺寸</td><td></td><td colspan="2">毛坯件数</td><td>1</td><td>备注</td><td></td></tr>
<tr><td rowspan="2">工序</td><td rowspan="2">装夹</td><td rowspan="2">工步</td><td rowspan="2">工序内容</td><td rowspan="2">同时加工件数</td><td colspan="2">切削用量</td><td rowspan="2">设备</td><td colspan="3">工艺装备</td><td rowspan="2">技术等级</td><td colspan="2">工时额定/min</td></tr>
<tr><td>余量/mm</td><td>速度/(mm·min^{-1})</td><td>夹具</td><td>刃具</td><td>量具</td><td>准备终结时间</td><td>单件</td></tr>
<tr><td rowspan="6">1</td><td rowspan="6">三爪卡盘</td><td>1</td><td>车工件端面</td><td>1</td><td>0</td><td>50</td><td>数车</td><td>三爪卡盘</td><td>90°车刀</td><td>无</td><td>IT14</td><td>10</td><td>5</td></tr>
<tr><td>2</td><td>粗车外圆 $\Phi40$、Tr32×5 外圆和倒角，留精加工余量</td><td>1</td><td>0.5</td><td>200</td><td>数车</td><td>三爪卡盘</td><td>90°车刀</td><td>卡尺</td><td>IT14</td><td>10</td><td>10</td></tr>
<tr><td>3</td><td>精车外圆 $\Phi40$、Tr32×5 外圆和倒角</td><td>1</td><td>0</td><td>150</td><td>数车</td><td>三爪卡盘</td><td>90°车刀</td><td>千分尺</td><td>IT7</td><td>10</td><td>10</td></tr>
<tr><td>4</td><td>切退刀槽，倒角</td><td>1</td><td>0</td><td>50</td><td>数车</td><td>三爪卡盘</td><td>4 mm 切刀</td><td>卡尺</td><td>IT14</td><td>10</td><td>5</td></tr>
<tr><td>5</td><td>车 Tr32×5 螺纹</td><td>1</td><td>0</td><td>5 mm/r</td><td>数车</td><td>三爪卡盘</td><td>外螺纹刀</td><td>三针</td><td>IT12</td><td>15</td><td>10</td></tr>
<tr><td>6</td><td>倒角、切断保证总长</td><td>1</td><td>0</td><td>30</td><td>数车</td><td>三爪卡盘</td><td>4 mm 切刀</td><td>卡尺</td><td>IT11</td><td>10</td><td>5</td></tr>
<tr><td></td><td></td><td></td><td></td><td></td><td></td><td></td><td></td><td></td><td></td><td></td><td></td><td></td><td></td></tr>
<tr><td></td><td></td><td></td><td></td><td></td><td></td><td></td><td></td><td></td><td></td><td></td><td></td><td></td><td></td></tr>
<tr><td></td><td></td><td></td><td></td><td></td><td></td><td></td><td></td><td></td><td></td><td></td><td></td><td></td><td></td></tr>
<tr><td>编制</td><td colspan="3"></td><td>审核</td><td></td><td>批准</td><td colspan="7"></td></tr>
</table>

表 6.3.4　外三角螺纹零件车削工艺过程

工序	工步	加工内容	加工图形效果	车　刀
车	1	车工件端面		90°车刀
	2	粗车 Φ40 外圆、Tr32 × 5 外圆和倒角，留精加工余量	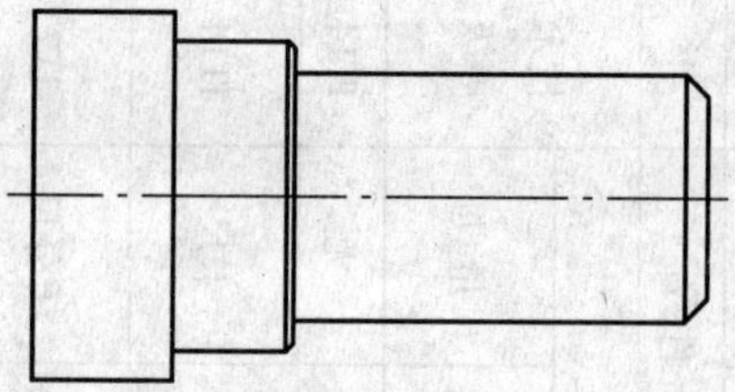	90°车刀
	3	精车 Φ40 外圆、Tr32 × 5 外圆和倒角	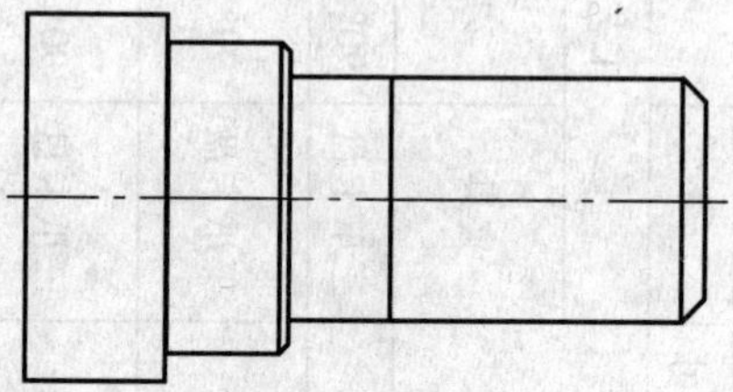	90°车刀
	4	切退刀槽，倒角	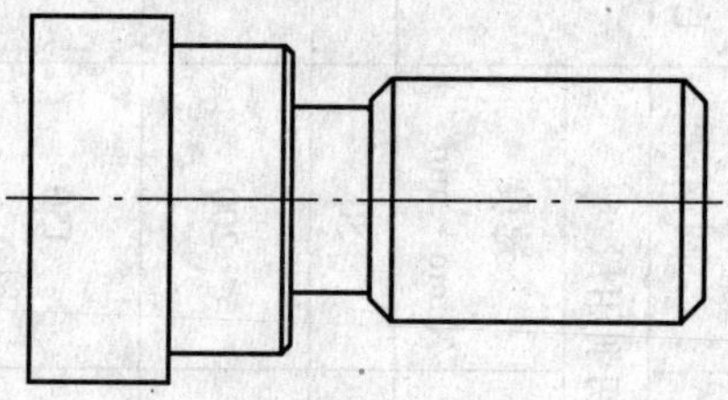	4 mm 切刀
	5	车 Tr32 × 5 螺纹	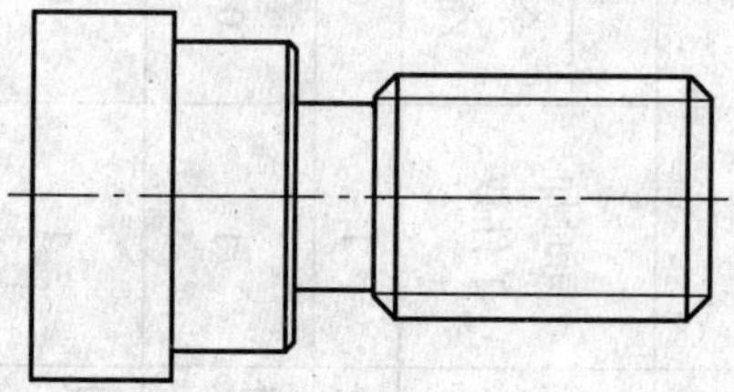	外螺纹刀
	6	倒角、切断保证总长	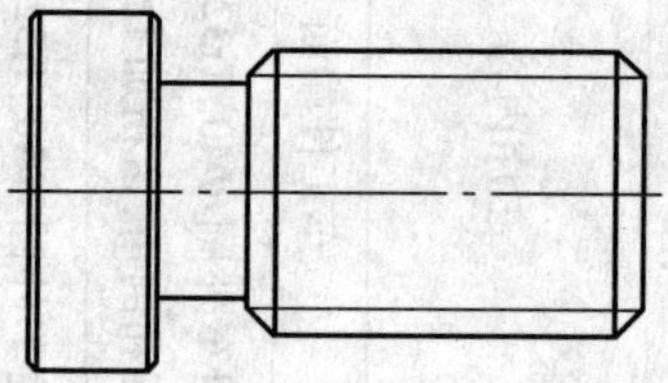	4 mm 切刀

(4)工量刃具选择

工量刃具清单见表 6.3.5。

表6.3.5　工量刃具准备清单

序号	名称	规格	数量	功能
1	游标卡尺	0~150 mm	1把/组	测量长度
2	外径千分尺	25~50 mm	1把/组	测量外圆
3	量针	Φ2.59	三根/组	检查螺纹中径
4	外圆车刀	90°	1把/组	粗精车外圆
5	切刀	4 mm	1把/组	切槽、切断
6	外梯形螺纹车刀	30°	1把/组	车梯形螺纹
7	卡盘扳手		1把/组	装夹工件
8	夹头扳手		1把/组	装夹刀具
9	垫刀块		若干	
10	毛坯	Φ42×110 mm	1根/人	

(5)程序编制

工件原点设在零件的右端面回转中心上,程序见表6.3.6。

表6.3.6

程序名	O0001;	程序说明
程序段号	程序内容	
N10	M03　S600　T0101;	换1号外圆刀,主轴正转600 r/min
N20	G00　X44　Z0;	到起刀点
N30	G01　X0　F50	车端面
N40	G00　X42　Z1	退刀至粗车循环起点
N50	G71　U1.5　R0.5	设定粗车时的切削用量、粗车程序起止段号
N60	G71　P70　Q130　U0.5　W0.1　F200	
N70	G01　X25.9　Z0　S1000　F150	设定粗车轮廓,精车轮廓和精车时的切削用量
N80	G01　X31.9　Z-3	
N90	Z-55	
N100	X38	
N110	X40　W-1	
N120	Z-75	
N130	X42	
N140	G70　P70　Q130	设定精车起止段号
N150	G00　X100　Z50	退刀至安全位置
N160	T0202	换切槽刀

续表

程序名	O0001;	程序说明
程序段号	程序内容	
N170	S400	变速 400 r/min
N180	G00 X42 Z-49	快速定位至切槽起点
N190	G75 R0.5	切退刀槽
N200	G75 X24 Z-55 P3000 Q3000 F50	
N210	G01 X31.9 Z-46 F400	退刀至倒角起点
N220	G01 X25.9 Z-49 F50	倒角
N230	G00 X45	退刀
N240	G00 X100 Z50	退刀至安全位置
N250	T0303	换外梯形螺纹车刀
N260	S300	变速 300 r/min
N270	G00 X34 Z5	快速定位至螺纹加工起点
N280	G76 P020030 Q30 R0.02	加工梯形外螺纹
N290	G76 X26.4 Z-50 P2750 Q300 F5	
N300	G00 X100 Z50	返回至螺纹加工起点
N310	T0202	换切刀
N320	S400	变速 400 r/min
N330	G00 X42 Z-74	快速定位
N340	G01 X36 F50	切槽
N350	X42 F400	退刀
N360	Z-72	定位至倒角起点
N370	X38 Z-74 F50	倒角
N380	X0 F30	切断
N390	G04 P2000	暂停 2 秒
N400	G00 X100 Z50	退刀至安全位置
N410	M05	主轴停
N420	M30	程序结束

(6)仿真加工

①进入仿真系统,选取相应的机床和系统,然后进行开机、回零等操作。

②选择工件毛坯尺寸为 $\Phi 42 \times 110$ mm,然后装夹在三爪卡盘上。

③选择外圆车刀、切刀、螺纹刀,分别安装至规定位置。

④输入程序,然后进行程序效验。

⑤对刀。

⑥自动运行,加工零件。

⑦检查零件,总结。

(7)车间实际加工

通过仿真加工后,确定零件程序的正确性后,在实训车间对该零件进行实际操作加工。加工顺序如下:

①零件的夹紧:用三爪卡盘夹持工件外圆,伸出长度为50 mm左右。注意观察工件是否夹紧、工件是否夹正。

②刀具的装夹。

a.将外圆车刀装在1号刀位。注意观察中心高是否正确、主偏角是否合理。

b.将切刀装在2号刀位,注意观察中心高是否正确,主切削刃是否与主轴回转中心平行。

c.将外梯形螺纹车刀装在3号刀位,装刀时使用对刀样板,将刀具装正。

③程序录入:仔细对照程序单,输入程序。

④程序校验:使用数控机床轨迹仿真功能对加工程序进行检验,正确进行数控加工仿真的操作,完成零件的仿真加工。

⑤对刀:用试切法对刀步骤逐一操作。

⑥自动加工:按自动键,同时按下单段键,调整好快速进给倍率和切削倍率,按循环启动键进行自动加工,直至零件加工完成。若加工过程中出现异常,可按复位键,严重的须及时按下急停键或直接切断电源。

⑦零件检测:利用游标卡尺、外径千分尺、内径千分尺、螺纹塞规、表面粗糙度工艺样板等量具测量工件,学生对自己加工的零件进行检测,按照评分标准逐项检测,并做好记录。

表6.3.7　外梯形螺纹零件评分标准

姓名		工件号		总成绩	
序号	考核要求	配分	评分标准	实测结果	得分
1	$\phi 40_{-0.03}^{0}$	18	超差0.01 mm,扣3分		
2	$\phi 24$	7	不合格不得分		
3	Tr32×5	30	酌情扣分		
4	15	5	不合格不得分		
5	45	5	不合格不得分		
6	70±0.1	10	超差0.05 mm,扣1分		
7	3×45°(2处)	6	一处不合格扣3分		
8	1×45°(2处)	4	一处不合格扣2分		
9	$R_a3.2$(2处)	8	一处不合格扣4分		
10	倒棱	2	不合格不得分		
11	文明操作	5	违反不得分		
12	工时额定	扣分	4小时内完成,超过5分钟内扣1分,10分钟内扣2分,以此类推		

6.3.6 知识链接:G76 加工内梯形螺纹

示例:加工如图 6.3.3 所示内梯形螺纹。

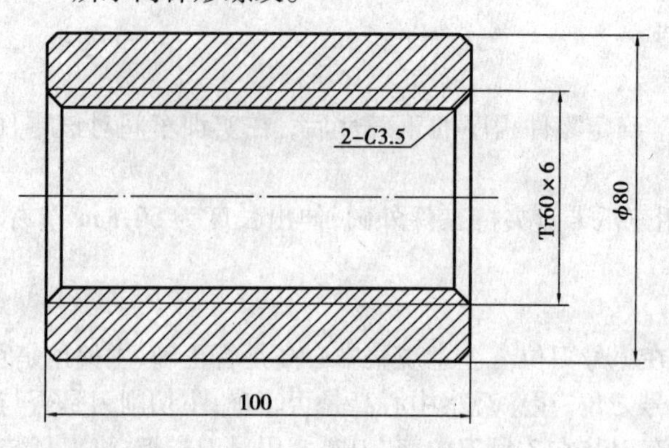

图 6.3.3

内梯形螺纹计算切削深度的时候,要充分考虑牙顶间隙的影响,以保证切深达到要求。检测内梯形螺纹时,不能通过三针测量其中径尺寸,所以通常用螺纹塞规对其各个参数进行综合检测。

编制程序见表 6.3.8。(加工外圆、倒角、内孔等程序省略)

表 6.3.8

程序段号	程序内容	备注
……		
N10	T0303 M3 S300	选择内梯形螺纹刀,主轴正转 300 r/min
N20	G00 X50 Z10	快速定位至螺纹循环加工起点
N40	G76 P020030 Q50 R0.03	加工梯形螺纹
N50	G76 X61 Z-105 P3500 Q400 F6	
N60	G00 X100 Z50	返回安全位置
N70	M30	程序结束

6.3.7 质量分析和安全操作规程

1)内三角螺纹零件车削过程中容易产生的问题、原因及解决方法

表 6.3.9

问题形式	原因分析	解决方法
尺寸精度达不到要求	量具有误差或测量不正确	校验量具,多次新测量
	由于切削热影响,使工件尺寸发生变化	不能在工件温度高时测量,如测量应掌握工件的收缩情况,或浇注切削液,降低工件温度。
切断后端面不平	切断刀严重磨损	刃磨切断刀
	工件未夹紧	将工件夹紧
中径错误	车削尺寸不正确	仔细测量计算
牙型角不正确	螺纹车刀角度错误	刃磨螺纹车刀
	装刀错误	正确装刀

2)数控车床安全文明操作规程

①数控系统的编程、操作和维修人员必须经过专门的技术培训,熟悉所用数控车床的使用环境、条件和工作参数,严格按机床和系统的使用说明书要求正确、合理地操作机床。

②数控车床的开机、关机顺序,一定要按照机床说明书的规定操作。

③主轴启动开始切削之前一定关好防护罩门,程序正常运行中严禁开启防护罩门。

④机床在正常运行时不允许打开电气柜的门。

⑤加工程序必须经过严格检验方可进行操作运行。

⑥手动对刀时,应注意选择合适的进给速度;手动换刀时,主轴距工件要有足够的换刀距离不至于发生碰撞。

⑦加工过程中,如出现异常现象,可按下"急停"按钮,以确保人身和设备的安全。

⑧机床发生事故,操作者注意保留现场,并向指导老师如实说明情况。

⑨经常润滑机床导轨,做好机床的清洁和保养工作。

6.3.8　成绩鉴定和信息反馈

1)本任务学习成绩鉴定办法见表6.3.10

表6.3.10

序号	项目内容	分值	评分标准	得分
1	课题课堂练习表现、劳动态度和安全文明生产	15	按数控车工操作要求评定为:ABCD和不及格五个等级。A:优秀,B:良好,C:中,D:及格	
2	操作技能动作规范	25		
3	项目任务制作成绩	60	按项目练习课题评分标准评定	

2)本任务学习信息反馈表(见表6.3.11)

表6.3.11

序号	项目内容	评价结果
1	任务内容	偏多　合适　不够
2	时间分布	讲课时间太少
3		实训时间太少
4	课程难易	太难　一般　简单
5	完成情况	A　B　C　D　不及格

6.3.9　课外作业

一、判断题

1. G76指令中的F值与G32指令中的F值一样,均表示公制螺纹的螺距。　(　　)

2. G76加工结束后,停留在起点位置。　(　　)

3. 用G76编写螺纹加工程序时,如果P(m)值为00,则表示要退尾。　(　　)

4. G76 中的 P(a)值,不能为负数。 ( )

5. 梯形螺纹的螺距越大,其牙槽底宽就越窄。 ( )

6. 加工 Tr48 ×6 的梯形螺纹,螺纹刀最前端的宽度可以为 3 mm。 ( )

二、选择题

1. 梯形螺纹的牙型角为( )度。

A. 60　　B. 55　　C. 30

2. G76 加工螺纹时,其切削深度( )。

A. 逐渐增大　　B. 逐渐减小　　C. 每次都一样

3. 三针测量中径时,量针最好选择( )。

A. 最佳直径　　B. 最大直径　　C. 最小直径

4. G76 中螺纹牙高 P(k)字母,用( )表示。

A. 半径　　B. 直径

5. 当梯形螺纹的螺距为 8 mm 时,其牙顶间隙为( )。

A. 1 mm　　B. 0.5 mm　　C. 0.25 mm

6. G76 加工梯形螺纹时,采用的是( )法加工。

A. 直进　　B. 斜进　　C. 左右进刀

7. 车削右旋梯形螺纹时,梯形螺纹车刀左侧(进刀方向)的后角要比右侧的后角磨得( )。

A. 大些　　B. 小些　　C. 一样

8. 三针法测量梯形螺纹中径时,采用最佳直径量针测量时,量针与螺纹的( )相切。

A. 大径　　B. 中径　　C. 小径

三、简答题

1. 求外梯形螺纹 Tr40 ×8 的牙型高度、小径、中径、牙顶宽和牙底宽。

2. 三针测量中径时,为什么要限制量针的直径?

3. 车削 Tr48 ×5 的外梯形螺纹,如果要使梯形螺纹车刀工作时的后角为 7°,那么在刃磨车刀时,车刀左右两后角应该各刃磨成多少度?

四、编程题

毛坯为 $\phi60 \times 120$ mm 的棒料,材料为 45 钢,要求完成零件的数控加工,车削尺寸如图 6.3.4所示。

6.3.10 拓展训练

1. 分析零件图纸 6.3.5,已知材料为 45 钢,毛坯尺寸为 $\phi50 \times 120$ mm,确定加工工序,编制加工程序并操作数控车床完成加工。

2. 明确该零件的关键技术要求及测量方法。

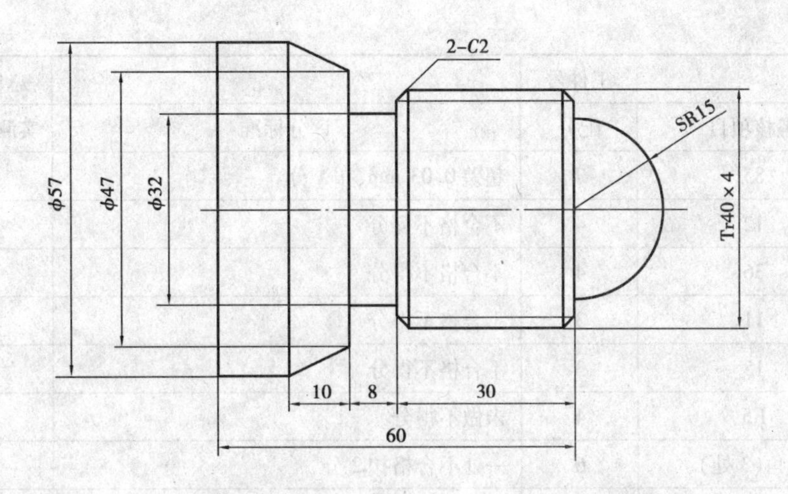

图6.3.4

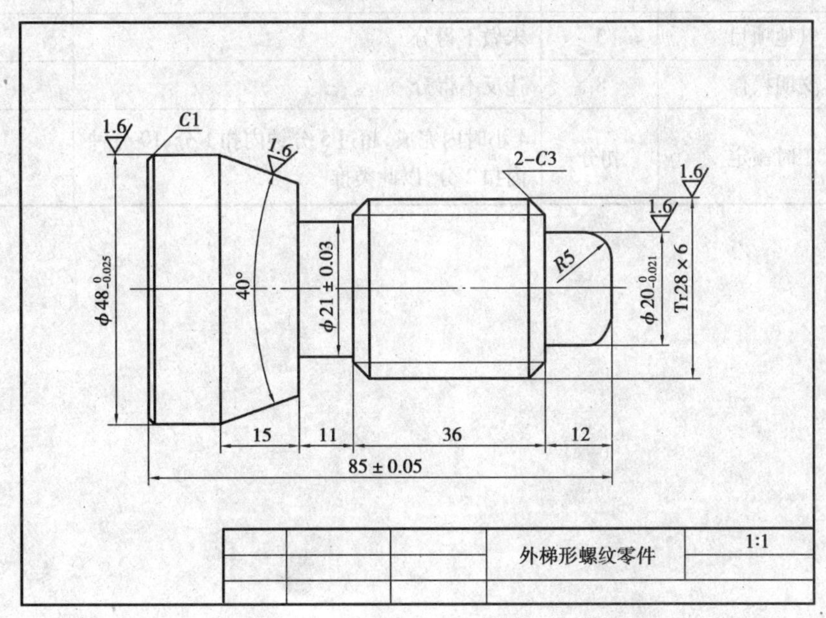

图6.3.5　外梯形螺纹加工图

表6.3.12　工件评分表

姓名		工件号		总成绩	
序号	考核项目	配分	评分标准	实测结果	得分
1	ϕ48	8	超差0.01 mm,扣3分		
2	ϕ21	7	超差0.01 mm,扣1分		
3	ϕ20	10	超差0.01 mm,扣3分		
4	锥度40°	6	不合格不得分		
5	Tr28×6	15	不合格不得分		

续表

姓名		工件号		总成绩	
序号	考核项目	配分	评分标准	实测结果	得分
6	85	7	超差 0.03 mm,扣 1 分		
7	12	4	不合格不得分		
8	36	4	不合格不得分		
9	11	3	不合格不得分		
10	15	3	不合格不得分		
11	R5	4	未做不得分		
12	倒角(3 处)	6	一处不合格扣 2 分		
13	R_a1.6(4 处)	12	一处不合格扣 3 分		
14	其他项目	3	未做不得分		
15	文明操作	8	违反不得分		
16	工时额定	扣分	4 小时内完成,超过 5 分钟内扣 1 分,10 分钟内扣 2 分,以此类推		

项目 7
数控车削综合零件加工

【项目概述】

综合类零件的加工是数控加工教学练习中的最后一个环节,也是最重要的一个环节。综合类零件的加工包含了前面六个教学项目所涉及的加工知识,本项目可检查学生是否能将前面所学所有的加工知识方法融入综合类零件的加工。掌握综合零件的加工工艺,能够使学生对工艺知识有一个比较完全的理解。

【项目内容】

任务 7.1　综合类零件加工(一)
任务 7.2　综合类零件加工(二)

【项目目标】

1. 掌握内、外圆柱台阶面的加工工艺及编制加工程序;
2. 掌握内、外圆锥面的加工工艺并能编制加工程序;
3. 掌握圆弧面加工工艺并能编制加工程序;
4. 掌握内、外槽的加工工艺并能编制加工程序;
5. 掌握内、外螺纹的加工工艺并能编制加工程序。

任务 7.1　综合类零件加工(一)

7.1.1　任务描述

①分析零件图纸 7.1.1,已知材料为 45 钢,毛坯尺寸为 $\phi32\times95$ mm,确定加工工序,编制加工程序并操作数控车床完成加工。

②明确该零件的关键技术要求及测量方法。

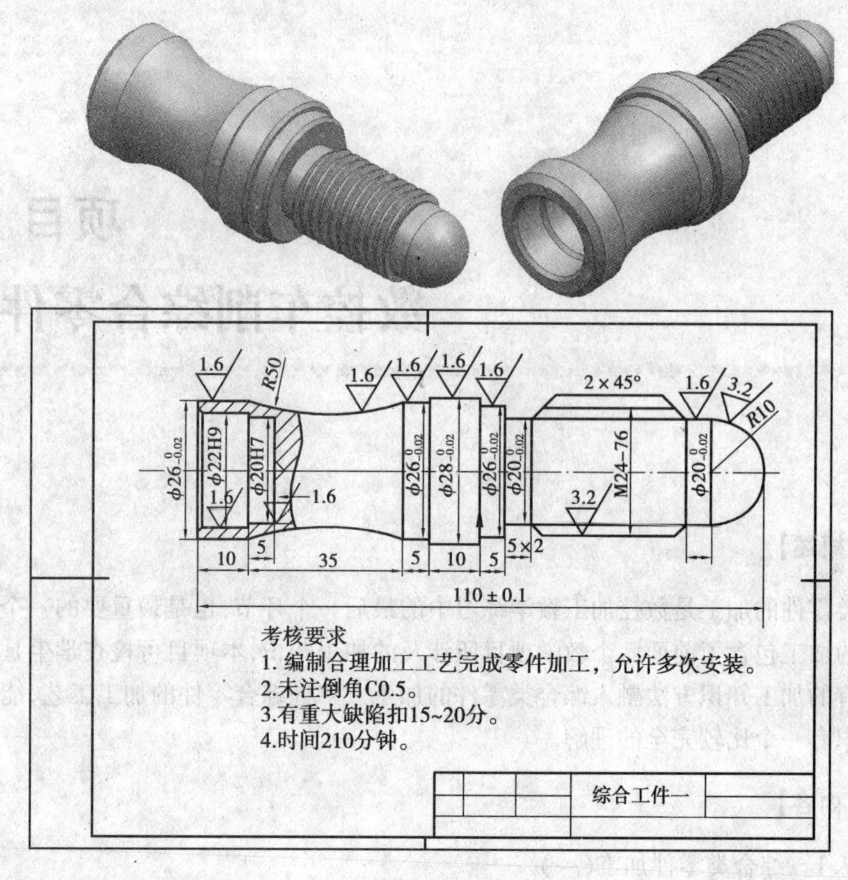

图 7.1.1

7.1.2 知识目标

①掌握综合类零件的加工工艺流程；
②掌握综合类零件的编程方法。

7.1.3 能力目标

①掌握外圆车刀的选用、安装、对刀方法；
②掌握外圆切槽刀的选用、安装、对刀方法；
③掌握外三角螺纹刀的选用、安装、对刀方法；
④掌握内孔刀具的选用、安装、对刀方法。

7.1.4 相关知识学习

1）等螺距螺纹切削指令 G92/G82

（1）格式

G92/G82　X(U)_____ Z(W)_____ F/P(I)_____　J _____　K _____　Q _____；

（2）说明

X(U)_、Z(W)_：目标点坐标值。

F/P:公制螺纹螺距。

I:英制螺纹每英寸牙数。

J:退尾时在短轴方向的移动量,带上正负号;如果短轴是 X 轴,该值为半径指定。

K:退尾时在长轴方向的长度,不能为负值;如果长轴是 X 轴,则该值为半径指定。

Q:起始角,指主轴一转信号与螺纹切削起点的偏移角度。

省略 J、K 则不退尾,省略 Q 则默认为起始角为0°。

2)圆弧插补切削指令 G02/G03

(1)格式

G02/G03　X ____ Z ____R;

(2)说明

X_、Z_:圆弧终点坐标值。

R:圆弧半径值。

7.1.5　技能训练

任务工艺分析

(1)零件图分析

图所示零件由外圆柱、外圆弧、外圆锥面、退刀槽、内孔圆柱面和螺纹组成。所有外圆的尺寸精度均要求较高,其他尺寸要求一般,粗糙度要求也较高。零件的长度方向、尺寸也有一定的要求。

(2)确定装夹方案

该零件为轴类零件,轴心线为工艺基准,加工外表面用三爪自定心卡盘夹持 $\phi30$ 毛坯外圆,伸出工件右边长度为 70 mm 左右,加工完成以后以 $\phi26$ 圆柱面为基准夹紧完成工件左边的加工。

(3)加工工艺路线设计

根据评分标准制定出加工工艺,填写加工工艺表格,见表 7.1.1 和表 7.1.2。

(4)工量刃具选择

工量刃具清单见表 7.1.2。

(5)仿真加工

①进入仿真系统,选取相应的机床和系统,然后进行开机、回零等操作。

②选择工件毛坯尺寸为 $\phi32\times115$ mm,然后装夹在三爪卡盘上。

③选择外圆车刀、内孔车刀、切刀和外螺纹刀,分别安装至规定位置。

④输入程序,然后进行程序效验。

⑤对刀。

⑥自动运行,加工零件。

⑦检查零件,总结。

(6)车间实际加工

通过仿真加工后，确定零件程序的正确性后，在实训车间对该零件进行实际操作加工。

表 7.1.1

数控加工工艺过程卡片							产品型号		零件图号			共 1 页	
							产品名称	外三角螺纹	零件名称	外三角螺纹		第 1 页	
材料牌号		45 钢		毛坯种类		圆钢	毛坯尺寸		毛坯件数		1	备注	
工序	装夹	工步	工序内容	同时加工件数	切削用量		设备	工艺装备			技术等级	工时额定/min	
					余量/mm	速度/(mm · min^{-1})		夹具	刃具	量具		准备终结时间	单件
	三爪卡盘	1	车工件左端面	1	1	50	数车	三爪卡盘	90°车刀	无	IT14	10	5
		2	钻孔	1	0.5	10	数车	三爪卡盘	ϕ18 钻头	卡尺	IT14	10	10
		3	车削 ϕ20、ϕ22 内孔	1	0	80	数车	三爪卡盘	内孔车刀	塞规	IT14	10	10
		4	粗车外圆 ϕ26. R50、ϕ28 外圆和倒角，留精加工余量	1	0.5	200	数车	三爪卡盘	90°车刀	卡尺	IT14	10	10
		5	精车外圆 ϕ26. R50、ϕ28 外圆和倒角	1	0	150	数车	三爪卡盘	90°车刀	千分尺	IT7	10	10
		6	零件掉头车削右端面定总长	1	1	50	数车	三爪卡盘	90°车刀	卡尺	IT14	10	5
		7	粗车外圆 R10、ϕ20、M24、ϕ26 外圆和倒角，留精加工余量	1	0.5	200	数车	三爪卡盘	90°车刀	卡尺	IT14	10	10
		8	精车外圆 R10、ϕ20、M24、ϕ26 外圆和倒角	1	0.5	200	数车	三爪卡盘	90°车刀	卡尺	IT14	10	10
		9	切退刀槽 ϕ20	1	0	50	数车	三爪卡盘	4 mm 切刀	卡尺	IT14	10	5
		10	车 M24×1.5 螺纹	1	0	1.5 mm/r	数车	三爪卡盘	外螺纹刀	环规	IT12	15	10
		审核		批准									
编制													

表7.1.2　工量刃具准备清单

序号	名　称	规　格	数　量	功　能
1	游标卡尺	0～150 mm	1把/组	测量长度
2	外径千分尺	0～25 mm	1把/组	测量直径
3	外径千分尺	25～50 mm	1把/组	对刀,测量直径
4	螺纹环规	M24×1.5	1副/组	综合测量螺纹
5	钻头	ϕ18	1副/组	钻内孔
6	外圆车刀	90°	1把/组	粗精车外圆
7	内孔车刀	90°	1把/组	粗精车内孔
8	切刀	4 mm	1把/组	切槽、切断
9	外螺纹刀	60°	1把/组	车螺纹
10	卡盘扳手		1把/组	装夹工件
11	夹头扳手		1把/组	装夹刀具
12	垫刀块		若干	
13	毛坯	ϕ32×115 mm	1根/人	

加工顺序如下：

①零件的夹紧：用三爪卡盘夹持工件外圆，伸出长度为70 mm左右。注意观察工件是否夹紧、工件是否夹正。

②刀具的装夹：

a. 将外圆车刀装在1号刀位。注意观察中心高是否正确、主偏角是否合理。

b. 将切刀装在2号刀位，注意观察中心高是否正确，主切削刃是否与主轴回转中心平行。

c. 将外螺纹车刀装在3号刀位，装刀时使用对刀样板，将刀具装正。

③程序录入：仔细对照程序单，输入程序。

④程序校验：使用数控机床轨迹仿真功能对加工程序进行检验，正确进行数控加工仿真的操作，完成零件的仿真加工。

⑤对刀：用试切法对刀步骤逐一操作。

⑥自动加工：按自动键，同时按下单段键，调整好快速进给倍率和切削倍率，按循环启动键进行自动加工，直至零件加工完成。若加工过程中出现异常，可按复位键，严重的须及时按下急停键或直接切断电源。

⑦零件检测：利用游标卡尺、外径千分尺、螺纹环规、表面粗糙度工艺样板等量具测量工件，学生对自己加工的零件进行检测，按照评分标准逐项检测，并做好记录。

7.1.6　质量分析和安全操作规程

1）外三角螺纹零件车削过程中容易产生的问题、原因及解决方法（表7.1.3）

2）数控车床安全文明操作规程

①数控系统的编程、操作和维修人员必须经过专门的技术培训，熟悉所用数控车床的使用环境、条件和工作参数，严格按机床和系统的使用说明书要求正确、合理地操作机床。

②数控车床的开机、关机顺序，一定要按照机床说明书的规定操作。

③主轴启动开始切削之前一定关好防护罩门，程序正常运行中严禁开启防护罩门。

表 7.1.3

问题形式	原因分析	解决方法
尺寸精度达不到要求	量具有误差或测量不正确	校验量具,多次新测量
	由于切削热影响,使工件尺寸发生变化	不能在工件温度高时测量,如测量应掌握工件的收缩情况,或浇注切削液,降低工件温度。
切断后端面不平	切断刀严重磨损	刃磨切断刀
	工件未夹紧	将工件夹紧
螺纹塞规通规不能旋合	螺纹太小	减小尺寸车削
螺纹塞规止规通过	螺纹太大	废品
牙型角不正确	螺纹车刀角度错误	刃磨螺纹车刀
	装刀错误	正确装刀

④机床在正常运行时不允许打开电气柜的门。

⑤加工程序必须经过严格检验方可进行操作运行。

⑥手动对刀时,应注惫选择合适的进给速度:手动换刀时,主轴距工件要有足够的换刀距离不至于发生碰撞。

⑦加工过程中,如出现异常现象,可按下“急停”按钮,以确保人身和设备的安全。

⑧机床发生事故,操作者注意保留现场,并向指导老师如实说明情况。

⑨经常润滑机床导轨,做好机床的清洁和保养工作。

7.1.7 成绩鉴定和信息反馈

表 7.1.4 评分表

序号	考核要求	配分	评分标准	检测结果	得分
1	$\phi28^{\ 0}_{-0.02}$	6	超差 0.01 mm,扣 2 分		
2	$\phi26^{\ 0}_{-0.02}$(2 处)	10	超差 0.01 mm,扣 2 分		
3	$\phi26^{\ 0}_{-0.02}$	5	超差 0.01 mm,扣 2 分		
4	$\phi20^{\ 0}_{-0.02}$	6	超差 0.01 mm,扣 2 分		
5	$\phi20^{\ 0}_{-0.02}$	4	超差 0.01 mm,扣 2 分		
6	110 ±0.1	4	超差 0.01 mm,扣 2 分		
7	ϕ22H9	4	不合格不得分		
8	ϕ20H9	4	不合格不得分		
9	$R35$, $R50$	4	超差不得分		
10	M24H7	8	不能旋合扣 4 分,牙形不完整不得分		
11	表面 R_a1.6 (7 处)	14	不合格不得分		
12	表面 R_a3.2(4 处)	4	不合格不得分		
13	倒 角	2	超差 0.01 mm,扣 2 分		
14	编 程	20	酌 情 扣 分		
15	文明操作	5	不合格不得分		

任务7.2　综合类零件加工(二)

7.2.1　任务描述

①分析零件图纸7.2.1,已知材料为45钢,毛坯尺寸为$\phi 32\times 95$ mm,确定加工工序,编制加工程序并操作数控车床完成加工。

②明确该零件的关键技术要求及测量方法。

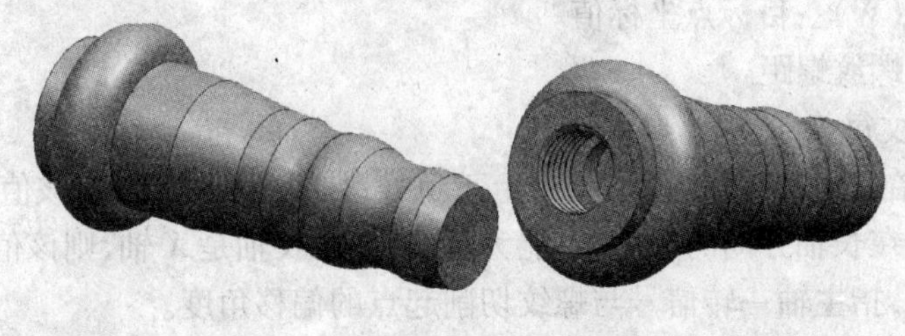

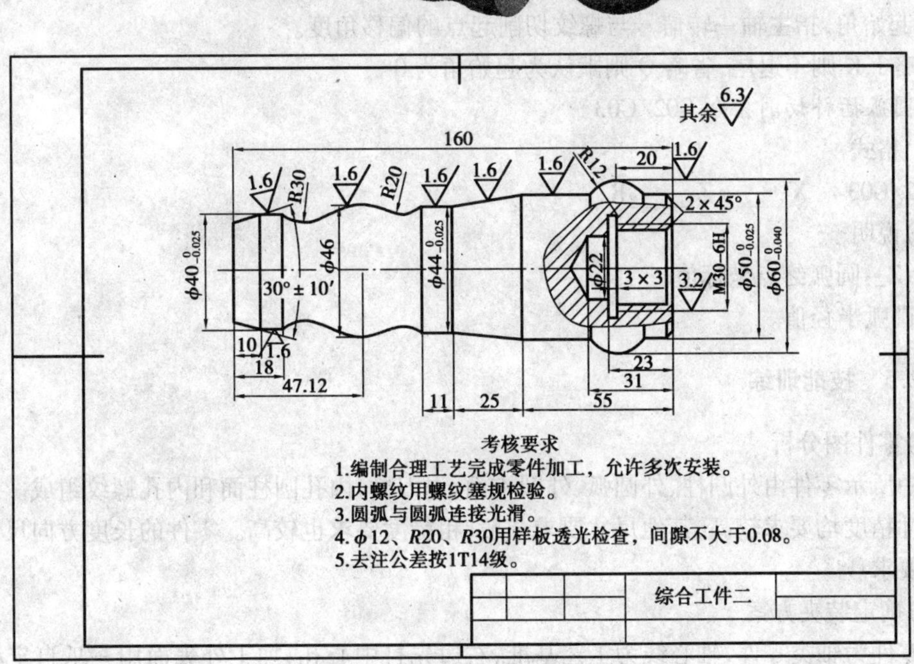

图7.2.1

7.2.2　知识目标

①掌握综合类零件的加工工艺流程;

②掌握综合类零件的编程方法。

7.2.3　能力目标

①掌握外圆车刀的选用、安装、对刀方法;

②掌握外圆切槽刀的选用、安装、对刀方法；

③掌握内孔三角螺纹刀的选用、安装、对刀方法；

④掌握内孔刀具的选用、安装、对刀方法。

7.2.4 相关知识学习

1）等螺距螺纹切削指令 G92/G82

（1）格式

G92/G82　X(U)____ Z(W)____ F/P(I)____　J____ K____　Q____；

（2）说明

X(U)_、Z(W)_：目标点坐标值。

F/P：公制螺纹螺距。

I：英制螺纹每英寸牙数。

J：退尾时在短轴方向的移动量，带上正负号；如果短轴是 *X* 轴，该值为半径指定。

K：退尾时在长轴方向的长度，不能为负值；如果长轴是 *X* 轴，则该值为半径指定。

Q：起始角，指主轴一转信号与螺纹切削起点的偏移角度。

省略 J、K 则不退尾，省略 Q 则默认为起始角为 0°。

2）圆弧插补切削指令 G02/G03

（1）格式

G02/G03　X____ Z____R；

（2）说明

X_、Z_：圆弧终点坐标值。

R：圆弧半径值。

7.2.5 技能训练

（1）零件图分析

图中所示零件由外圆柱、外圆弧、外圆锥面、退刀槽、内孔圆柱面和内孔螺纹组成。所有外圆的尺寸精度均要求较高，其他尺寸要求一般，粗糙度要求也较高。零件的长度方向尺寸也有一定的要求。

（2）确定装夹方案

该零件为轴类零件，轴心线为工艺基准，右边先打中心孔，加工外表面用三爪自定心卡盘夹持 ϕ62 毛坯外圆 10 mm 左右，一夹一顶，从左至右加工 110 mm。然后将零件掉头，夹住 100 mm 伸出工件右边长度 70 mm 左右，以 ϕ50 为基准夹紧完成工件右的加工。

（3）加工工艺路线设计

根据评分标准制定出加工工艺，填写加工工艺表格，见表 7.2.1。

（4）工量刃具选择

工量刃具清单见表 7.2.2。

表7.2.1

			数控加工工艺过程卡片					产品型号		零件图号			共1页
								产品名称	外三角螺纹	零件名称	外三角螺纹		第1页
材料牌号		45钢		毛坯种类		圆钢	毛坯尺寸		毛坯件数		1	备注	
工序	装夹	工步	工序内容	同时加工件数	切削用量		设备	工艺装备			技术等级	工时额定/min	
					余量/mm	速度/(mm·min^{-1})		夹具	刃具	量具		准备终结时间	单件
	三爪卡盘	1	车工件左端面	1	1	50	数车	三爪卡盘	90°车刀	无	IT14	10	5
		2	钻中心孔	1	0.5	10	数车	三爪卡盘	A3中心钻	无	IT14	5	5
		3	一夹一顶粗车外圆 $\phi40$、$\phi44$、$\phi50$、$R20$、$R30$ 外圆和倒角及锥度，留精加工余量	1	0.5	200	数车	三爪卡盘	90°车刀	卡尺	IT14	10	10
		4	精车外圆 $\phi40$、$\phi44$、$\phi50$、$R20$、$R30$ 外圆和倒角及锥度	1	0	150	数车	三爪卡盘	90°车刀	千分尺	IT7	10	10
		5	零件掉头车削右端面定总长	1	0	50	数车	三爪卡盘	90°车刀	卡尺	IT14	10	5
		6	钻孔	1	0	30	数车	三爪卡盘	$\phi18$ 钻头	卡尺	IT14	10	5
		7	粗车内孔圆柱 M30、$\phi22$	1	0.5	100	数车	三爪卡盘	内孔车刀	卡尺	IT14	10	10
		8	精车内孔圆柱 M30、$\phi22$	1	0	120	数车	三爪卡盘	内孔车刀	卡尺	IT14	10	10
		9	粗车外圆 $R12$、$\phi50$ 外圆柱和倒角，留精加工余量	1	0.5	200	数车	三爪卡盘	90°车刀	卡尺	IT14	10	10
		10	精车外圆 $R12$、$\phi50$ 外圆柱和倒角	1	0.5	200	数车	三爪卡盘	90°车刀	卡尺	IT14	10	10
		11	切退刀槽 $\phi20$	1	0	50	数车	三爪卡盘	内孔切槽刀	卡尺	IT14	10	5
		12	车 M30-6H 内螺纹	1	0	1.5 mm/r	数车	三爪卡盘	内孔螺纹刀	螺纹塞规	IT12	15	10
		审核		批准									

表7.2.2　工量刃具准备清单

序号	名　称	规　格	数量	功能
1	游标卡尺	0 ~ 150 mm	1把/组	测量长度
2	外径千分尺	0 ~ 25 mm	1把/组	测量直径
3	外径千分尺	25 ~ 50 mm	1把/组	对刀,测量直径
4	螺纹环规	M24 × 1.5	1副/组	综合测量螺纹
5	钻头	ϕ18	1副/组	钻内孔
6	外圆车刀	90°	1把/组	粗精车外圆
7	内孔车刀	90°	1把/组	粗精车内孔
8	内孔切刀	4 mm	1把/组	切槽
9	内螺纹刀	60°	1把/组	车螺纹
10	卡盘扳手		1把/组	装夹工件
11	夹头扳手		1把/组	装夹刀具
12	垫刀块		若干	
13	顶针		1把/组	顶车零件
14	毛坯	ϕ32 × 115 mm	1根/人	

(5)仿真加工

①进入仿真系统,选取相应的机床和系统,然后进行开机、回零等操作。

②选择工件毛坯尺寸为 ϕ62 × 165 mm,然后装夹在三爪卡盘上。

③选择外圆车刀、内孔车刀、内孔切刀和内孔螺纹刀,分别安装至规定位置。

④输入程序,然后进行程序效验。

⑤对刀。

⑥自动运行,加工零件。

⑦检查零件,总结。

(6)车间实际加工

通过仿真加工后，确定零件程序的正确性后，在实训车间对该零件进行实际操作加工。加工顺序如下：

①零件的夹紧:用三爪卡盘夹持工件外圆,伸出长度为 10 mm 左右,一夹一顶。注意观察工件是否夹紧、工件是否夹正。

②刀具的装夹:

a.将外圆车刀装在 1 号刀位。注意观察中心高是否正确、主偏角是否合理。

b.将内孔切刀装在 3 号刀位,注意观察中心高是否正确,主切削刃是否与主轴回转中心平行。

c.将内孔螺纹车刀装在 4 号刀位,装刀时使用对刀样板,将刀具装正。

③程序录入:仔细对照程序单,输入程序。

④程序校验:使用数控机床轨迹仿真功能对加工程序进行检验,正确进行数控加工仿真的操作,完成零件的仿真加工。

⑤对刀:用试切法对刀步骤逐一操作。

⑥自动加工:按自动键,同时按下单段键,调整好快速进给倍率和切削倍率,按循环启动键进行自动加工,直至零件加工完成。若加工过程中出现异常,可按复位键,严重的须及时按下急停键或直接切断电源。

⑦零件检测:利用游标卡尺、外径千分尺、螺纹环规、表面粗糙度工艺样板等量具测量工件,学生对自己加工的零件进行检测,按照评分标准逐项检测,并做好记录。

7.2.6　评分标准

表7.2.3　评分表

项目	考核要求	配分	检测工具	评分标准	检测记录	得分
工艺编程	工艺过程合理	5		工艺合理5分,严重缺陷扣2分,重大错误不得分		
	程序正确、语句精炼,各种循环及子程序应用合理	20		程序合理20分,一般错误扣5~10分,重大错误不得分		
外圆	$\phi50^{\ 0}_{+0.025}$	8	千分尺	每超差0.01 mm,扣2分		
	$\phi44^{\ 0}_{-0.025}$	6	千分尺	每超差0.01 mm,扣2分		
	$\phi40^{\ 0}_{+0.025}$	8	千分尺	每超差0.01 mm,扣2分		
	$\phi60^{\ 0}_{+0.046}$	4	千分尺	每超差0.01 mm,扣2分		
长度	160	2	游标尺	超差不得分		
	23	2	游标尺	超差不得分		
	31	2	游标尺	超差不得分		
型面	$S\Phi46$	3	R规	超差不得分		
	$R30$、$R20$、$R12$	2	R规	有一处超差不得分		
	圆弧连接光滑	3	目测	有接线扣2分,明显接线不得分		
锥面	30°±10′	6	量角器	每超2分扣2分		
内螺纹	M30	8	螺纹塞规	不能旋合扣4分,牙形不完整不得分		
粗糙度	R_a1.6(8处)	6	粗糙度样板	1处不合格扣1分		
	R_a3.2(1处)	2	粗糙度样板	1处不合格扣1分		
其余尺寸		6	游标尺	按GB/T 1804-m级检测,一处不合格扣2分		
倒角		2	目测	未倒角不得分		
安全文明		5	现场考核	不文明生产酌情扣分		
备注	1. 考试时限:240分钟。 2. 工件有重大缺陷扣10~20分。 3. 各项配分扣完为止,不计负分。					

项目 8 华中、法拉克和西门子系统简介

【项目概述】

华中、法拉克和西门子数控系统都是目前主流的数控系统,应用非常广泛。其中,日本法拉克和德国西门子作为中高档数控系统的典型,在机械制造业得到了普遍认可。本项目主要介绍这三种数控车削系统的界面、轮廓循环指令的编程方法及它们之间的区别,包含"编程指令"等4个任务。

【项目内容】

任务8.1 华中、法拉克和西门子数控系统
任务8.2 华中数控系统编程应用
任务8.3 法拉克数控系统编程应用
任务8.4 西门子数控系统编程应用

【项目目标】

1. 掌握华中、法拉克数控系统编程的G71指令;
2. 能应用法拉克数控系统编写加工程序;
3. 了解西门子系统的编程方法和主要循环指令;
4. 了解广州数控系统与华中、法拉克、西门子数控系统有何区别;
5. 能根据三种不同系统,应用所学指令独立编写加工程序。

任务8.1 华中、法拉克和西门子数控系统

8.1.1 任务描述

认识华中、法拉克、西门子数控系统的面板及相关代码。

8.1.2　知识目标

①了解广州数控与华中、法拉克、西门子数控系统的异同点。
②了解三种系统的背景知识和行业地位。
③认识华中、法拉克、西门子数控系统的系统面板、操作面板。
④识记三种系统的 G 代码。

8.1.3　能力目标

①知道华中、法拉克和西门子系统编程指令的相同和不同点。
②会简单操作不同系统进行编程和加工。
③认识三种不同系统的指令代码。

8.1.4　相关知识学习

1)广州数控系统与华中、法拉克、西门子数控系统的区别及简介

广州数控作为国产数控的代表,在数控系统制造领域创造了许多辉煌业绩,是我国最大的数控设备研发制造基地。作为中国数控装备制造业的一面旗帜,其代表系统有 GSK928TD, GSK980TB,GSK980TD 等,广泛应用于汽车零部件制造、摩托车部件制造和机床制造等领域。广数仿真软件还广泛应用于职业技术教育和培训领域。

(1)广州数控和法拉克数控对比

广数在系统编程上和法拉克有很多相似之处。除基本指令相同外,轮廓循环指令如: G71,G73,G92,G75 等编程格式基本相同。在操作上,法拉克的人机对话方式比广数更显成熟,可靠性更高。广数面板简单,操作方面,其系统自带的仿真轨迹,形象清晰,为校验程序提供了帮助,低廉的价格、较低的维护费用和较高的稳定性使其深受用户喜爱。当然,广州数控和日本法拉克也存在着很大的区别,法拉克作为国际广泛应用的数控系统,具有较高的稳定性和后期开发性能,遍布世界的售后服务体系、培训体系和高水准研发能力凸显出法拉克的实力,所以法拉克主要在中高档数控方面独树一帜。

(2)广州数控和华中数控对比

同为国产数控系统代表的华中数控有自己独立开发的编程指令和强大的宏程序,其轮廓控制循环指令和广数有很大的区别,如广数的外圆单一循环指令为 G90,华中则是 G80。广数和法拉克的 G71 由两段程序段组成,华中则是集成在一段程序里面。从操控性能来说,华中要烦琐些,广数则要直观简便些。当然,数控厂家为了突出自己的特点在系统扩展性和应用行业来说都有自己所长,华中数控在职业院校教学和技能大赛中应用广泛,广数则因为和法拉克具有很多的相似性,在制造行业来说应用十分普遍。

(3)广州数控和西门子数控对比

西门子作为高端数控系统注重在行业的模块化应用,针对性开发数控系统,其深厚的自动化控制领域研发能力和制造能力使其在欧洲应用十分广泛。西门子在编程上由于大部分使用的是自己的标准,所以,相比广数、华中、法拉克等数控系统,其程序通用性较差,轮廓控制循环指令和钻控等指令一般采用参数方式编程。

(4)华中、法拉克和西门子之间的对比

对于轮廓循环指令编程，华中和法拉克相似处很多，如G90，G71，G73，G92等。只要弄清楚它们之间的区别，便能很好地利用这些循环指令编写加工程序。西门子在通用指令（如G01，G02，G03）等和华中、法拉克相同外，循环指令的编程有很大区别，即法拉克用G指令，西门子用CYCLE94、CYCLE95等指令。具体编程和应用可参考相关资料和所学的知识。从操作使用性来说，西门子的面板设计和操作更符合欧洲人的习惯，并且西门子的开放性更强，稳定性更好。法拉克的操作面板在设计时非常符合亚洲人的操作习惯，所以在国内应用非常广泛，其良好的口碑得到业界认可。华中系统是我国新兴的数控系统，技术上进步很快，在国内教育教学上应用广泛，得到大中专院校的普遍认可和欢迎。

想一想：

同学们，你还知道有哪些数控系统吗？你对它了解多少呢？能谈谈吗？

2）华中系统简介

武汉华中数控股份有限公司创立于1994年，是我国主要的数控设备生产厂家，形成车床、铣床、加工中心、仿形、轧辊磨、非圆齿扇插齿机、齿条插齿机、镗床、激光加工、玻璃机械、纺织机械、医疗机械等40多个数控系统应用品种。公司在"八五"期间，承担了多项国家数控攻关重点课题，取得了一大批重要成果。其中，"华中Ⅰ型数控系统"在国内率先通过技术鉴定，在同行业中处于领先地位，被专家评定为"重大成果""多项创新""国际先进"。华中系统目前应用广泛，其稳定性和开放性得到行业认可，是我国数控系统的代表。

华中数控系统采用了以工业PC机为硬件平台，DOS、Windows及其丰富的支持软件为软件平台的技术路线，使主控制系统具有质量好，性能价格比高，新产品开发周期短，系统维护方便，系统更新换代快，系统配套能力强，系统开放性好，便于用户二次开发和集成等许多优点。华中数控系统在其操作界面、操作习惯和编程语言上按国际通用的数控系统设计。国外系统所运行的G代码数控程序，基本不需修改，可在华中数控系统上使用。华中数控系统采用汉字用户界面，提供完善的在线帮助功能，便于用户学习和使用。系统提供类似高级语言的宏程序功能，具有三维仿真校验和加工过程图形动态跟踪功能，图形显示形象直观，操作、使用方便容易。与SIMENSE和FANUC的普及型数控系统相比较，华中数控系统在功能上毫不逊色，在价格上更为低廉，在维护和更新换代方面更为方便，但在外观和可靠性方面略差。

（1）系统操作面板

华中世纪星车削数控装置的操作面板如图8.1.1所示。

华中世纪星HNC-21T的软件操作界面如图8.1.2所示。其界面由如下几个部分组成：

①图形显示窗口：可以根据需要，用功能键F9设置窗口的显示内容。

②菜单命令条：通过菜单命令条中的功能键F1～F10来完成系统功能的操作。

③运行程序索引：自动加工中的程序名和当前程序段行号。

④选定坐标系下的坐标值：坐标系可在机床坐标系/工件坐标系/相对坐标系之间切换；显示值可在指令位置、实际位置、剩余进给、跟踪误差、负载电流、补偿值之间切换。

⑤工件坐标零点：工件坐标系零点在机床坐标系下的坐标。

⑥辅助功能：自动加工中的M、S、T代码。

⑦当前加工程序行：当前正在或将要加工的程序段。

⑧当前加工方式、系统运行状态及当前时间：系统工作方式根据机床控制面板上相应按键的状态可在自动运行、单段运行、手动、增量、回零、急停、复位等之间切换；系统工作状态在

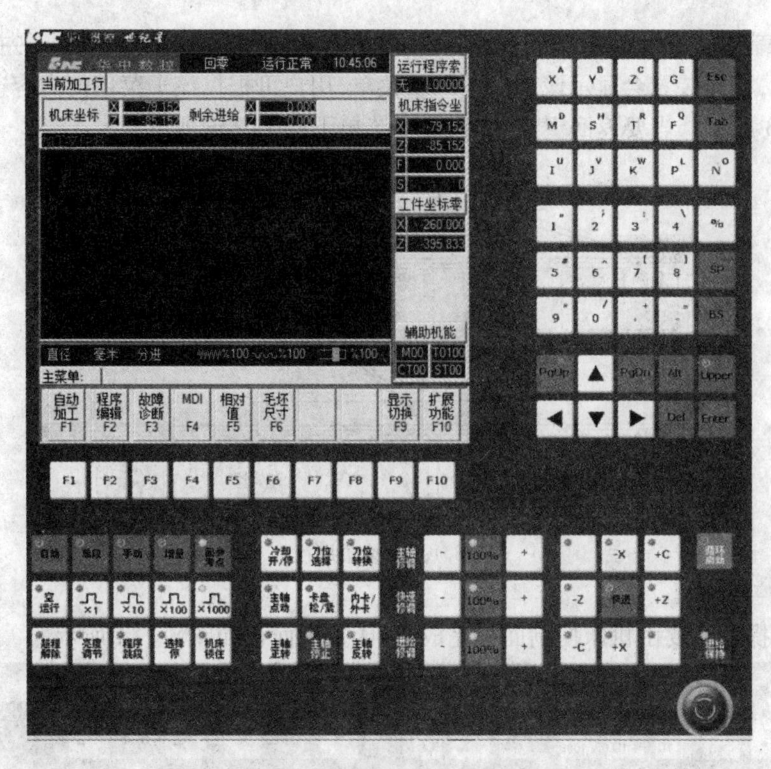

图 8.1.1　华中世纪星操作面板

“运行正常”和“出错”之间切换；系统时钟显示当前系统时间。

⑨机床坐标、剩余进给：机床坐标显示刀具当前位置在机床坐标系下的坐标；剩余进给指当前程序段的终点与实际位置之差。

⑩直径/半径编程、公制/英制编程、每分进给/每转进给、快速修调、进给修调、主轴修调。

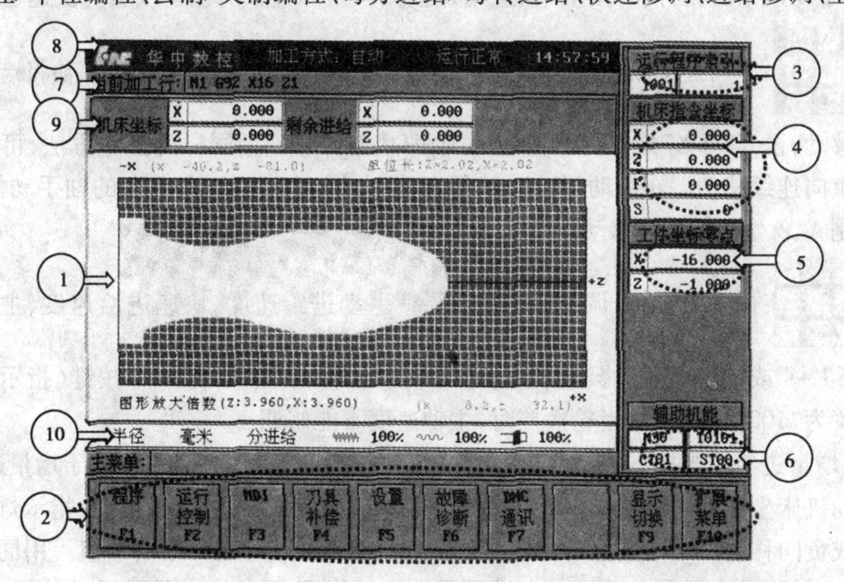

图 8.1.2　华中世纪星 HNC-21T 软件操作界面

操作界面中最重要的一块是菜单命令条。系统功能的操作主要通过菜单命令条中的功能键 F1 ~ F10 来完成。由于每个功能包括不同的操作,菜单采用层次结构,即在主菜单下选择一个菜单项后,数控装置会显示该功能下的子菜单,用户可根据该子菜单的内容选择所需的操作,如图 8.1.3 所示。当要返回主菜单时,按子菜单下的 F10 键即可。

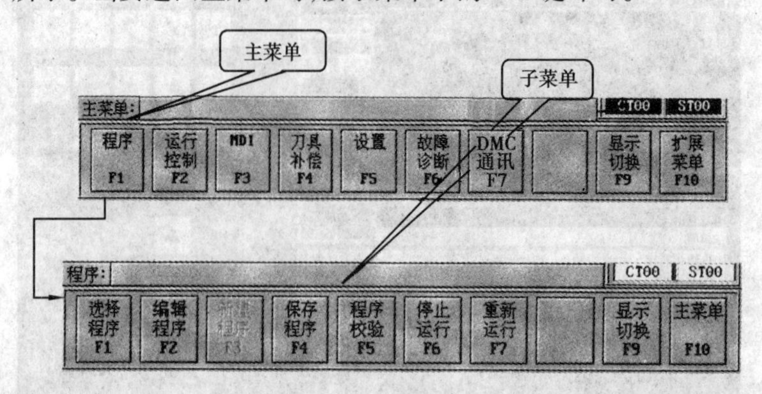

图 8.1.3　菜单层次

(2)机床控制面板

机床手动操作主要由机床控制面板完成,机床控制面板如图 8.1.4 所示。

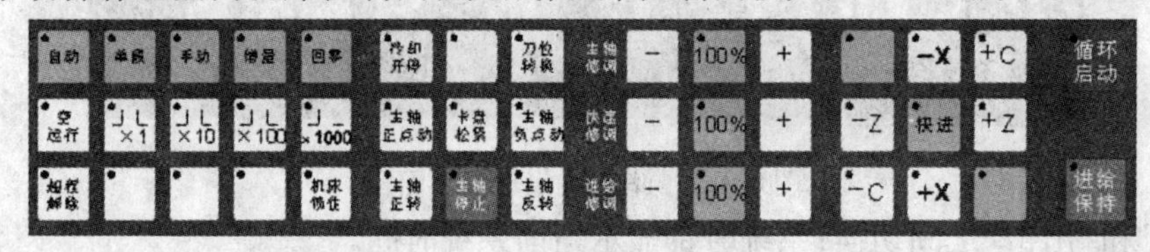

图 8.1.4　机床控制面板

①[手动]:按下“手动”按键(指示灯亮),系统处于手动运行方式,可点动移动机床坐标轴。

②[快进]:手动进给时,若同时按下“快进”按键,则产生相应轴的正向或负向快速运动。

③[方向键图]:方向键。以移动 X 轴为例,当按下“ + X”或“ − X”按键,X 轴将产生正向或负向连续移动;松开“ + X”或“ − X”按键,X 轴即减速停止。用同样的操作方法,可使 Z 轴产生正向或负向连续移动。在手动(快速)运行方式下,同时按下 X、Z 方向的轴手动按键,能同时手动控制 X、Z 坐标轴连续移动。

④[修调键图]:按下“进给修调”按键可以调整手动进给速度、快速进给速度、主轴旋转速度。按一下“ + ”或“ − ”按键,修调倍率是递增或递减 2%,按下“100%”按键(指示灯亮),修调倍率被置为“100%”。机械齿轮换挡时,主轴速度不能修调。

⑤[增量]:增量进给。当按下控制面板上的“增量”按键(指示灯亮),系统处于增量进给方式,可增量移动机床坐标轴。以增量进给 X 轴为例:按一下“ + X”或“ − X”按键(指示灯亮),X 轴将向正向或负向移动一个增量值,再按一下按键,X 轴将继续移动一个增量值。用同样的操作方法,可使 Z 轴向正向或负向移动一个增量值。同时按下 X、Z 方向的轴手动按键,能同时增量进给 X、Z 坐标轴。

⑥[×1][×10][×100][×1000]:增量值选择。增量进给的增量值由机床控制面板的“ ×1”“ ×10”“ ×100”

"×1000"四个增量倍率按键控制。增量倍率按键和增量值的对应关系见表8.1.1。这几个按键互锁，即按一下其中一个（指示灯亮），其余几个会失效（指示灯灭）。

表8.1.1　按键和增量值的关系

增量倍率按键	×1	×10	×100	×1000
增量值/mm	0.001	0.01	0.1	1

⑦主轴正转 主轴停止 主轴反转：在手动方式下，按一下"主轴正转"或"主轴反转"按键（指示灯亮），主轴电动机以机床参数设定的转速正转或反转，直到按下"主轴停止"按键。

⑧主轴正点动 卡盘松紧 主轴负点动：在手动方式下可用主轴正点动、主轴负点动按键点动转动主轴。按下主轴正点动或主轴负点动按键，指示灯亮，主轴将产生正向或负向连续转动；松开主轴正点动或主轴负点动按键，指示灯灭。在手动方式下按下"卡盘松紧"按键，松开工件（默认为夹紧）可以进行更换工件操作，再按一下为夹紧工件，可以进行工件加工操作。

⑨空运行：空运行。在"自动方式"下，按下"空运行"按键，机床处于空运行状态，程序中编制的进给速率被忽略，坐标轴按照最大快移速度移动。

⑩机床锁住：机床锁住。在手动运行方式下或在自动加工前，按下"机床锁住"按键（指示灯亮），此时再进行手动操作或按"循环启动"键让系统执行程序，显示屏上的坐标轴位置信息变化，但不输出伺服轴的移动指令。"机床锁住"按键在自动加工过程中按下无效，每次执行此功能后要再次进行返回参考点操作。

⑪刀位转换：刀位转换。在手动方式下，按一下"刀位选择"按键，系统会预先计数转塔刀架将转动一个刀位，依次类推，按几次"刀位选择"键，系统就预先计数转塔刀架将转动几个刀位，接着按"刀位转换"键，转塔刀架才真正转动至指定的刀位。

⑫冷却开停：冷却启动与停止。在手动方式下，按一下"冷却开停"按键，冷却液开（默认值为冷却液关），再按一下为冷却液关，如此循环。

⑬自动：当工件已装夹好，对刀已完成、程序调试没有错误后按此键，系统进入自动运行状态。

⑭循环启动：循环启动。自动加工模式中按下"循环启动"键后程序开始执行。

⑮进给保持：进给保持。自动加工模式中按下"进给保持"键后机床各轴的进给运动停止，S、M、T功能保持不变。若要继续加工，按下"循环启动"键。

⑯单段：自动加工模式中单步运行，即每执行一个程序段后程序暂停执行下一个程序段，当再按一次"循环启动"键后程序再执行一个程序段。该功能常用于初次调试程序，它可减少因编程错误而造成的事故。

⑰过程解除：超程解除。

⑱回零：返回机床参考点。

（3）华中数控的编程指令体系

①M指令见表8.1.2。

表 8.1.2 M 指令(或辅助功能)

指令	功 能	说 明	备 注
M00	程序暂停	执行 M00 后,机床所有动作均被切断,重新按程序启动按键后,再继续执行后面的程序段	
M01	任选暂停	执行过程和 M00 相同,只是在机床控制面板上的“任选停止”开关置于接通位置时,该指令才有效	*
M03	主轴正转		
M04	主轴反转		
M05	主轴停		
M07	切削液开		*
M09	切削液关		*
M30	主程序结束	切断机床所有动作,并使程序复位	
M98	调用子程序	其后 P 地址指定子程序号,L 地址指定调运次数	
M99	子程序结束	子程序结束,并返回到主程序中 M98 所在程序行的下一行	

* 暂无此功能。

②S 指令(主轴功能):

a. 转/每分钟(M03 后)。

b. 米/每分钟(G96 恒线速有效)。

c. 转/每分钟(G97 取消恒线速)。

③F 指令(进给功能):

a. 每分钟进给(G94)。

b. 每转进给(G95)。

④T 指令(刀具功能):

```
%0012
N01 T0101    (此时换刀,设立坐标系,刀具不移动)
N02 G00 X45 Z0  (当有移动性指令时,加入刀偏)
N03 G01 X10 F100
N04 G00 X80 Z30
N05 T0202    (此时换刀,设立坐标系,刀具不移动)
N06 G00 X40 Z5  (当有移动性指令时,执行刀偏)
N07 G01 Z-20 F100
N08 G00 X80 Z30
N09 M30
```

⑤G 指令(准备功能):

a. 坐标系相关 G 指令。

b. 运动相关G指令。

c. 单一循环G指令。

d. 复合循环G指令。

表8.1.3　G指令(准备功能)

代码	组号	意　义	代码	组号	意　义
G00	01	快速定位	G57	11	零点偏置
G01		直线插补	G58		
G02		圆弧插补（顺时针）	G59		
G03		圆弧插补（逆时针）	G65	00	宏指令简单调用
G04	00	暂停延时	G66	12	宏指令模态调用
G20	08	英制输入	G67		宏指令模态调用取消
G21		公制输入	G90	13	绝对值编程
G27	00	参考点返回检查	G91		增量值编程
G28		返回到参考点	G92	00	坐标系设定
G29		由参考点返回	G80	01	内、外径车削单一固定循环
G32	01	螺纹切削	G81		端面车削单一固定循环
G40	09	刀具半径补偿取消	G82		螺纹车削单一固定循环
G41		刀具半径左补偿	G94	14	每分进给
G42		刀具半径右补偿	G95		每转进给
G52	00	局部坐标系设定	G71	06	内、外径车削复合固定循环
G54	11	零点偏置	G72		端面车削复合固定循环
G55			G73		封闭轮廓车削复合固定循环
G56			G76		螺纹车削复合固定循环

⑥有关单位设定G功能。

a. 英制输入G20(单位:in)。

b. 公制输入G21(单位:mm)。

⑦进给量的设定G94和G95指令。

a. G94 每分进给。

b. G95 每转进给。

⑧坐标系相关的G指令:

a. 绝对编程时,用G90指令后面的X、Z表示X轴、Z轴的坐标值;

b. 增量编程时,用U、W或G91指令后面的X、Z表示X轴、Z轴的增量值;

注:车床的默认状态为G90。

表示增量的字符U、W不能用于循环指令G80、G81、G82、G71、G72、G73、G76程序段中,但可用于定义精加工轮廓的程序中。

想一想:

同学们,你能说说广州数控和华中数控有哪些指令不相同吗?

3)法拉克(FANUC)系统的简介

日本对机床工业之发展异常重视,通过相关规划、法规引导发展。日本在重视人才及机床元部件配套上学习德国,在质量管理及数控机床技术上学习美国,青出于蓝而胜于蓝。自

1958 年研制出第一台数控机床后,1978 年产量(7 342 台)超过美国(5 688 台),至今产量、出口量一直居世界首位(2001 年产量 46 604 台,出口 27 409 台,占 59%)。日本在 20 世纪 80 年代开始进一步加强科研,向高性能数控机床发展。日本 FANUC 公司战略正确,仿创结合,针对性地发展市场所需各种低中高档数控系统,在技术上领先,在产量上居世界第一。

FANUC 系统在设计中大量采用模块化结构。这种结构易于拆装、各个控制板高度集成,使其数控机床可靠性有很大提高,而且便于维修、更换。FANUC 系统设计了比较健全的自我保护电路。FANUC 系统性能稳定,操作界面友好,系统各系列总体结构非常类似,具有基本统一的操作界面。FANUC 系统可以在较为宽泛的环境中使用,对于电压、温度等外界条件的要求不是特别高,因此适应性很强。

(1)FANUC 数控车床操作面板介绍

FANUC 0i-TB 数控车床由 CRT/MDI 操作面板和机床控制面板两部分组成。

①CRT/MDI 操作面板如图 8.1.5 所示。用操作键结合显示屏可以进行数控系统操作。

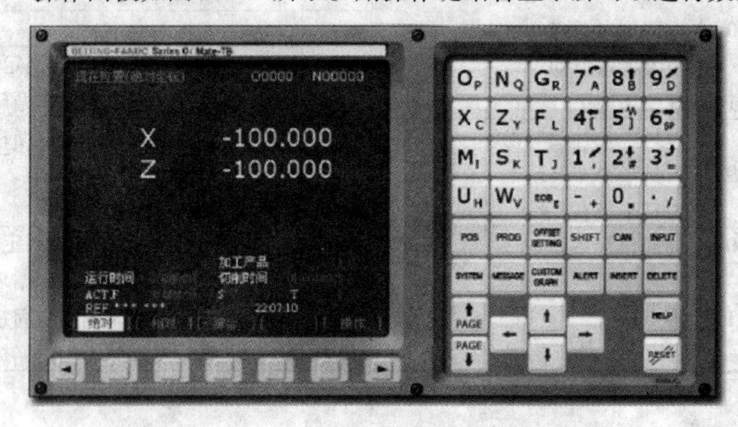

图 8.1.5

表 8.1.4 系统面板功能键的主要作用

按 键	名 称	按键功能
ALERT	替代键	用输入的数据替代光标所在的数据
DELETE	删除键	删除光标所在的数据;或者删除一个数控程序或者删除全部数控程序
INSERT	插入键	把输入域之中的数据插入到当前光标之后的位置
CAN	取消键	删除输入域内的数据

续表

按　键	名　称	按键功能
EOB E	程序段结束	结束一行程序的输入并且换行
SHIFT	上档键	按此键可以输入按键右下角的字符
PROG	程序键	数控程序显示与编辑页面
POS	位置键	位置显示页面位置显示有 3 种方式用 PAGE 按钮选择
OFFSET SETTING	偏移设定键	参数输入页面按第一次进入坐标系设置页面按第二次进入刀具补偿参数设置页面进入不同的页面以后用 PAGE 按钮切换
HELP	帮助键	系统帮助页面
CUSTOM GRAPH	图形显示键	图形参数设置或图形模拟页面
MESSAGE	信息键	信息页面如“报警”
SYSTEM	系统键	系统参数页面
RESET	复位键	取消报警或者停止自动加工中的程序
↑ PAGE　PAGE ↓	翻页键	向上或向下翻页

续表

按　键	名　称	按键功能
← → ↑ ↓	光标移动键	向左向右向上向下移动光标
INPUT	输入键	把输入域内的数据输入参数页面或者输入一个外部的数控程序
O N G 7 8 9 X Z F 4 5 6 M S T 1 2 3 U W EOB - 0 .	数字/字母键	用于字母或者数字的输入

②机床控制面板如图 8.1.6 所示。

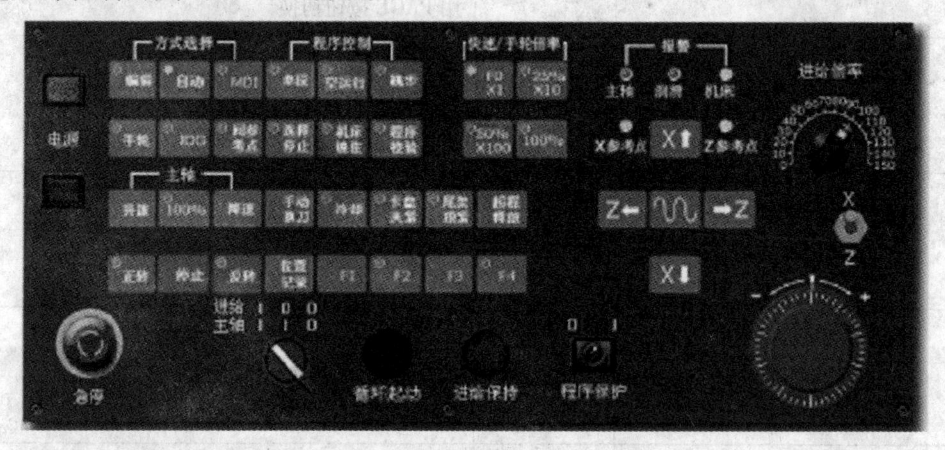

图 8.1.6

表 8.1.5　机床控制面板功能键的主要作用

功能键	名　称	按键功能
编辑	编辑方式	进入程序编辑方式
自动	自动方式	进入自动加工模式

续表

按 键	名 称	按键功能
MDI	MDI 方式	选择手动数据输入方式
手轮	手轮方式	选择手轮方式
JOG	手动方式	选择手动方式
回参考点	回参考点	手动回参考点
单段	单段运行	在自动加工模式中程序单段运行
空运行	空运行	在空运行期间，如程序段是快速进给，则机床以快速移动；如果是指令程序段，机床则以手动进给速率移动
跳步	跳过任选程序段	用于自动运行时不执行带有"/"的程序段
选择停止	选择停止	用于循环运行中是否执行 M01 指令
机床锁住	机床锁住	自动运行期间，机床不动作，CRT 显示程序中坐标值变化
程序校验	程序校验	程序校验功能有效时机床不执行 M、S、T 功能

续表

按　键	名　称	按键功能
正转 停止 反转 升速 100% 降速	主轴控制	用于手动方式主轴正转停止反转以及主轴的变速
手动换刀	手动换刀	手动更换刀具
冷却	冷却液	启动冷却泵
卡盘夹紧	卡盘夹紧	用于机动卡盘夹紧
尾架顶紧	尾架顶紧	用于尾座顶尖的夹紧适用于机动尾座
超程释放	超程释放	用于机床到达硬限位时的报警解除
位置记录	位置记录	记录当前位置
Z← →Z X↑ X↓	运动方向	控制刀架的运动方向及快速运动
F0 X1 25% X10 50% X100 100%	快速/手轮进给的倍率	用于快速进给和手轮进给的倍率调节

③控制面板上的其他按钮 如图 8.1.7。

(2)FANUC 数控基本编程指令

①F 指令用于指定车刀车削表面时的走刀速度。机床设定 G98 时,F100 表示车刀的进给

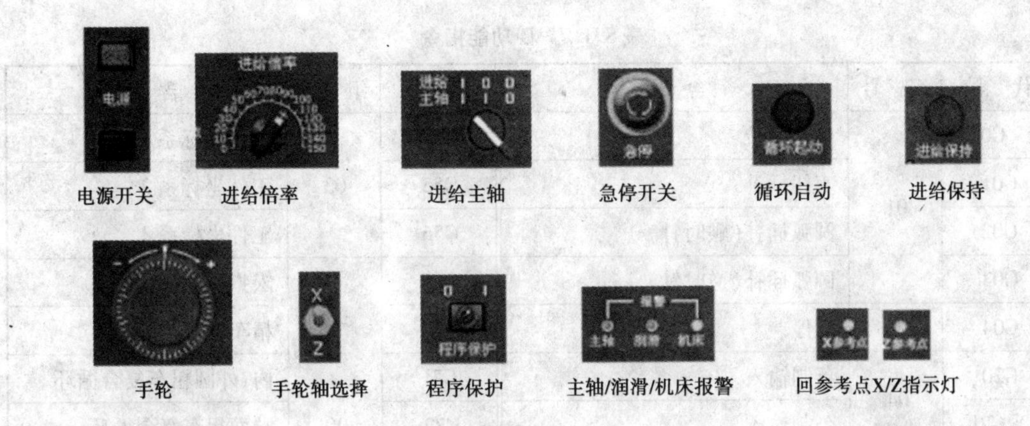

电源开关　进给倍率　进给主轴　急停开关　循环启动　进给保持

手轮　手轮轴选择　程序保护　主轴/润滑/机床报警　回参考点X/Z指示灯

图8.1.7

速度为100 mm/min；机床设定G99为默认状态时，F0.12表示车刀的进给速度为0.12 mm/r；当车削螺纹时，F用来指令被加工螺纹的导程。例：F3.0表示被加工螺纹的导程为3 mm。

②S指令用于指定车床的主轴速度，需配合指令G96和指令G97来使用。

a. G96——恒线速控制，使刀具在加工各表面时保持同一线速度。例：G96 G150表示切削点线速度控制在150 m/min。

b. G97——恒线速取消。恒线速度控制取消。例：G97 S3000表示恒线速控制取消，并设定主轴转速为3 000 r/min。

③T指令用来指定加工中所用的刀具号及其所调用的刀具补偿号。例：T0202表示选用2号刀具，调用2号刀具补偿值；T0205表示选用2号刀具，调用5号刀具补偿值；T0300表示取消刀具补偿。

④M指令用来指定主轴的旋转方向、启动、停止、冷却液的开关等功能。

FANUC 0i TB系统的数控车床常用的M功能指令代码及含义见表8.1.6。

表8.1.6　M功能指令

代　号	含　义	代　号	含　义
M00	程序停止	M07	2号冷却液开
M01	计划停止	M08	1号冷却液开
M02	程序停止	M09	冷却液关
M03	主轴顺时针旋转	M30	程序停止并返回开始处
M04	主轴逆时针旋转	M98	调用子程序
M05	主轴旋转停止	M99	返同主程序
M06	换刀		

⑤G指令用来建立数控机床某种加工方式。

FANUC 0I－TB系统的数控车床常用的G功能指令代码及含义见表8.1.7。

表 8.1.7　G 功能指令

代　号	组　号	含　义	代　号	组　号	含　义
* G00	01	快速定位	G54	03	工件坐标系 1
G01		直线插补	G55		工件坐标系 2
G02		圆弧插补(顺时针)	G56		工件坐标系 3
G03		圆弧插补(逆时针)	G65	00	宏指令调用
G04	00	暂停	G70		精车循环
G20	04	英制输入	G71		内、外圆粗车复合循环
* G21		公制输入	G72		端面粗车复合循环
G27	00	参考点返回检查	G73		固定粗车形状循环
G28		返回参考点	G74		端面钻孔加工循环
G29		从参考点返回	G75		内、外圆切槽循环
G30		返回第二、第三或第四参考点	G76		螺纹车削复合循环
G32	01	螺纹切削	G90	01	内、外圆单一循环
G36	00	x 轴刀偏自动设定	G92		螺纹车削单一循环
G37		z 轴刀偏自动设定	G94		端面车削单一循环
* G40	07	取消刀尖半径补偿	G96	02	主轴恒线速度(ON)
G41		刀尖左补偿	* G97		主轴恒线速度(OFF)
G42		刀尖右补偿	G98	03	每分钟进给
G50	00	工件坐标系设定	* G99		每转进给

注:①表中 00 组的 G 指令为非模态指令,其他各组均为模态指令。

②*表示系统默以状态。

③格式与用法同 GSK980TD 类似。

想一想:

同学们,请你说说广州数控和法拉克数控有什么相同和不同的地方。

4)西门子(SINUMERIK)系统简介

德国一向重视机床工业的重要战略地位,在多方面大力扶植。于 1956 年研制出第一台数控机床后,德国特别注重科学试验,理论与实际相结合,基础科研与应用技术科研并重。企业与大学科研部门紧密合作,对数控机床的共性和特性问题进行深入的研究,在质量上精益求精。德国的数控机床质量及性能良好、先进实用、货真价实,出口遍及世界,尤其是大型、重型、精密数控机床。德国特别重视数控机床主机及配套件之先进实用,其机、电、液、气、光、刀具、测量、数控系统、各种功能部件,在质量、性能上居世界前列。如西门子公司之数控系统,世界闻名,各国竞相采用。

SINUMERIK 不仅是一系列数控产品,其力度在于生产一种适于各种控制领域不同控制需求的数控系统,其构成只需很少的部件。它具有高度的模块化、开放性以及规范化的结构,适于操作、编程和监控。

(1)西门子数控车床操作面板介绍

SIEMENS 802 S/C 数控车床操作面板如图 8.1.8 所示,它由数控系统控制面板和机床控制面板两部分组成。

图 8.1.8　操作面板

①数控系统控制面板如图 8.1.9 所示,各功能键说明见表 8.1.8。

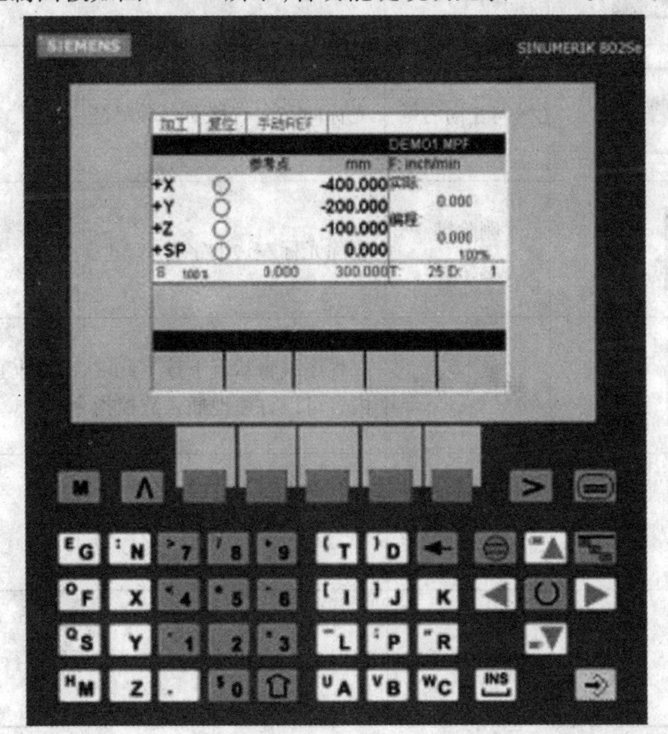

图 8.1.9

表 8.1.8　SIEMENS 802 S/C 数控车床系统操作面板功能键的主要功能

按　键	名　称	按键功能
	软菜单键	用于执行显示屏上相应的菜单功能
M	加工显示	无论屏幕当前在什么区域,按此键可以直接进入加工操作区
∧	返回键	返回上一级菜单
>	菜单扩展键	显示同一级菜单的其他选项
	区域转换键	可从任何区域返回主菜单再按一次又返回先前的操作区
	光标向上向下键	光标向上向下移动一行与上档键配合则向上向下翻一页
	光标向左向右键	光标向左向右移动一个字符
	删除键（退格键）	删除光标左边的字符
	垂直菜单键	在程序编辑状态下按下此键,出现垂直菜单,选择相应的内容可以方便地插入数控指令
	报警应答键	可以取消机床相应的报警信号
	选择转换键	当屏幕上有此符号时按该键可以进行修改

续表

按　键	名　称	按键功能
	回车输入键	此键可以对输入的内容进行确认，在程序输入过程中按此键表示程序段结束产生程序段结束符光标换行
	上档键	按住此键再按双字符键则系统输入按键左上角的字符
INS	空格插入键	在光标处输入一个空格
$0 ～ +9	数字键	输入数字与上档键配合输入左上角对应的字符
UA ～ Z	字母键	输入字母与上档键配合输入左上角对应的字符

②SIEMENS 802 S/C 数控车床控制面板如图 8.1.10 所示，各功能键作用见表 8.1.9。

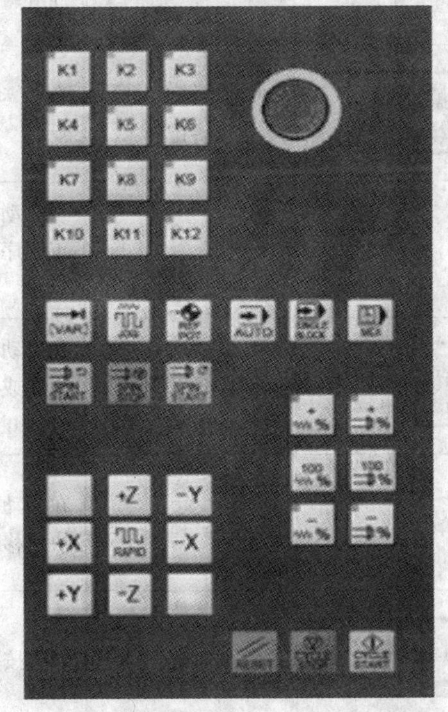

图 8.1.10

表 8.1.9　SIEMENS 802 S/C 数控车床控制面板功能键的主要作用

功能键	名　称	作　用
[VAR]	增量选择键	增量选择，步进增量有 0.001 mm、0.01 mm、0.1 mm、1 mm，共 4 种
Jog	点动键	手动方式(JOG)方式，在此方式下可以手动移动刀架，启动/停止主轴，手动换刀，开启/关闭冷却液
Ref Point	回参考点	手动方式回参考点
Auto	自动方式键	进入自动加工模式
Single Block	单段键	在自动加工模式中单步运行
MDA	手动数据键	用于直接通过操作面板输入数控程序和编辑程序 MDA 方式
Spindle Left　Spindle Stop　Spindle Right	主轴正转/停止/反转键	在手动方式下使主轴正转/停止/反转
RESET	复位键	在自动方式下按此键终止当前的加工程序，另外还可以消除报警使系统复位
Cycle Stop　Cycle Start	循环停止/循环启动	在自动方式或 MDA 方式下启动数控程序或程序段在自动方式或空运行时，中断程序运行
	快速运行叠加键	在手动方式下与方向键配合使刀架快速移动
+X　-X　+Z　-Z	方向键	刀架按指定的轴方向移动

续表

功能键	名　称	作　用
K1 ~ K12	用户定义键	在手动方式下使主轴实现点动刀架换刀冷却液启闭等
+ % / 100 % / - %	进给速度调节键	调节刀架进给速度
+ % / 100 % / - %	主轴速度调节键	调节主轴转速
	急停旋钮	当出现紧急情况时按下此钮,机床主轴和各轴进给立即停止运行

(2)SIEMENS 802S/C 数控基本编程指令

①F 指令见表 8.1.10

表 8.1.10　F 功能指令及说明

地　址	意　义	说　明	编程举例
F	进给率	刀具/工件轨迹速度;根据 G94 或 G95 决定测量单位为 mm/min 还是 mm/r	G94 F100 100 mm/min G95 F0.1 0.1 mm/r
	暂停时间(包含 G4 的程序段)	暂停时间,单位:s	G4 F5 暂停 5 s
	螺距更改(G34、G35 程序段)	mm/r	见 G34、G35

②S 指令见表 8.1.11

表 8.1.11　S 功能指令代码及说明

地址	意　义	说　明	编程举例
S	主轴转速	主轴转速的计量单位是 r/min	S800
	暂停时间(包含 G4 的程序段)	主轴暂停转数	G4 S500
	G96 有效时的切削速度	G96 切削速度计量单位:m/min	G96 S150

③T 指令。西门子数控系统将描述刀具位置补偿和刀具半径补偿所需的各个参数(包括刀具长刀尖圆弧半径等)存放在单独的数据存储单元中。对应于每一把刀具可以有多个不同的刀具补偿存储单元,即“刀补号”,西门子系统一般称为“刀具补偿号”,也可以称为“D 号”。

每把刀具最多可设定 18 个“D 号”。比如调用带 1 号刀补的 1 号刀具,写为“TlDl”;同样带 5 号刀补的 3 号刀具,写为“T3D5”。若刀具的补偿号为“DO”,则取消刀具补偿。

④M 指令。系统的 M 指令与其他系统没有大的区别,同样包括 M0(程序停止)、M1(程序有条件停止)、M2(程序结束)、M3(主轴正转)、M4(主轴反转)、M5(主轴停止)、M8(切削液开)、M9(切削液关)。此外,系统还提供了 M4l—M45 指令,用于主轴齿轮变换。比如,某机床有四级机械齿轮挡位选择,分别对应转速 20 ~ 260 r/min、250 ~ 600 r/min、330 ~ 870 r/min、840 ~ 2000 r/min,对应的 M 指令分别为 M4l、M42、M43、M44。当需选择 600 r/min 时,应在给出主轴转速字的同时给出 M43 指令,相应的程序段为“S600 M3 M43”。系统使用 M17 指令代表子程序结束返回指令,也可以使用“RET”表示该功能。

⑤G 指令。802 S/C 系统的数控车床常用的 G 功能指令代码及含义见表 8.1.12。

表 8.1.12 G 功能指令代码及含义

指令名	含 义	指令名	含 义
G0	快速移动	G56	第三可设定零点偏置
G1	直线插补	G57	第四可设定零点偏置
G2	顺时针圆弧插补	G53	按程序段方式取消可设定零点偏置
G3	逆时针圆弧插补	G60	准确定位
G5	中间点圆弧插补	G64	连续路径方式
G33	恒螺距的螺纹切削	G9	准确定位,单程序段有效
G4	延时暂停	G601	在 G00、G9 方式下精定位
G74	回参考点	G602	在 G60、G9 方式下粗定位
G75	回固定点	G70	英制尺寸
G158	可编程的偏置	G71	公制尺寸
G35	主轴转速下限	G90	绝对尺寸
G26	主轴转速上限	G391	增量尺寸
G17	选择 *XY* 平面	G94	进给率 F,单位为 mm/min
G18	选择 *XZ* 平面	G95	主轴进给率 F,单位为 mm/r
G40	刀尖半径补偿方式的取消	G96	恒定切削速度(F 单位为 mm/r,S 单位为 m/min)
G41	调用刀尖半径补偿,刀具在轮廓左侧移动	G97	删除恒定切削速度
G42	调用刀尖半径补偿,刀具在轮廓右侧移动	G450	圆弧过渡
G50	取消可设定零点偏置	G451	等距线的交点,刀具在工件转角处不切削
G54	第一可设定零点偏置	G22	半径尺寸
G55	第二可设定零点偏置	G23	直径尺寸

说明:①西门子系统直接使用简写方式给出 G1 之类的指令。

②系统包含 G450 等由三位数字构成的指令。

⑥多重复合循环。西门子系统与其他系统的循环指令工作方式有一定的区别,它使用计算参数指定循环所需的各项参数,并调用能实现指定功能的循环宏程序来实现复合循环加工。西门子系统的标准循环功能见表8.1.13。

表8.1.13　标准循环功能表

指令名	功　能	指令名	功　能
LCYC82	钻孔,沉孔加工	LCYC93	凹槽切削
ICYC83	深孔钻削	LCYC94	凹凸切削(E型和F型,按DIN标准)
LCYC840	带补偿夹具内螺纹切削	LCYC95	毛坯切削
LCYC85	镗孔	LCYC97	螺纹切削

说明:LCYC82、83、840、85指令主要用于采用转塔刀架装夹钻镗类刀具加工内孔,切削动作方式与数控铣床相应指令类似。LCYC94用于加工符合德国国标的E型和F型退刀槽。以上循环本书不作具体阐述。LCYC95用于工件形状的粗、精加工,LCYC93用于加工凹槽,LCYC97用于螺纹复合循环加工,本节以复合循环LCYC95为例,介绍西门子系统与其他系统的循环指令编程方式的区别。

想一想:

请同学们想想,西门子数控系统的刀具号、刀具补偿号调用和广州数控系统相同吗?为什么?

8.1.5　课外作业

①试述广数和法拉克系统有什么区别。

②举例说明西门子和法拉克系统轮廓复合循环指令的区别。

③你校所用的数控系统有哪些?它们之间有什么相同和不同之处?

任务8.2　华中数控系统编程应用

8.2.1　任务描述

①分析零件图8.2.1,已知材料为45钢,毛坯尺寸为$\phi35\times100$ mm,确定加工工序,编制加工程序并操作数控车床完成加工。

②明确该零件需要使用什么循环指令编程,程序指令格式是什么,怎么应用该指令编程。

8.2.2　知识目标

①掌握华中数控车床G71指令的格式及编程方法;

②能应用G71编写综合轴类零件的程序。

8.2.3　能力目标

①掌握G71的格式和用途。

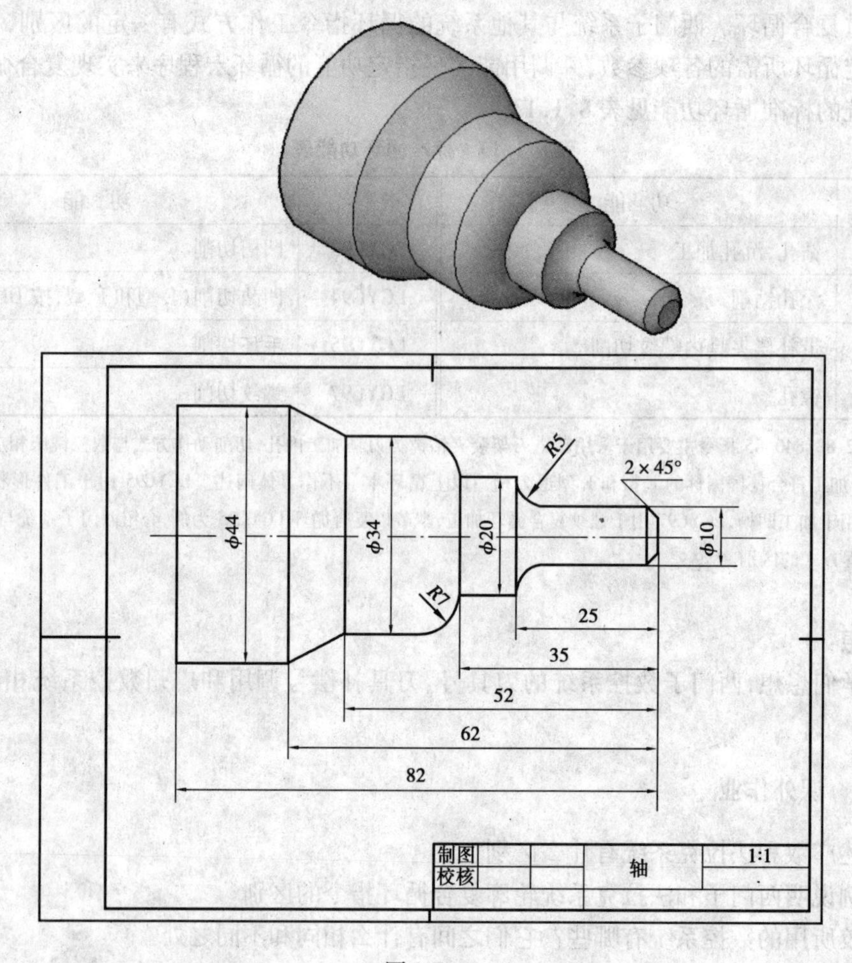

图 8.2.1

②应用 G71 编写综合轴类零件的程序。

8.2.4 相关知识学习

1)内(外)径粗车复合循环 G71

(1)格式

G71 U(Δd) R(r) P(ns) Q(nf) X(Δx) Z(Δz) F(f) S(s) T(t);

(2)说明

Δd:切削深度(每次切削量),指定时不加符号,方向由矢量 *AA'* 决定。

r:每次退刀量。

ns:精加工路径第一程序段(即图中的 *AA'*)的顺序号。

nf:精加工路径最后程序段(即图中的 *B'B*)的顺序号。

Δx:*X* 方向精加工余量。

Δz:*Z* 方向精加工余量。

f,s,t:粗加工时 G71 中编程的 F、S、T 有效,而精加工时处于 ns 到 nf 程序段之间的 F、S、T 有效。

2)走刀路线

走刀路线如图8.2.2所示。

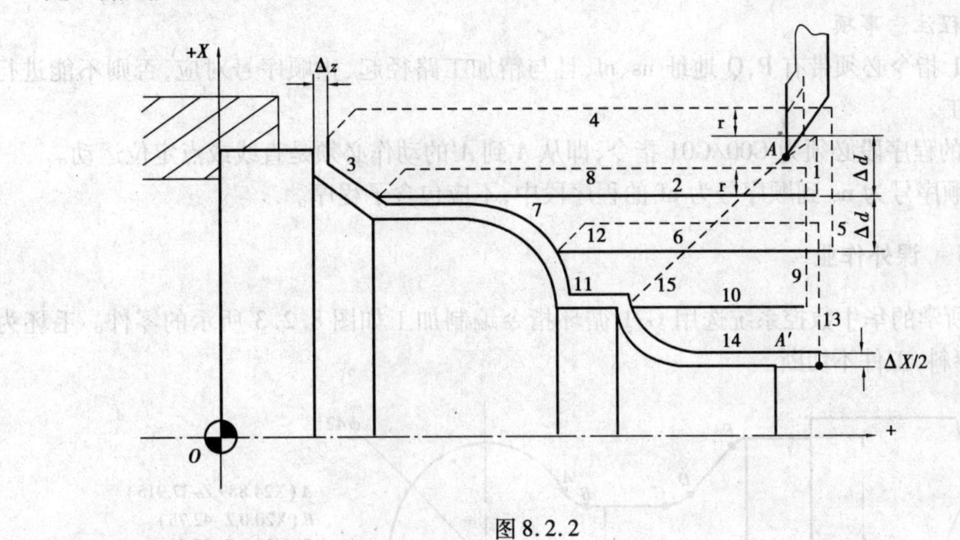

图8.2.2

3)程序编写

程序见表8.2.1。

表8.2.1

程序号	程序	O3331;	程序说明
N10	G00 X80 Z80;		到程序起点位置
N20	M03 S400;		主轴以400 r/min 正转
N30	G01 X46 Z3 F100;		刀具到循环起点位置
N40	G71 U1.5 R1 P5 Q13 X0.4 Z0.1;		粗切量:1.5 mm 精切量:X0.4 mm Z0.1 mm
N50	G00 X6;		精加工轮廓起始行,到倒角起点
N60	G01 X10 Z-2;		精加工2×45°倒角
N70	Z-20;		精加工Φ10外圆
N80	G02 U10 W-5 R5;		精加工R5圆弧
N90	G01 W-10;		精加工Φ20外圆
N100	G03 U14 W-7 R7;		精加工R7圆弧
N110	G01 Z-52;		精加工Φ34外圆
N120	U10 W-10;		精加工外圆锥
N130	W-20;		精加工Φ44外圆,精加工轮廓结束行
N140	X50;		退出已加工面
N150	G00 X80 Z80;		回对刀点
N160	M05;		主轴停
N170	M30;		主程序结束并复位

想一想:

华中数控系统的 G71 指令与广州数控系统的 G71 有没有区别?它们的区别在哪里?

4)编程注意事项

①G71 指令必须带有 P,Q 地址 ns、nf,且与精加工路径起、止顺序号对应,否则不能进行该循环加工。

②ns 的程序段必须为 G00/G01 指令,即从 *A* 到 *A′*的动作必须是直线或点定位运动。

③在顺序号为 ns 到顺序号为 nf 的程序段中,不应包含子程序。

8.2.5 课外作业

根据所学的华中数控系统选用 G71 循环指令编制加工如图 8.2.3 所示的零件。毛坯为 ϕ45 mm 棒料,工件不切断。

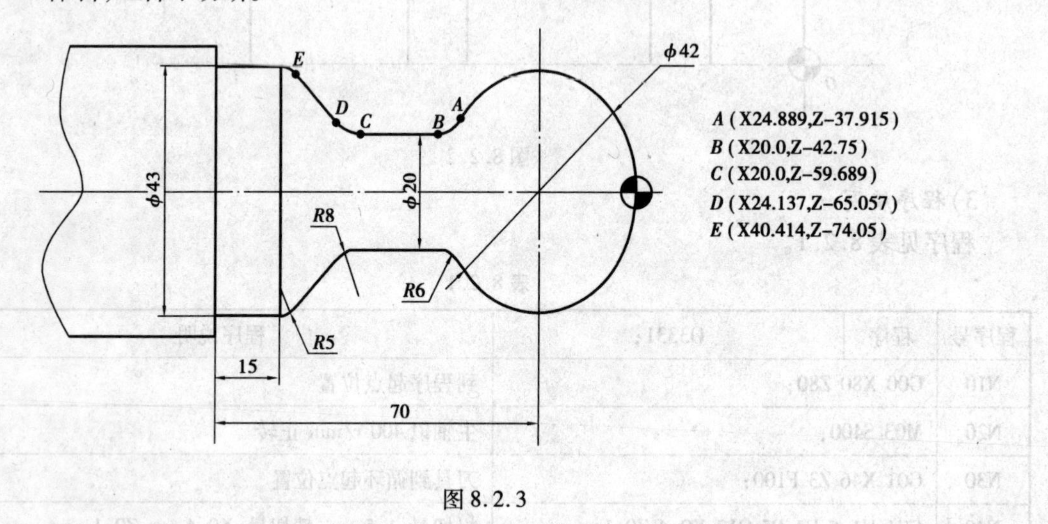

图 8.2.3

任务 8.3 法拉克数控系统编程应用

8.3.1 任务描述

①分析零件图 8.3.1,已知材料为 45 钢,毛坯尺寸为 $\phi35\times100$mm,确定加工工序,编制加工程序并操作数控车床完成加工。

②明确该零件需要使用什么循环指令编程,程序指令格式是什么,怎么应用该指令编程。

8.3.2 知识目标

①掌握法拉克数控车床 G71 指令的格式及编程方法;

②能应用 G71 编写阶梯轴的程序。

8.3.3 能力目标

①掌握 G71 的格式和用途。

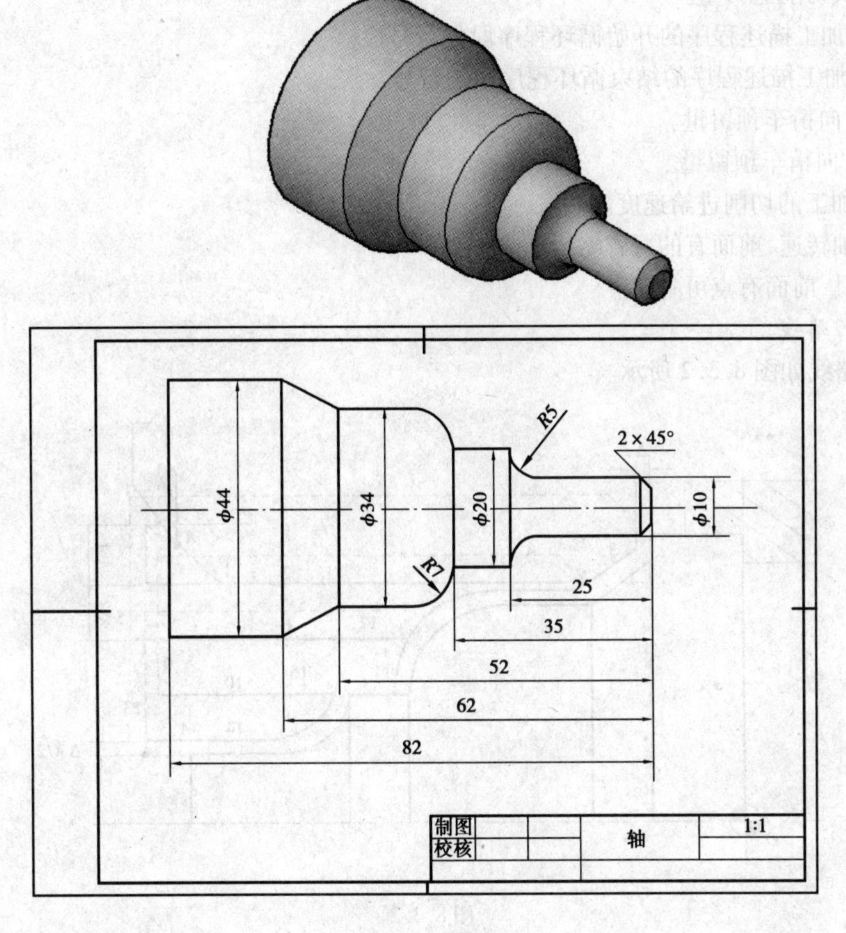

图 8.3.1

②应用 G71 编写单一外圆和阶梯外圆轴类零件的程序。

8.3.4　相关知识学习

1)指令格式

(1)精加工循环指令 G70

在采用 G71、G72、G73 指令进行粗车后,用 G70 指令进行精车循环切削。

①指令格式:G70 Pns Qnf;

②说明:ns 为精加工程序组的第一个程序段的顺序号;nf 为精加工程序组的最后一个程序段的顺序号。

(2)外径、内径粗加工循环指令 G71

G71 指令用于粗车圆柱棒料,以切除较多的加工余量。

①指令格式:G71 U(Δd) R(e);

　　G71 P(ns)　Q(nf) U(Δu) W(Δw) F　S　T ;

②说明

Δd:循环每次的切削深度(半径值、正值)。

e:每次切削退刀量。

ns:精加工描述程序的开始循环程序段的行号。

nf:精加工描述程序的结束循环程序段的行号。

Δu:X 向精车预留量。

Δw:Z 向精车预留量。

F:粗加工的切削进给速度。

S:主轴转速,前面有的可省略。

T:刀具,前面有点可省略。

2)走刀路线

走刀路线如图 8.3.2 所示。

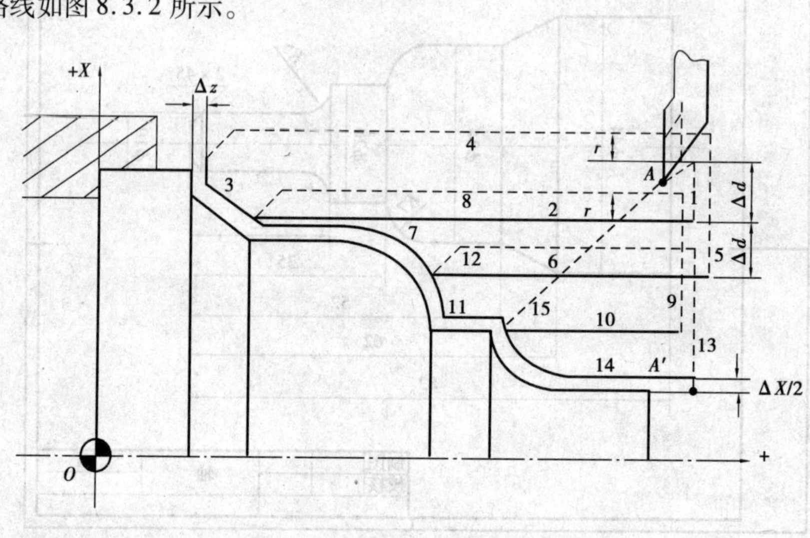

图 8.3.2

3)程序编写

程序见表 8.3.1。

表 8.3.1

程序号	程序　O3332;	程序说明
N180	G00 X80 Z80;	到程序起点位置
N190	M03 S400 ;	主轴以 400r/min 正转
N200	G01 X46 Z3 F100;	刀具到循环起点位置
N210	G71 U1 R0.5	粗切量:X2 mm 退刀量 0.5 mm
N220	G71 U1.5 R1 P60 Q150;	精切量:X0.5 mm Z0.5 mm
N230	G00 X6 S1000 F50;	到倒角起点,精车转速 1 000 r/min
N240	G01 X10 Z-2 ;	精加工 2×45°倒角
N250	Z-20;	精加工 Φ10 外圆
N260	G02 U10 W-5 R5 ;	精加工 R5 圆弧
N270	G01 W-10 ;	精加工 Φ20 外圆

续表

程序号	程序　O3332；	程序说明
N280	G03 U14 W－7 R7　；	精加工 $R7$ 圆弧
N290	G01 Z－52 ；	精加工 $\Phi34$ 外圆
N300	U10 W－10；	精加工外圆锥
N310	W－20；	精加工 $\Phi44$ 外圆，精加工轮廓结束行
N320	X50；	退出已加工面
N330	G70 P60 Q150	精车循环
N340	G00 X80 Z80；	回对刀点
N350	M05；	主轴停
N360	M30；	主程序结束并复位

想一想：

广州数控、华中数控和法拉克数控系统的 G71 指令在格式上都有什么区别？你能说出不同系统 G71 格式里面每个参数的具体含义吗？

4）编程注意事项

①G70 指令用于在 G71、G72、G73 指令粗车工件后来进行精车循环。在 G70 状态下，在指定的精车描述程序段中的 F、S、T 有效。若不指定，则维持粗车前指定的 F、S、T 状态。G70 到 G73 中 ns 到 nf 间的程序段不能调用子程序。当 G70 循环结束时，刀具返回到起点并读下一个程序段。

②当 Δd 和 Δu 两者都由地址 U 指定时，其意义由地址 P 和 Q 决定。

③粗加工循环由带有地址 P 和 Q 的 G71 指令实现。

④有别于 0 系统其他版本，新的 0i/0iMATE 系统 G71 指令可用来加工有内凹结构的工件。

⑤G71 可用于加工内孔。

⑥第一刀走刀必须有 X 方向走刀动作。

⑦循环起点的选择应在接近工件处以缩短刀具行程和避免空走刀。

⑧法拉克和华中系统执行完 G71 指令后，两种系统返回程序中的位置不同。法拉克系统执行完 G71 后返回到精加工程序的最后一条程序段的下面继续执行程序，不能实现精加工，精加工要使用 G70 指令，G70 指令可以使用刀尖补偿功能；华中系统执行完 G71 指令后，返回到 G71 指令所在的程序段的下面程序段继续执行程序，按照精加工的轨迹进行切削加工。如果要换刀实现精加工，两种系统的换刀程序编写的位置不同。法拉克系统的换刀程序编写在精加工程序的最后一条程序段的后面，华中系统的换刀程序编写在 G71 指令的下面与精加工程序的第 1 条程序段之间。

8.3.5　课外作业

根据所学的法拉克数控系统选用轮廓循环指令编制加工如图 8.3.3 所示的零件。毛坯为

ϕ42 mm 棒料，工件不切断。

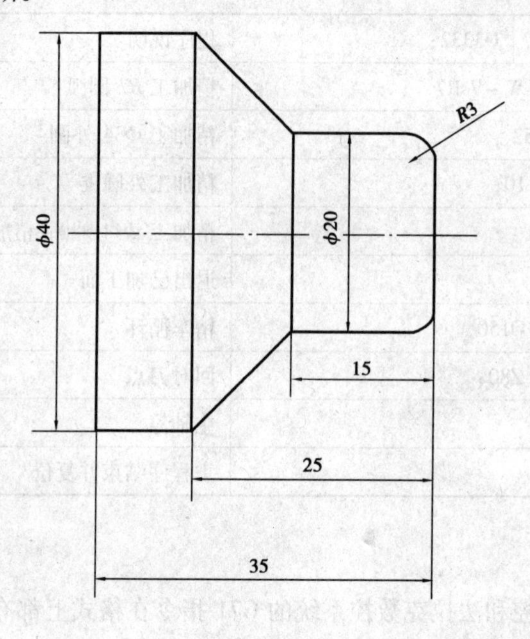

图 8.3.3

任务 8.4　西门子数控系统编程应用

8.4.1　任务描述

①编制图 8.4.1 所示零件(毛坯为 ϕ50 mm、工件不切断)的粗、精车程序。

②明确该零件需要调用什么循环指令编程，程序指令格式是什么，怎么应用该指令编程以及注意事项。

8.4.2　知识目标

①西门子数控系统有别于华中和法拉克系统，它的循环指令调用主要是通过赋参数的方式进行，在编写的时候先要在系统内部给定参数值，再进行编程。本项目主要介绍 CYCLE95 毛坯切削和 CYCLE97 螺纹切削的指令格式和编程方法，需识记指令格式和参数含义。

②掌握西门子数控车床 CYCLE95 和 CYCLE97 指令的格式及编程方法。

③能应用 CYCLE95 和 CYCLE97 编写轴类零件的程序。

8.4.3　能力目标

①掌握 CYCLE95 和 CYCLE97 的格式和用途。

②应用 CYCLE95 和 CYCLE97 编写简单综合类型轴类零件的程序。

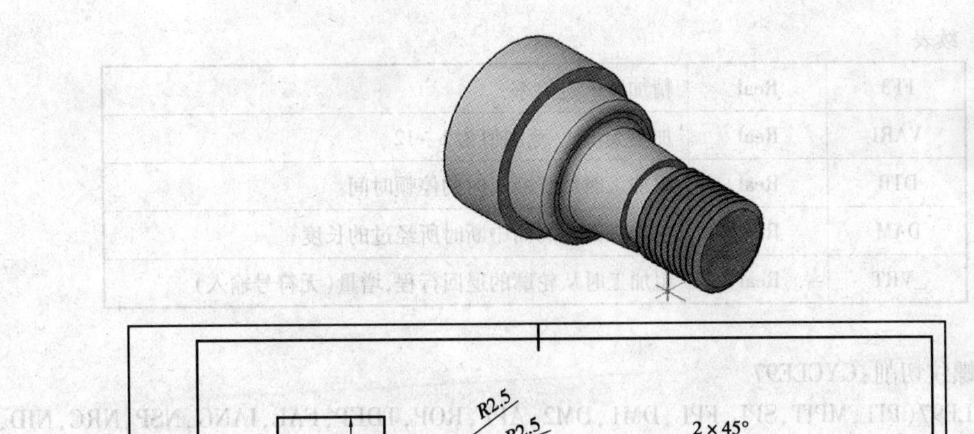

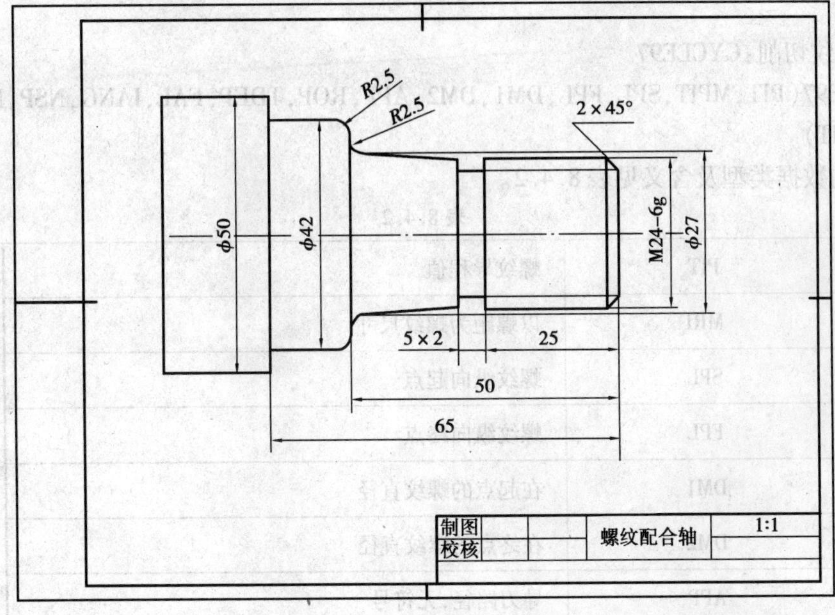

图8.4.1

8.4.4　相关知识学习

1)指令格式

(1)毛坯切削:CYCLE95

CYCLE95(NPP,MID,FALZ,FALX,FAL,FF1,FF2,FF3,VARI,DTB,DAM,_VRT)

参数的数据类型及含义见表8.4.1。

表8.4.1

NPP	String	轮廓子程序名称
MID	Real	进给深度(无符号输入)
FALZ	Real	在纵向轴的精加工余量(无符号输入)
FALX	Real	在横向轴的精加工余量(无符号输入)
FAL	Real	轮廓的精加工余量
FF1	Real	非切槽加工的进给率
FF2	Real	切槽时的进给率

续表

FF3	Real	精加工的进给率
VARI	Real	加工类型　范围值为1~12
DTB	Real	粗加工时用于断屑时的停顿时间
DAM	Real	粗加工因断屑而中断时所经过的长度
_VRT	Real	粗加工时从轮廓的退回行程,增量(无符号输入)

(2)螺纹切削:CYCLE97

CYCLE97(PIT,MPIT,SPL,FPL,DM1,DM2,APP,ROP,TDEP,FAL,IANG,NSP,NRC,NID,VARI,NUMT)

参数的数据类型及含义见表8.4.2。

表8.4.2

PIT	螺纹导程值
MRI	以螺距为螺纹尺寸
SPL	螺纹纵向起点
FPL	螺纹纵向终点
DM1	在起点的螺纹直径
DM2	在终点的螺纹直径
APP	导刀路径,无符号
ROP	摆动路径,无符号
TDEP	螺纹深度,无符号
FAL	精加工余量,无符号
IANG	进给角度,带符号
NSP	第一螺纹起点偏置
NRC	粗加工次数
NID	空刀次数
VARI	螺纹加工类型
NUMT	螺纹数

2)走刀步骤

①加工外形,选用90°车刀(T1),采用CYCLE95毛坯切削循环。

②切空刀槽,选用宽为5mm的切断刀(T2)。

③加工螺纹,选用螺纹刀(T3),采用CYCLE97螺纹切削循环。

3)程序编写

主程序见表8.4.3,子程序见表8.4.4。

表8.4.3

程序号	程序 SC1. MPF;	程序说明
N10	G90G95G54M03S600;	加工外形
N20	T1D1;	
N30	G00X52. Z5.0;	90o车刀
N40	CYCLE95(“KT1”,2.,0.4,0.4,0.1,0.2,0.1,0.1,9,0.1 ,0 ,0.5);	调用循环
N50	G00X150. Z150.;	
N60	T2D1;	切空刀槽,刀宽为5mm的切断刀
N70	S300M8;	
N80	G00X30.;	
N90	Z–30.;	
N100	G01X20. F0.1;	
N110	G01X30. F0.2;	
N120	G00X100. Z100.;	
N130	T3D1;	车外螺纹
N140	G00X25. Z5.;	
N150	CYCLE97(2.,24.,0,–25.,24.,24.,3.,2.5,1.3,0.1,0, ,4, ,3,1.);	调用循环
N160	G00X100. Z100.;	
N170	G74 X1 =0 Z1 =0 M5;	
N180	M30;	

表8.4.4

程序号	程序 KT1. SPF;	程序说明
N10	G00X0.;	调用子程序加工外形
N20	G01Z0.;	
N30	X20.;	
N40	X24. Z–2.;	
N50	Z–30.;	
N60	X27. Z–47.5;	
N70	G02X32. Z–50. CR =2.5;	
N80	G01X37.;	
N90	G03X42. Z–52.5CR =2.5	
N100	G01Z–65.;	
N110	X50.;	
N120	M17;	

想一想：

学习了西门子数控系统的编程，同学们想想，这个系统是不是和前面讲的系统在编程上有很大区别呢？它们之间的区别有哪些呢？

4）编程注意事项

（1）使用 CYCLE95 编程时应注意的问题

在使用 CYCLE95 时，有时会出现一些错误和中断，除了参数设置上的问题外，在其他方面也可能会发生问题，应当注意。

①子程序的轮廓编制。

子程序轮廓不是图纸标明的成品轮廓，而是循环加工可以实现的轮廓，是毛坯在加工成工件时形成的外形轮廓。在编制子程序轮廓时应注意，轮廓需要结合毛坯尺寸进行编程。也就是说，这个轮廓必须反映毛坯的形状要素，让系统对循环车削有一个明确的判断依据。

CYCLE95 调用子程序时，会以子程序第一段的位置坐标作为形状定位要素，因此，第一段内必须是 G0、G01、G02、G03 指令，并且紧跟描述轮廓起始点的一个双坐标。由于循环工作区域是由轮廓子程序的起点和终点联合确定的，因此，应养成一个习惯，在编制轮廓子程序时，对起点和终点均用双坐标表示，这样可以避免因疏忽造成的轮廓不完整。

由于 CYCLE95 可以加工凹形环节，增强了循环切削能力，但并不意味着它就可以完成很复杂的轮廓。如果轮廓包含的元素过多，超出了存储器的能力，则会报警中断。因此，有必要将轮廓分为若干段分别执行循环，这样做也便于观察加工质量，提高循环可靠性。

②刀具的选用。

调用 CYCLE95 之前，必须在主程序中激活刀具补偿参数，循环会根据情况自动调用半径补偿。因此，在含有精加工环节的循环中，不能在子程序中重复设置刀尖半径补偿功能。

一般情况下，在单调递增的轮廓循环加工中，用一把刀就可以完成粗精加工的全过程。但如果轮廓非单调递增，则需要视情况选用不同的刀具。

所谓轮廓非单调递增，是指循环过程中存在凹槽或内圆弧的情况，这时应特别注意刀具自由切削角对工件造成的影响。对于凹槽加工的这些问题，可采用其他类型的循环加工，或者换用其他类型的刀具，分步骤处理这些环节。尽管设置刀具参数 DP24 可以进行底切时的过切监控，但它并不能解决问题。因此在设计之初应当充分考虑到这些环节。

刀具的选用还与 CYCLE95 采取的加工方式有关，比如外圆车削（纵向加工）与端面车削（横向加工）的刀具应不同，这要求在制定循环方案时，要作好全盘规划，即选用刀具要与加工方式相适应。

③循环定位的问题。

CYCLE95 可以从工件任意需要的位置进行循环切削，不一定总是从工件一端开始。在进行循环前，应把刀具移动到一个准备点，这是在主程序中进行设置的（一般在 CYCLE95 前一段）。应当考虑到刀具从该点进入循环起始点时会不会与工件发生干涉。为了便于单步执行时观察刀具的初定位，应将 CYCLE95 另起一行。程序中激活刀具补偿参数，循环会根据情况自动调用半径补偿。因此，在含有精加工环节的循环中，不能在子程序中重复设置刀尖半径补偿功能。

一般情况下，在单调递增的轮廓循环加工中，用一把刀就可以完成粗精加工的全过程。但如果轮廓非单调递增，则需要视情况选用不同的刀具。

所谓轮廓非单调递增,是指循环过程中存在凹槽或内圆弧的情况,这时应特别注意刀具自由切削角对工件造成的影响。对于凹槽加工的这些问题,可采用其他类型的循环加工,或者换用其他类型的刀具,分步骤处理这些环节。尽管设置刀具参数 DP24 可以进行底切时的过切监控,但它并不能解决问题。因此在设计之初应当充分考虑到这些环节。

刀具的选用还与 CYCLE95 采取的加工方式有关,比如外圆车削(纵向加工)与端面车削(横向加工)的刀具应不同,这要求在制定循环方案时要做好全盘规划,即选用刀具要与加工方式相适应。

(2)使用 CYCLE97 编程时的注意的问题

①随着切削深度的增加,切削力也越来越大,容易产生扎刀现象,所以应根据实际选择适当的 VARI 参数。

②对于循环开始时刀具所到达的位置,可以是任意位置,但应保证刀具在螺纹切削完成后退回到该位置时,不发生任何碰撞。

③在使用 G33、G34、G35 编程时的注意事项在这里仍然有效。

④使用 CYCLE97 编程时,应注意 DM 参数与 TDEP 是相互关联的。

8.4.5　课外作业

加工如图 8.4.2 所示的零件,毛坯为 ϕ52 mm 棒料,工件不切断。

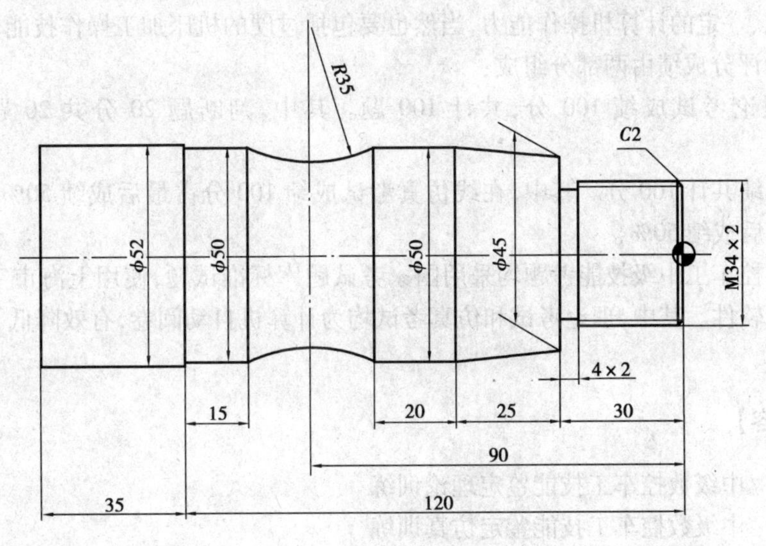

图 8.4.2

项目9

技能鉴定综合训练

【项目概述】

重庆市数控车工中级技能鉴定主要由三部分构成:在线理论考试;在线仿真考试;上机考试。该模式于2009年4月开始准备,10月就全市推广并实施。新的鉴定模式流程区别于以往单一的理论加实操模式,具有题量多、范围广、操作安全性高等特点,要求被考核人员具有广泛的数控知识、一定的计算机操作能力,当然也要包括过硬的机床加工操作技能。

该鉴定的评分成绩由两部分组成:

①在线理论考试成绩100分,共计100题。其中,判断题20分共20题,选择题80分共80题。

②实操成绩共计100分。其中,在线仿真考试成绩100分占最后成绩50%,上机考试成绩100分占最后成绩50%。

重庆市数控车工中级技能考题均采用国家考试题库标准试题,使用上海市宇龙软件公司的仿真和考试软件。其中,理论考试和仿真考试均为计算机自动阅卷,有效降低了试卷的误评和计分的错误。

【项目内容】

任务9.1　中级数控车工技能鉴定理论训练

任务9.2　中级数控车工技能鉴定仿真训练

任务9.3　中级数控车工技能鉴定实作训练

【项目目标】

1 掌握中级数控车工技能鉴定的考试模式;

2. 能独立操作技能考试软件;

3. 掌握理论考试试题的命题分布;

4. 熟练进行仿真考试操作;

5. 能按照“现场5S”要求,进行生产实习。

任务9.1　中级数控车工技能鉴定理论训练

9.1.1　任务描述

①按照考试软件操作流程进行模拟技能鉴定理论考试操作。

②注意操作过程中的注意事项,减少操作失误。

步骤一:启动加密锁上网考试功能,如图9.1.1所示。

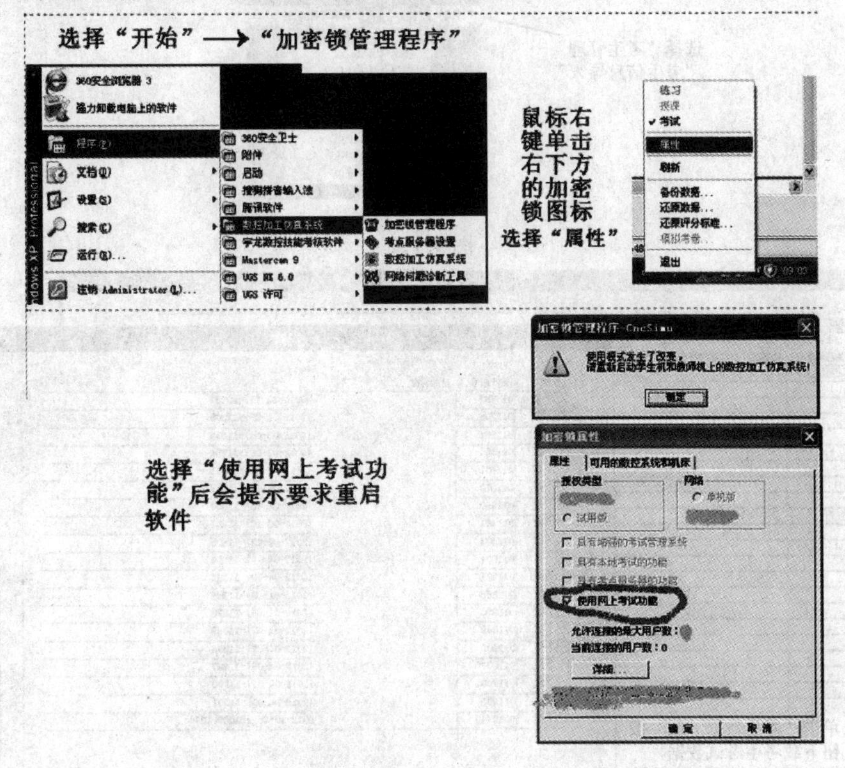

图9.1.1

步骤二:进入考点管理系统准备考试数据,如图9.1.2所示。

步骤三:下载考试数据,如图9.1.3所示。

9.1.2　知识目标

①掌握数控车床理论考试知识点的分布;

②掌握数控车床理论考试软件的使用流程;

③理解并掌握尽可能多的常见数控车床理论考试题。

9.1.3　能力目标

①掌握理论考试题目的考点分布;

②能独立使用理论考试软件;

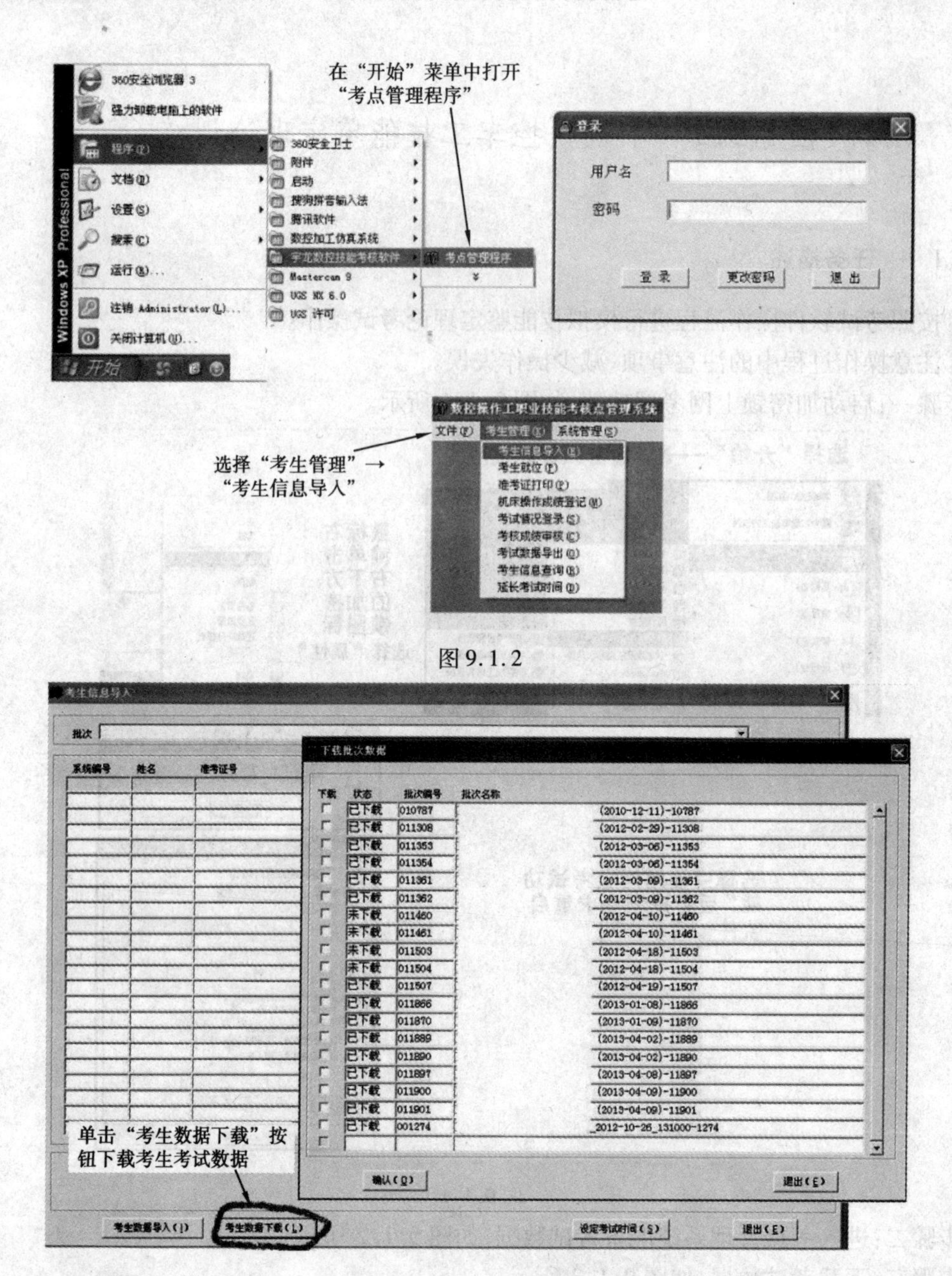

图 9.1.2

图 9.1.3

③注意在使用理论考试软件过程中应注意的事项。

9.1.4　相关知识学习

(1)打开“考生程序”

打开“考生程序”,如图 9.1.4 所示。

(2)进入考试信息界面

考试信息界面如图 9.1.5 所示,考生在该信息界面可以观察和核对自己的考试信息,注意检查自己的身份证、考试等级,姓名、准考证号是否有误,如发现不符之处应立即向监考教师汇报。

我的文档
Word 2003
我的电脑
考生程序
首先双击这个程序
网上邻居
学生端程序
回收站
0000401.doc
Internet Explorer
数控加工仿真系统
360安全浏览器 3
360安全卫士
360杀毒

图 9.1.4

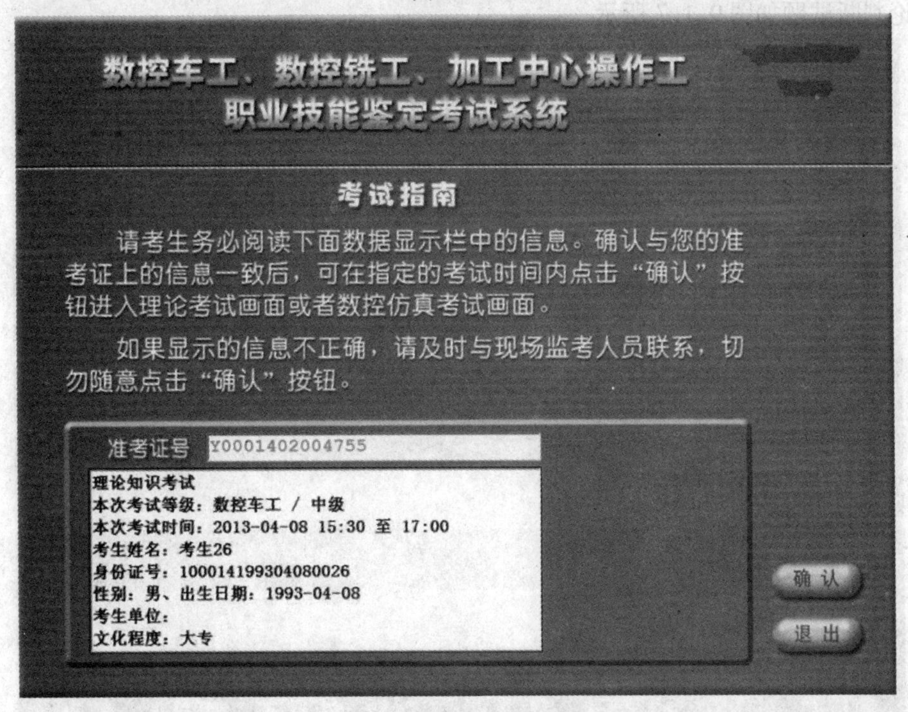
数控车工、数控铣工、加工中心操作工
职业技能鉴定考试系统
考试指南
请考生务必阅读下面数据显示栏中的信息。确认与您的准考证上的信息一致后，可在指定的考试时间内点击“确认”按钮进入理论考试画面或者数控仿真考试画面。
如果显示的信息不正确，请及时与现场监考人员联系，切勿随意点击“确认”按钮。
准考证号 Y0001402004755
理论知识考试
本次考试等级：数控车工 / 中级
本次考试时间：2013-04-08 15:30 至 17:00
考生姓名：考生26
身份证号：100014199304080026
性别：男、出生日期：1993-04-08
考生单位：
文化程度：大专
确 认
退 出

图 9.1.5

(3)进入考试题分类指南界面

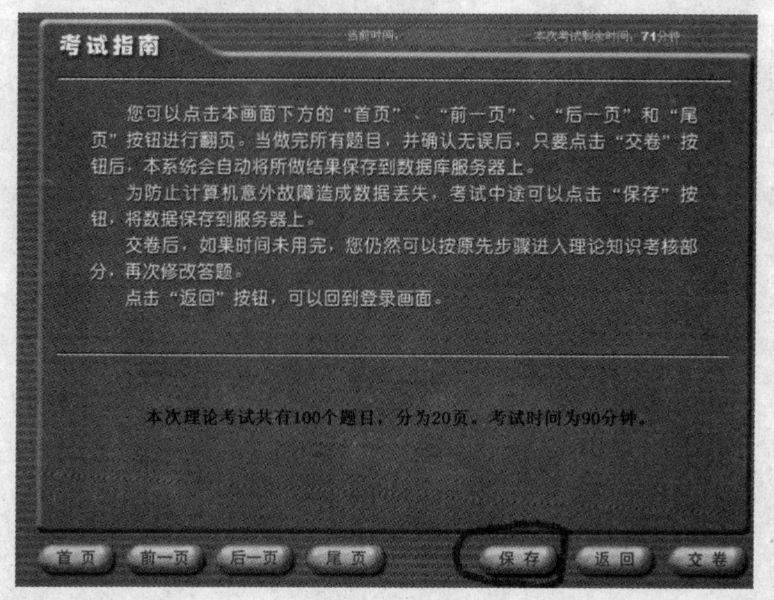

图 9.1.6

考试说明如图 9.1.6 所示，这里要特别强调“保存”按钮的重要性，许多考生考试中很多时候就是因为没有来得及保存而出现问题。

(4)理论判断试题

理论判断试题如图 9.1.7 所示。

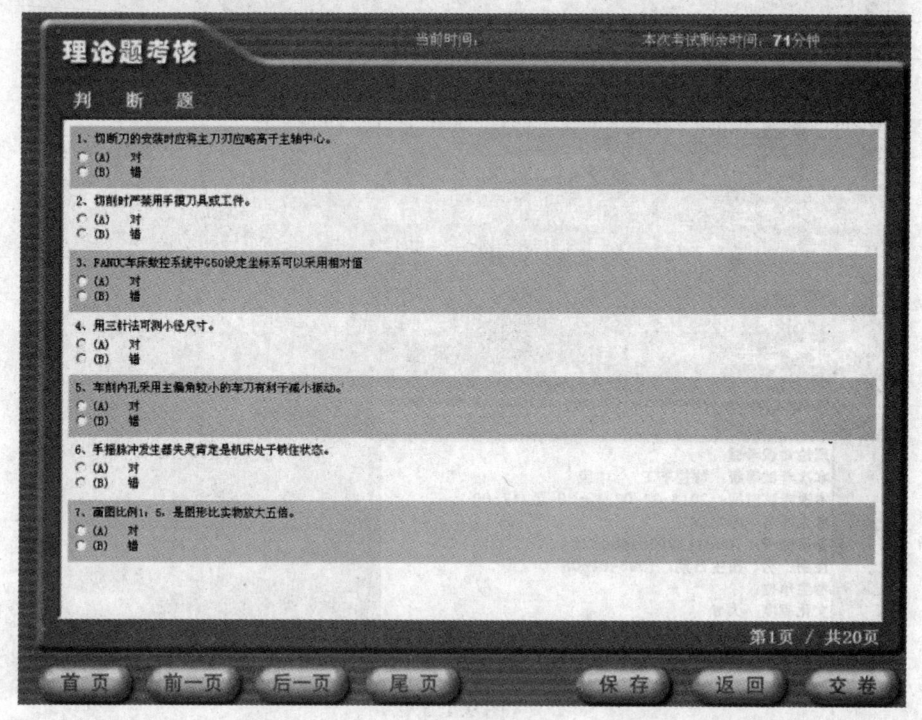

图 9.1.7

(5)理论单项选择试题

理论单项选择题如图9.1.8所示。

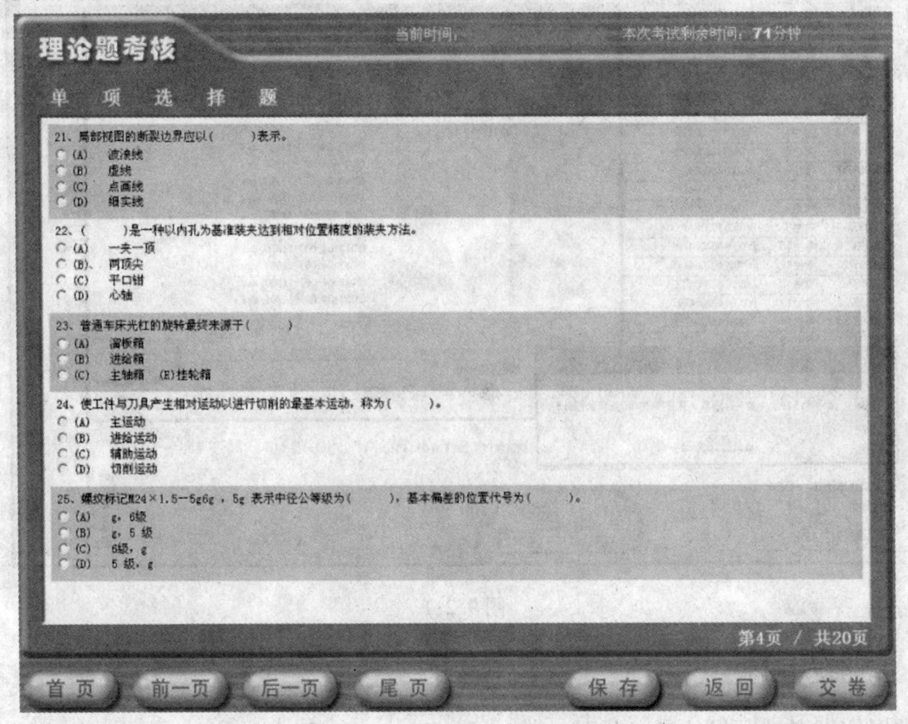

图9.1.8

任务9.2　中级数控车工技能鉴定仿真训练

9.2.1　任务描述

①.按照考试软件操作流程进行模拟技能鉴定仿真考试操作。

②注意操作过程中的注意事项,减少操作失误。

步骤一:启动加密锁上网考试功能,如图9.1.1所示。

步骤二:进入考点管理系统准备考试数据,如图9.1.2所示。

步骤三:下载考试数据,如图9.1.3所示。

步骤四:下载仿真图纸,如图9.2.1所示。

9.2.2　知识目标

①掌握数控车床仿真考试知识点的分布;

②掌握数控车床仿真考试软件的使用流程;

③理解并掌握尽可能多的常见数控车床仿真考试题。

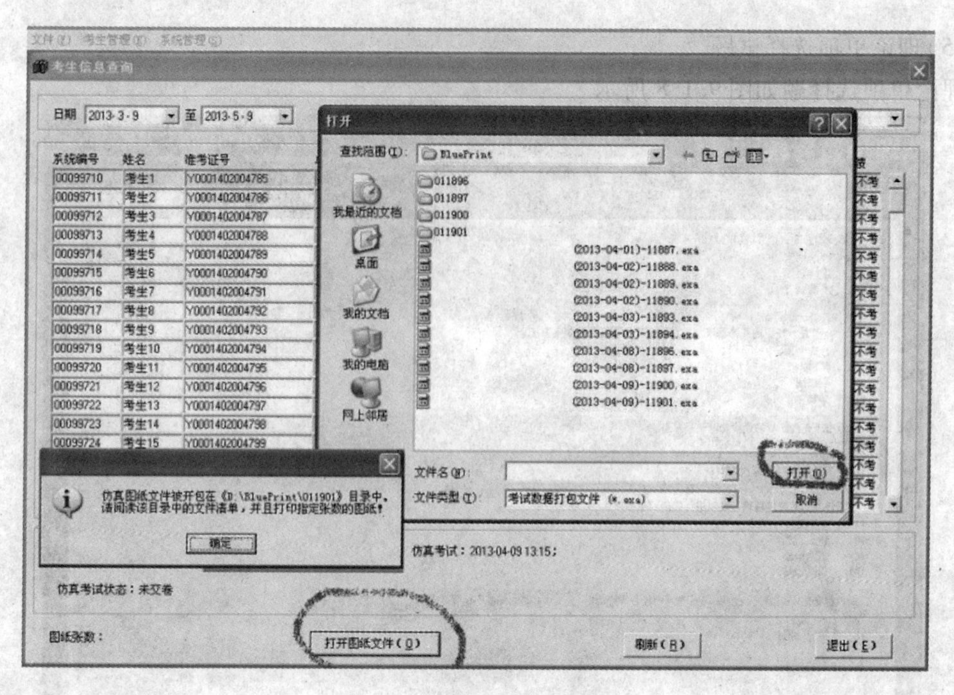

图 9.2.1

9.2.3 能力目标

①掌握仿真考试题目的考点分布；
②能独立使用仿真考试软件；
③注意在使用仿真考试软件过程中应注意的事项。

9.2.4 相关知识学习

仿真考试的操作顺序以及注意事项如下：
(1)打开“考生程序”
该步骤如图 9.1.4 所示。
(2)进入考试信息界面
考试信息界面如图 9.2.2 所示。
(3)进入仿真考试机床系统选择界面
机床系统选择界面如图 9.2.3 所示。这里要特别强调两点：
①数控系统必须先在这里进行正确选择，而且一旦选择确定以后就不能由考生自行更改，因此要求考生在选择的时候必须小心。
②这里的评分细则很重要并且考生很容易忽视掉，因此建议监考教师再次进行重点强调。
(4)选择数控系统
在如图 9.2.4 所示的考试指南中，规定了毛坯尺寸和推荐使用的刀具，其中毛坯尺寸应该严格按照规定中的设定，而刀具可以根据考生自己的需要来确定使用。
(5)在考试软件中根据所选的系统来确定机床的型号
界面如图 9.2.5 所示，进入这一步就无法再选择数控系统了，因此前面对于数控系统的选

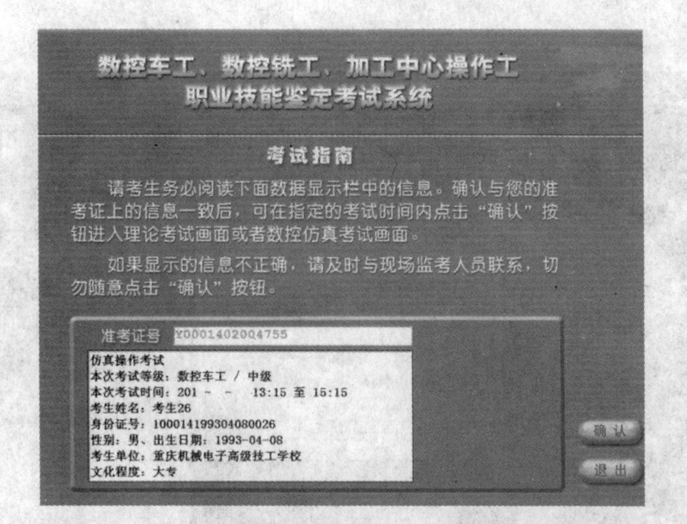

图 9.2.2

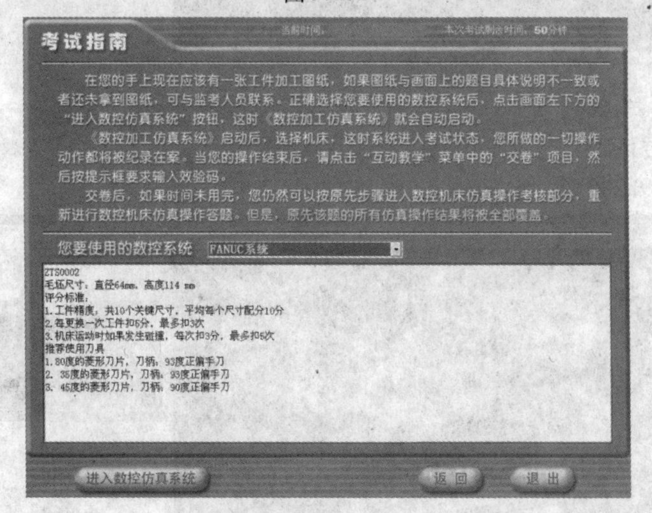

图 9.2.3

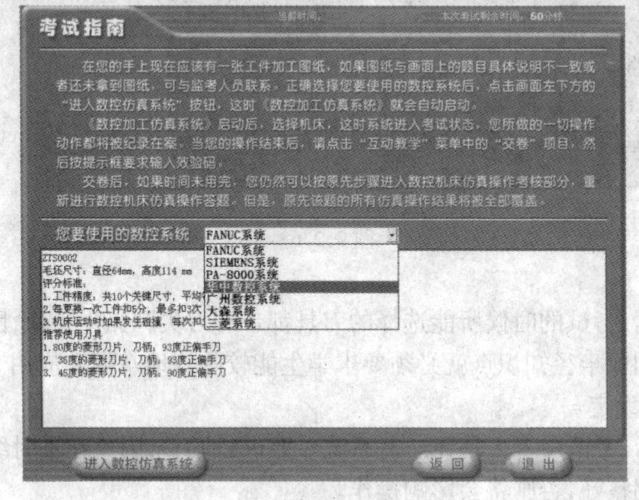

图 9.2.4

择必须正确。

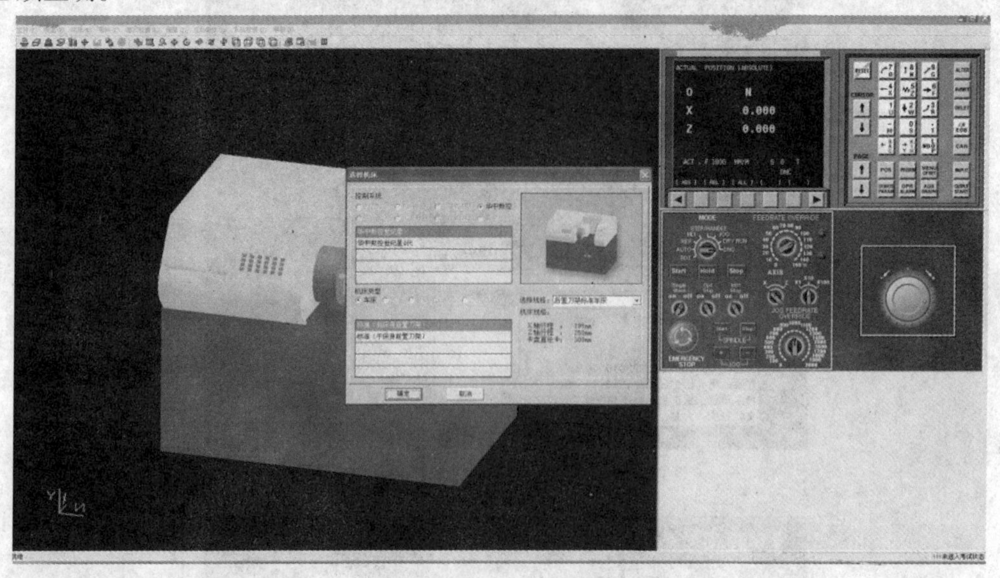

图 9.2.5

(6)正式开始考试

考试界面如图 9.2.6 所示。

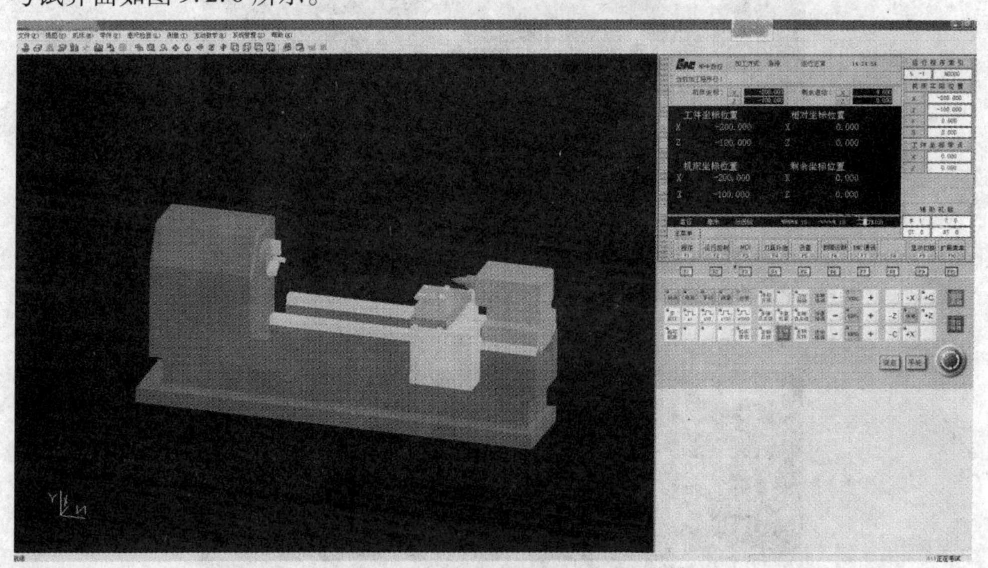

图 9.2.6

(7)刀具的选择

如图 9.2.7 所示,考试的时候所能选择的刀具都带有刀尖圆弧半径值,因此教师在平时的练习中务必将刀尖圆弧半径知识点就必须要求学生能较熟练地掌握和应用。

(8)系统参数的设定

如图 9.2.8 所示,考试中考生是无法对系统参数进行调整,因此在平时练习的时候就应该将所用机床的参数调整好,否则将会影响操作。

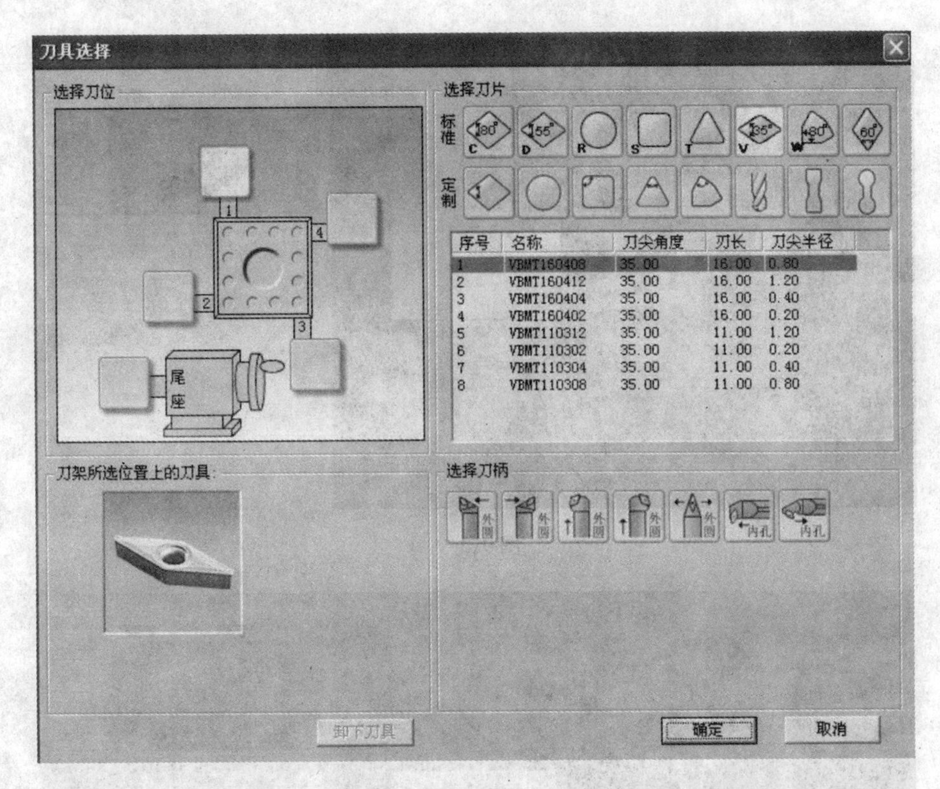

图9.2.7

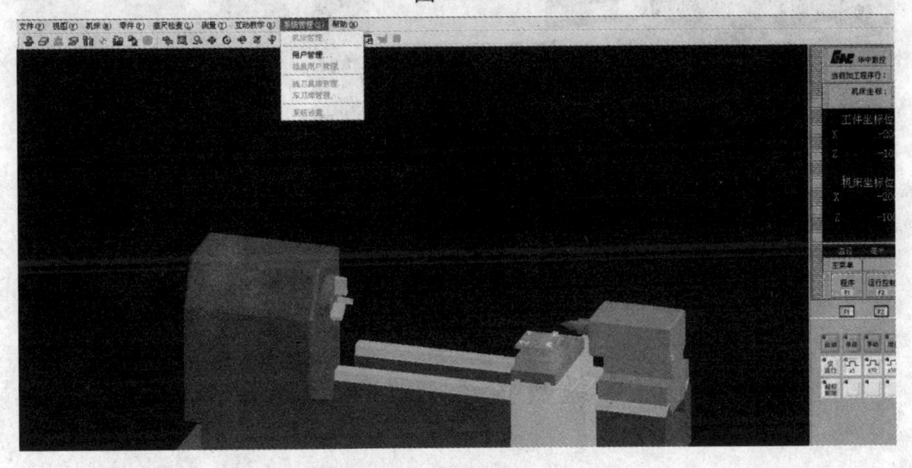

图9.2.8

(9)完成考试

选择“互动教学”→“交卷”命令,如图9.2.9所示。

(10)完成考试

交卷成功,完成考试,如图9.2.10所示。

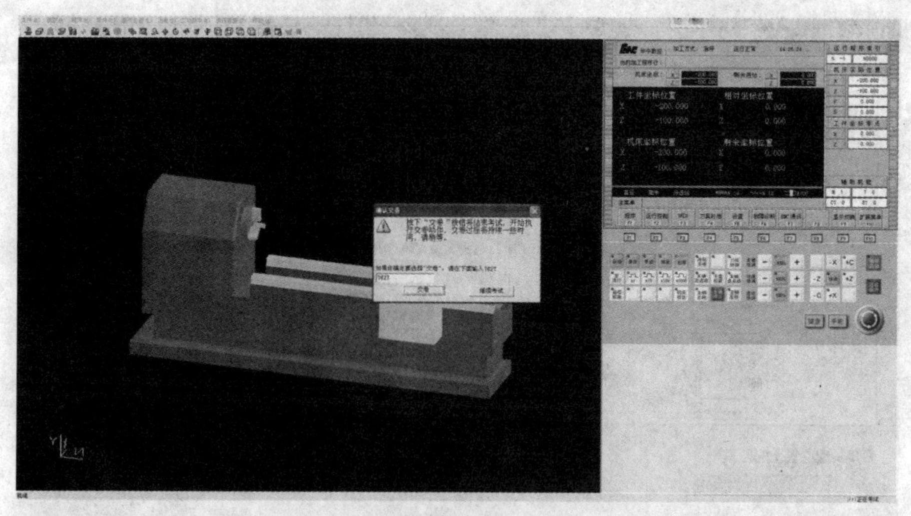

图9.2.9

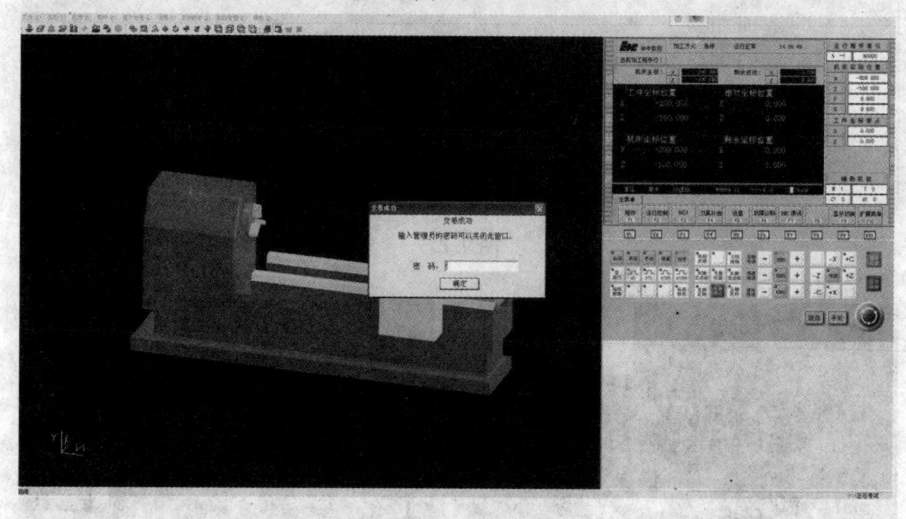

图9.2.10

任务9.3　中级数控车工技能鉴定实作训练

9.3.1　任务描述

①按照实作考试试卷要求进行实作鉴定。
②注意操作过程中的注意事项，减少操作失误。

9.3.2　知识目标

①掌握数控车床实作考试知识点的分布；
②掌握数控车床实作考试的加工工艺流程；
③理解并独立进行数控车床实作考试编程。

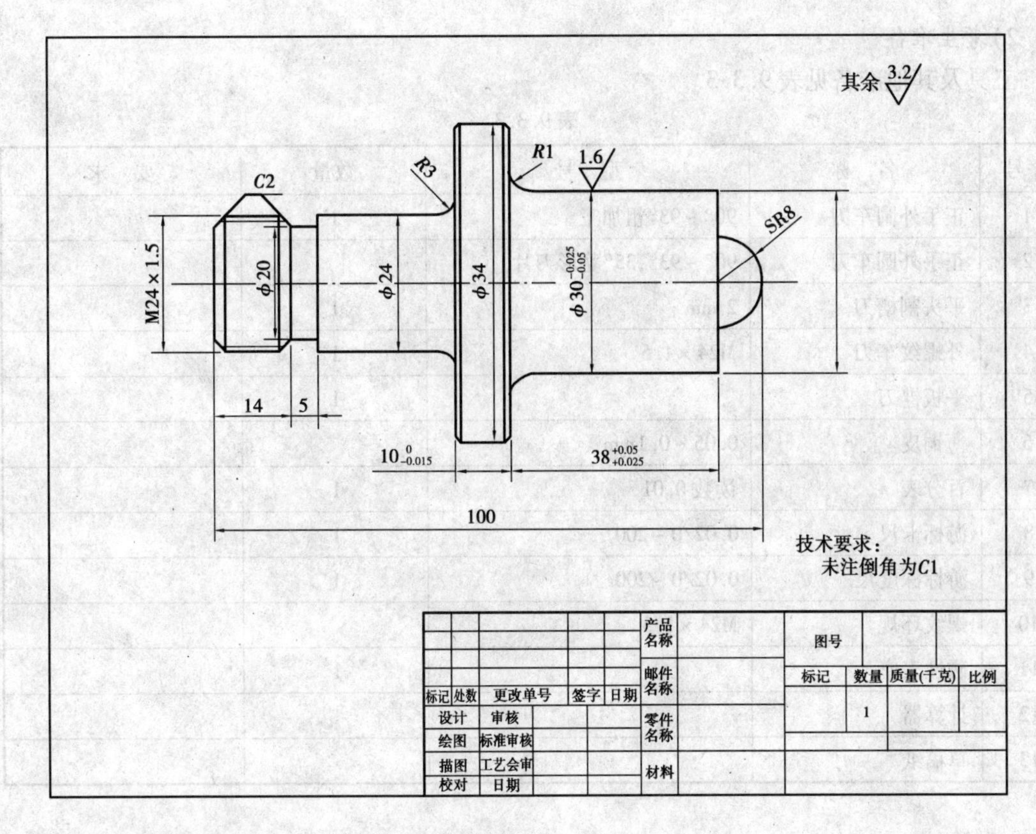

图 9.3.1

9.3.3　能力目标

①掌握实作考试题目的考点分布；
②会分析实作考试的加工工艺流程；
③注意在实作考试中的加工应注意的事项。

9.3.4　相关知识学习

1)准备要求

(1)材料准备

表 9.3.1

名　称	规　格	数　量	要　求
45#钢或铝	ϕ35×105	1件/每位考生	

(2)设备准备

表 9.3.2

名　称	规　格	数　量	要　求
数控车床	根据考点情况选择		
三爪卡盘	对应工件	1副/每台机床	
三爪卡盘扳手		1副/每台机床	

2)考生准备

工具及其他准备见表9.3.3。

表9.3.3

序号	名　称	型　号	数量	要　求
1	正手外圆车刀	90°~93°粗加工	1	
2	正手外圆车刀	90°~93°,35°菱形刀片		
3	平头割槽刀	2 mm	1	
4	外螺纹车刀	M24×1.5	1	
5	平板锉刀		1	
6	薄铜皮	0.05~0.1mm		
7	百分表	读数0.01	1	
8	游标卡尺	0.02/0~200	1	
9	游标深度尺	0.02/0~200	1	
10	螺纹环规	M24×1.5		
11	磁性表座		1	
12	计算器			
13	草稿纸			

3)考核要求

①本题分值:100分。

②考核时间:180 min。

③考核形式:操作。

④具体考核要求:根据零件图纸完成加工。

⑤否定项说明:

a.出现危及考生或他人安全的状况将中止考试,如果原因是考生操作失误所致,考生该题成绩记零分。

b.因考生操作失误所致,导致设备故障且当场无法排除将中止考试,考生该题成绩记零分。

c.因刀具、工具损坏而无法继续应中止考试。

4)配分及评分标准

表9.3.4　操作技能考核总成绩表

序号	项目名称	配分	得分	备注
1	现场操作规范	10		
2	工件质量	90		
合　计		100		

表9.3.5　现场操作规范评分表

序号	项目	考核内容	配分	考场表现	得分
1	现场操作规范	正确使用机床	2		
2		正确使用量具	2		
3		合理使用刃具	2		
4		设备维护保养	4		
合计			10		

表9.3.6　工件质量评分表

序号	考核项目	扣分标准	配分	得分
1	总长100 mm	每超差0.02 mm扣1分	6	
2	外径$\phi 34$	超差0.1 mm全扣	4	
3	退刀槽	深度超差0.2 mm全扣	4	
4	SR8圆头	没有成形全扣,半径超差0.2 mm扣3分	6	
5	M24×1.5螺纹	螺纹环规检验,不合格全扣	10	
6	螺纹长度	长度超差2 mm扣2分	4	
7	外径$\phi 30$	每超差0.01 mm扣2分	8	
8	长度$38^{+0.05}_{+0.025}$	每超差0.01 mm扣2分	8	
9	外径$\phi 24$	超差0.1 mm全扣	4	
10	长度$10_{-0.015}$	每超差0.01 mm扣2分	8	
11	长度5 mm	超差0.1 mm全扣	4	
12	$R1$圆角	圆角每个不合格扣3分	6	
13	倒角及$R3$	每个不合格扣2分	8	
14	粗糙度	$R_a1.6$处每低一个等级扣2分,其余加工部位30%不达要求扣2分,50%不达要求扣3分,75%不达要求扣6分	10	
合计			90	

评分人：　　年　月　日　　　　核分人：　　　　年　月　日

附　录

附录1　数控车工中级考证理论模拟试题

一、判断题

1. 螺纹车刀安装正确与否直接影响加工后的牙型质量。（　　）
   A. 对　　B. 错
2. 车内圆锥时，刀尖高于工件轴线，车出的锥面用锥形塞规检验时，会出现两端显示剂被挤去的现象。（　　）
   A. 对　　B. 错
3. 切断刀的安装时应将主刀刃应略高于主轴中心。（　　）
   A. 对　　B. 错
4. 从螺纹的粗加工到精加工，主轴的转速必须保证恒定。（　　）
   A. 对　　B. 错
5. 基准孔的公差带可以在零线下侧。（　　）
   A. 对　　B. 错
6. 铰孔是用铰刀从工件孔壁上切削较小的余量，以提高加工的尺寸精度和减小表面粗糙度的方法。（　　）
   A. 对　　B. 错
7. 数控车床车削螺纹指令中所使用的进给量（F值），是指导程距离。（　　）
   A. 对　　B. 错
8. 明确岗位工作的质量标准及不同班次之间对相应的质量问题的责任、处理方法和权限。（　　）
   A. 对　　B. 错

9. 数控机床机械故障的类型有功能性故障、动作性故障、结构性故障和使用性故障等。 ( )

A. 对 B. 错

10. 相对编程的意义是刀具相对于程序零点的位移量编程。 ( )

A. 对 B. 错

11. 用刀宽 4 槽刀执行程序段 G75R1;G75X30Z－50P3000Q10000F0.1;其中 Q10000 为 Z 向移动间距 10 mm。 ( )

A. 对 B. 错

12. 二维 CAD,软件的主要功能是平面零件设计和计算机绘图。 ( )

A. 对 B. 错

13. M03 是主轴反转指令。 ( )

A. 对 B. 错

14. 切槽时,走刀量加大,不易使切刀折断。 ( )

A. 对 B. 错

15. 用逐点比较法加工的直线绝对是一条直线。 ( )

A. 对 B. 错

16. 退火适用于低碳钢。 ( )

A. 对 B. 错

17. 车削加工形状起伏较大的外圆轮廓时,最容易引起刀具和工件干涉的是副偏角。 ( )

A. 对 B. 错

18. 扩孔能提高孔的位置精度。 ( )

A. 对 B. 错

19. 职业用语要求:语言自然、语气亲切、语调柔和、语速适中、语言简练、语意明确。 ( )

A. 对 B. 错

20. 公差是零件尺寸允许的最大偏差。 ( )

A. 对 B. 错

二、选择题

21. 操作面板上的“DELET”键的作用是( )。

A. 删除 B. 复位 C. 输入 D. 启动

22. 普通车床光杠的旋转最终来源于( )。

A. 溜板箱 B. 进给箱 C. 主轴箱 D. 挂轮箱

23. 夹紧时,应保证工件的( )。

A. 定位 B. 形状 C. 几何精度 D. 位置

24. 数控机床开机应空运转约( )。

A. 15 分钟 B. 30 分钟 C. 45 分钟 D. 60 分钟

25. 液压马达是液压系统中的( )。

A. 动力元件　　B. 执行元件　　C. 控制元件　　D. 增压元件

26. 通过观察故障发生时的各种光、声、味等异常现象，将故障诊断的范围缩小的方法称为（　　）。

A. 直观法　　B. 交换法　　C. 测量比较法　　D. 隔离法

27. 千分尺的活动套筒转动 1 格，测微螺杆移动（　　）mm。

A. 0.001　　B. 0.01　　C. 0.1　　D. 1

28. G28 代码是（　　）返回功能，它是 00 组非模态 G 代码。

A. 机床零点　　B. 机械点　　C. 参考点　　D. 编程零点

29. 六个基本视图中，最常应用的是（　　）。

A. 主、右、仰　　B. 主、俯、左　　C. 主、左、后　　D. 主、俯、后

30. 车细长轴时可用中心架和跟刀架来增加工件的（　　）。

A. 硬度　　B. 韧性　　C. 长度　　D. 刚性

31. 刃磨高速钢车刀应用（　　）。

A. 刚玉系　　B. 碳化硅系　　C. 人造金刚石　　D. 立方氮化硼

32. 錾削时应自然地将錾子握正、握稳，其倾斜角始终保持在（　　）。

A. 15°　　B. 20°　　C. 35°　　D. 60°

33. FANUC 系统车削一段起点坐标为（X40，Z－20）、终点坐标为（X50，Z－25）半径为 5 的外圆凸圆弧面，正确的程序段是（　　）。

A. G98　G02　X40　Z－20　R5　F80

B. G98　G02　X50　Z－25　R5　F80

C. G98　G03　X40　Z－20　R5　F80

D. G98　G03　X50　Z－25　R5　F80

34. 数控机床开机时，一般要进行返回参考点操作，其目的是（　　）。

A. 换刀，准备开始加工　　B. 建立机床坐标系

C. 建立工件坐标系　　D. 全部都是

35. 机夹可转位车刀，刀片转位更换迅速、夹紧可靠、排屑方便、定位精确，综合考虑，采用（　　）形式的夹紧机构较为合理。

A. 螺钉上压式　　B. 杠杆式　　C. 偏心销式　　D. 楔销式

36. 一个工人在单位时间内生产出合格的产品的数量是（　　）。

A. 工序时间定额　　B. 生产时间定额　　C. 劳动生产率　　D. 辅助时间定额

37. 电机常用的制动方法有（　　）制动和电力制动两大类。

A. 发电　　B. 能耗　　C. 反转　　D. 机械

38. 操作系统是一种（　　）。

A. 系统软件　　B. 系统硬件　　C. 应用软件　　D. 支援软件

39. 下列关于局部视图说法中错误的是（　　）。

A. 局部放大图可画成视图

B. 局部放大图应尽量配置在被放大部位的附近

C. 局部放大图与被放大部分的表达方式有关

D. 绘制局部放大图时，应用细实线圈出被放大部分的部位

40. 国家鼓励企业制定(　　)国家标准或者行业标准的企业标准,在企业内部适用。

A. 严于　　B. 松于　　C. 等同于　　D. 完全不同于

41. 加工齿轮这样的盘类零件在精车时应按照(　　)的加工原则安排加工顺序。

A. 先外后内　　B. 先内后外　　C. 基准后行　　D. 先精后粗

42. 在批量生产中,一般以(　　)控制更换刀具的时间。

A. 刀具前面磨损程度　　B. 刀具后面磨损程度

C. 刀具的耐用度　　D. 刀具损坏程度

43. 下列关于创新的论述 ,正确的是(　　)。

A. 创新与继承根本对立　　B. 创新就是独立自主

C. 创新是民族进步的灵魂　　D. 创新不需要引进外国新技术

44. 数控机床由输入装置(　　)、伺服系统和机床本体四部分组成。

A. 输出装置　　B. 数控装置　　C. 反馈装置　　D. 润滑装置

45. 根据基准功能不同,基准可以分为(　　)。

A. 设计基准和工艺基准　　B. 工序基准和定位基准

C. 测量基准和工序基准　　D. 工序基准和装配基准

46. 孔的形状精度主要有圆度和(　　)。

A. 垂直度　　B. 平行度　　C. 同轴度　　D. 圆柱度

47. 工件的六个自由度全部被限制,它在夹具中只有唯一的位置,称为(　　)。

A. 六点部分定位　　B. 六点定位　　C. 重复定位　　D. 六点欠定位

48. 普通碳素钢可用于(　　)。

A. 弹簧钢　　B. 焊条用钢　　C. 钢筋　　D. 薄板钢

49. 普通车床加工中,丝杠的作用是(　　)。

A. 加工内孔　　B. 加工各种螺纹　　C. 加工外圆、端面　　D. 加工锥面

50. 工件夹紧要牢固、可靠,并保证工件在加工中(　　)不变。

A. 尺寸　　B. 定位　　C. 位置　　D. 间隙

51. G 代码表中的 00 组的 G 代码属于(　　)。

A. 非模态指令　　B. 模态指令　　C. 增量指令　　D. 绝对指令

52. 在 FANUC 系统数控车床上,G92 指令是(　　)。

A. 单一固定循环指令　　B. 螺纹切削单一固定循环指令

C. 端面切削单一固定循环指令　　D. 建立工件坐标系指令

53. 若未考虑车刀刀尖半径的补偿值,会影响车削工件的(　　)。

A. 外径　　B. 内径　　C. 长度　　D. 精度

54. G99　F0.2 的含义是(　　)。

A. 0.2 m/min　　B. 0. 2 mm/ r　　C. 0.2 r/min　　D. 0.2 mm/min

55. 对基本尺寸进行标准化是为了(　　)。

A. 简化设计过程

B. 便于设计时的计算

C. 方便尺寸的测量

D. 简化定值刀具、量具、型材和零件尺寸的规格

56. G00 是指令刀具以(　　)移动方式,从当前位置运动并定位于目标位置的指令。

A. 点动　B. 走刀　C. 快速　D. 标准

57. 用于调整机床的垫铁种类有多种,其作用不包括(　　)。

A. 减轻紧固螺栓时机床底座的变形　B. 限位作用

C. 调整高度　D. 紧固作用

58. 不爱护工、卡、刀、量具的做法是(　　)。

A. 按规定维护工、卡、刀、量具　B. 工、卡、刀、量具要放在工作台上

C. 正确使用工、卡、刀、量具　D. 工、卡、刀、量具要放在指定的地点

59. 符号键在编程时用于输入符号,(　　)键用于每个程序段的结束符。

A. ES　B. EOB　C. CP　D. DOC

60. 用百分表测量平面时,触头应与平面(　　)。

A. 倾斜　B. 垂直　C. 水平　D. 平行

61. alarm 的意义是(　　)。

A. 警告　B. 插入　C. 替换　D. 删除

62. 职业道德是(　　)。

A. 社会主义道德体系的重要组成部分　B. 保障从业者利益的前提

C. 劳动合同订立的基础　D. 劳动者的日常行为规则

63. FANUC 系统中,(　　)指令是主程序结束指令。

A. M 02　B. M 00　C. M 03　D. M 30

64. G04 指令常用于(　　)。

A. 进给保持　B. 暂停排屑　C. 选择停止　D. 短时无进给光整

65. 黄铜是由(　　)合成。

A. 铜和铝　B. 铜和硅　C. 铜和锌　D. 铜和镍

66. 若零件上多个表面均不需加工,则应选择其中与加工表面间相互位置精度要求(　　)的作为粗基准。

A. 最低　B. 最高　C. 符合公差范围　D. 任意

67. 在钢中加入较多的钨、铂、铬、钒等合金元素形成(　　)材料,用于制造形状复杂的切削刀具。

A. 硬质合金　B. 高速钢　C. 合金工具钢　D. 碳素工具钢

68. 螺纹终止线用(　　)表示。

A. 细实线　B. 粗实线　C. 虚线　D. 点画线

69. 在相同切削速度下,钻头直径愈小,转速应(　　)。

A. 越高　B. 不变　C. 越低　D. 相等

70. 在加工表面、切削刀具、切削用量不变的条件下连续完成的那一部分工序内容称为(　　)。

A. 工序　B. 工位　C. 工步　D. 走刀

71. 数控系统的功能(　　)。

A. 插补运算功能　B. 控制功能、编程功能、通讯功能

C. 循环功能　D. 刀具控制功能

72. G76 指令,主要用于(　　)的加工,以简化编程。
A. 切槽　B. 钻孔　C. 棒料　D. 螺纹
73. 孔刀刀杆的伸出长度尽可能(　　)。
A. 短　B. 长　C. 不要求　D. 均不对
74. 灰铸铁的断口(　)。
A. 呈银白色　B. 呈石墨黑色　C. 呈灰色　D. 呈灰白相间的麻点
75. 程序段 G02　X50　Z－20　I28　K5　F0.3 中 I28　K5 表示(　　)。
A. 圆弧的始点
B. 圆弧的终点
C. 圆弧的圆心相对圆弧起点坐标
D. 圆弧的半径
76. 数控机床上有一个机械原点,该点到机床坐标零点在进给坐标轴方向上的距离可以在机床出厂时设定。该点称(　　)。
A. 工件零点　B. 机床零点　C. 机床参考点　D. 限位点
77. 量块除作为长度基准进行尺寸传递外,还广泛用于鉴定和(　　)量具量仪。
A. 找正　B. 检测　C. 比较　D. 校准
78. 碳素工具钢的牌号由“T 字”组成,其中 T 表示(　　)。
A. 碳　B. 钛　C. 锰　D. 硫
79. 工件坐标系的零点一般设在(　)。
A. 机床零点　B. 换刀点　C. 工件的端面　D. 卡盘根
80. 图纸上机械零件的真实大小以(　)为依据。
A. 比例　B. 公差范围　C. 技术要求　D. 尺寸数值
81. 定位基准有粗基准和精基准两种,选择定位基准应力求基准重合原则,即(　　)统一。
A. 设计基准,粗基准和精基准　B. 设计基准,粗基准,工艺基准
C. 设计基准,工艺基准和编程原点　D. 设计基准,精基准和编程原点
82. 加工精度要求一般的零件可采用(　　)型中心孔。
A. A　B. B　C. C　D. D
83. 在零件毛坯加工余量不匀的情况下进行加工,会引起(　　)大小的变化,因而产生误差。
A. 切削力　B. 开力　C. 夹紧力　D. 重力
84. 切削过程中,工件与刀具的相对运动按其所起的作用可分为(　　)。
A. 主运动和进给运动　B. 主运动和辅助运动
C. 辅助运动和进给运动　D. 主轴转动和刀具移动
85. 以圆弧规测量工件凸圆弧,若仅两端接触,是因为工件的圆弧半径(　　)。
A. 过大　B. 过小　C. 准确　D. 大、小不均匀
86. 在程序运行过程中,如果按下进给保持按钮,运转的主轴将(　　)。
A. 停止运转　B. 保持运转　C. 重新启动　D. 反向运转
87. 用 $\phi1.73$ 三针测量 M30×3 的中径,三针读数值为(　　)mm。

A. 30　　B. 30. 644　　C. 30. 821　　D. 31

88. 金属切削过程中,切削用量中对振动影响最大的是(　　)。

A. 切削速度　　B. 吃刀深度　　C. 进给速度　　D. 没有规律

89. 为了防止换刀时刀具与工件发生干涉,所以,换刀点的位置应设在(　　)。

A. 机床零点　　B. 工件外部　　C. 工件原点　　D. 对刀点

90. 如在同一个程序段中指定了多个属于同一组 G 代码时,只有(　　)面那个 G 代码有效。

A. 最前　　B. 中间　　C. 最后　　D. 左

91. 操作工在机床自动加工前,要检查(　　)。

A. 刀具和工件装夹情况　　B. 刀具补偿值是否正确

C. 程序是否正确　　D. ABC 都是

92. 测量孔的深度时,应选用(　　)。

A. 正弦规　　B. 深度千分尺　　C. 三角板　　D. 块规

93. 车削锥度和圆弧时,如果刀具半径补偿存储器中 R 输入正确值而刀尖方位号 T 未输入正确值,则影响(　　)精度。

A. 尺寸　　B. 位置　　C. 表面　　D. 以上都不对

94. 绝对编程是指(　　)。

A. 根据与前一个位置的坐标增量来表示位置的编程方法

B. 根据预先设定的编程原点计算坐标尺寸与进行编程的方法

C. 根据机床原点计算坐标尺寸与进行编程的方法

D. 根据机床参考点计算坐标尺寸进行编程的方法

95. 无论主程序还是子程序都是若干(　　)组成。

A. 程序段　　B. 坐标　　C. 图形　　D. 字母

96. 普通三角螺纹牙深与(　　)相关。

A. 螺纹外径　　B. 螺距

C. 螺纹外径和螺距　　D. 与螺纹外径和螺距都无关

97. 职业道德的实质内容是(　　)。

A. 树立新的世界观　　B. 树立新的就业观念

C. 增强竞争意识　　D. 树立全新的社会主义劳动态度

98. 数控车床中,主轴转速功能字 S 的单位是(　　)。

A. mm/r　　B. r/mm　　C. mm/min　　D. r/min

99. 内径百分表的功用是度量(　　).

A. 外径　　B. 内径　　C. 外槽径　　D. 槽深

100. 在数控机床上,考虑工件的加工精度要求、刚度和变形等因素,可按(　　)划分工序。

A. 粗、精加工　　B. 所用刀具　　C. 定位方式　　D. 加工部位

附录2　车工(数控)中级仿真操作技能考核试卷 (ZTS0002)

考件编号:________姓名:________准考证号:____________单位:________________

本题分值:100分;

考核时间:120分钟;

具体考核要求:按工件图样完成加工操作。

推荐使用刀具:

序号	刀片类型	刀片角度	刀柄	
1	菱形刀片	80	93°正偏手刀	
2	菱形刀片	35	93°正偏手刀	
3	菱形刀片	45	90°正偏手刀	

工件毛坯尺寸:$\phi 64 \times 114$

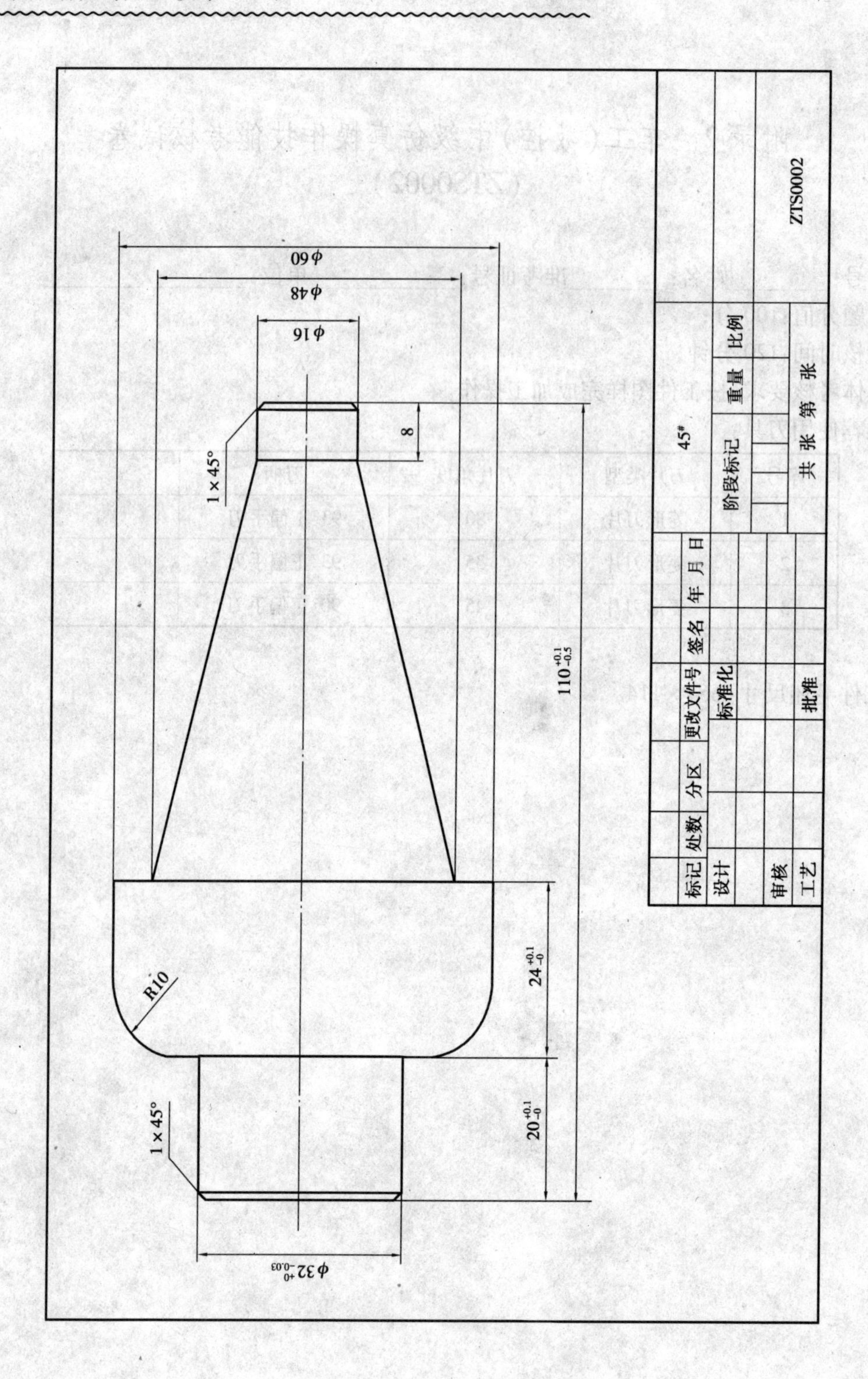
ϕ60
ϕ48
ϕ16
8
1×45°
$110^{+0.1}_{-0.5}$
$24^{+0.1}_{-0}$
R10
$20^{+0.1}_{-0}$
1×45°
$ϕ32^{+0}_{-0.03}$
ZTS0002
45#
标记 处数 分区 更改文件号 签名 年 月 日
设计 标准化
阶段标记 重量 比例
审核
工艺 批准
共 张 第 张